Wie Sie der beste Freund Ihres Hundes werden

Die Mönche von New Skete

Wie Sie der beste Freund Ihres Hundes werden

Die sanfte Methode des Hundetrainings

Deutsch von Walter Brumm
und Kerstin Winter

edition tieger

Bibliografische Information der Deutschen Bibliothek
Die Deutsche Bibliothek verzeichnet diese Publikation in der Deutschen Nationalbibliografie; detaillierte bibliografische Daten sind im Internet unter www.dnb.ddb.de abrufbar.

Erschienen unter dem Titel *How to Be Your Dog's Best Friend*
Second Edition, Completely Revised and Updated

Umschlagbild: John Sann
Fotografien: Monks of New Skete, Istock S. 86, 114, 131, 142, 158, 172, 246, 282, 346, 376

Deutsche Erstausgabe
edition tieger Imprint der

ISBN 978-3-86671-047-4

Umwelthinweis: Dieses Buch wurde auf chlor- und säurefreiem Papier gedruckt.
Druck und Bindung: Westermann Druck Zwickau
Printed in Germany

Für unsere vielen Hundefreunde, deren Tierliebe uns eine unerschöpfliche Quelle der Inspiration ist.

Den Wert der Stille zu erfahren, heißt der Wirklichkeit lauschen, statt sie anzuschreien: das eigene Bewusstsein weit genug zu öffnen, um herauszufinden, wie sich das Ende eines Satzes anhört, den ein anderer ausspricht, oder einem Hunde zu lauschen, bis man entdeckt, was nötig ist, statt seine Vorstellungen im Namen der Ausbildung aufzuzwingen.

Thomas Dobush, Mönch von New Skete (1941 – 1973)

Ich liebe das Einsehn. Kannst Du's mit mir denken, was es herrlich ist, z. B. einen Hund, im Vorübergehn, einzusehn, *einsehn* (ich meine nicht durchschauen, was doch nur so eine Art menschlicher Gymnastik ist und wo man auch gleich wieder auf der anderen Seite herauskommt, aus dem Hund, ihn gleichsam nur als ein Fenster betrachtend in das hinter ihm liegende Menschliche, nicht dies –) – sondern sich einlassen in den Hund genau in seine Mitte, dorthin, von wo aus er Hund ist, an die Stelle in ihm, wo Gott sich gewissermaßen einen Moment hingesetzt hätte, da der Hund fertig war, um ihm bei seinen ersten Verlegenheiten und Einfällen zuzusehen und zu nicken, dass er gut sei, dass nichts fehle, dass man ihn nicht besser machen könne … Ach, lachst Du, liebe Vertraute, wenn ich Dir sagen soll, *wo* mein allergrößtes Gefühl, mein Weltgefühl, meine irdische Seligkeit war, so muss ich Dir's gestehen: sie war immer wieder, da und dort, in solchem Einsehn, in den unbeschreiblich raschen, tiefen zeitlosen Augenblicken dieses göttlichen Einsehens.

Rainer Maria Rilke, Briefwechsel mit Benvenuta

Befrage nur die Tiere! Sie können es dir sagen; die Vögel auch beweisen's dir. Oder schau die Erde an! Sie lehrt es dich: Die Fische in dem Meer bezeugen's dir: Wer nur in aller Welt weiß nicht, dass Gottes Hand dies hat geschaffen, dass jedes Wesen ist in Seiner Hand, der Odem aller Sterblichen?

Hiob 12: 7-10

INHALT

Vorwort zur zweiten Auflage

Ein Sachbuch, das vierundzwanzig Jahre lang unbearbeitet bleibt, kann nicht mehr gültig sein, vor allem dann nicht, wenn es sich mit einem so dynamischen und lebendigen Thema beschäftigt wie Hundeerziehung. Dass wir uns so lange Zeit gelassen haben, dieses Buch zu bearbeiten, lag zum größten Teil an den Prioritäten, die wir uns gesetzt hatten: Wir wollten zunächst herausfinden, was Hundebesitzern im Alltag mit ihrem Hund von größtem Nutzen sein würde.

Dennoch stand seit geraumer Zeit außer Frage, dass wir dieses Buch hier bearbeiten würden, um die neuesten Erkenntnisse zur Hundehaltung und -erziehung mit einbeziehen zu können. Wir haben seit der Veröffentlichung des ursprünglichen Buchs im Jahr 1978 hier in New Skete unsere Arbeit mit den Hunden fortgesetzt. Viele der Erkenntnisse und Einsichten, die wir damals formuliert haben, konnten im Laufe der Jahre klarer herausgearbeitet werden, aber wir haben auch Neues gelernt, uns das Wissen vieler talentierter Tiertrainer und Verhaltensforscher zunutze gemacht und von der Offenheit all der Freunde und Hundebesitzer profitiert, die ihre Tiere zum Kloster gebracht haben.

Wichtiger aber noch war für uns der tiefere Einblick in das Mysterium der Mensch-Hund-Beziehung, den uns der tägliche Umgang mit den Tieren erlaubte. Aus diesem neuen und alten Wissen hat sich ein verändertes und reiferes Verständnis von der Erziehung der Hunde und ihrem Verhältnis zu ihrem Menschen entwickelt.

Wir hoffen, dass diese bearbeitete Version es Ihnen, liebe Leser, ermöglicht, eine innige Beziehung zu Ihrem Hund aufzubauen und gleichzeitig die tiefe Bedeutung und den spirituellen Wert Ihres Lebens mit Ihrem besten Freund zu entdecken.

Ein Leitfaden für die Erziehung

1. Mythen, Mönche und Hunde

Es mag den Leser eigenartig berühren, in einem Buch von Mönchen und Hunden zu lesen. Nun, beide blicken auf eine lange gemeinsame Geschichte zurück.

Indianermythen liefern die eingängigsten Beispiele für die uralte Existenz des Hundes. Die Kato-Indianer Kaliforniens glauben, dass der Gott Nagaicho, der Große Reisende, von seinem Hund begleitet wurde, als er, Leben erschaffend, die Welt durchstreifte. Es heißt, er habe seine Freude über die Vielfalt seiner Geschöpfe mit seinem kleinen Hund geteilt. Bei den Shawnee der Algonkin-Nation, die einst den nördlichen Teil des Bundesstaates New York bewohnten, wo unser Kloster liegt, galt Kukumthena als Schöpferin, die Großmutter, und auch sie reist in Gesellschaft ihres Enkels und eines kleinen Hundes. Der Fortbestand der Schöpfung wird in diesem Mythos von keinem anderen als diesem kleinen Hund gesichert, denn jeden Tag arbeitet Kukumthena an einem großen Flechtkorb, und wenn er fertig ist, soll die Welt ihrem Untergang entgegengehen. Doch glücklicherweise macht der Hund ihre Tagesarbeit jede Nacht wieder zunichte. Wer sich des Öfteren durch fleißiges Hundenagen um Teile von Teppich, Kleidungsstücke und Möbel gebracht sah, mag sich nur schwer davon überzeugen lassen, dass die Geschicklichkeit dieser Zähne auch ein so positives Ergebnis haben konnte. Gleichwohl ist dieser Mythos ein eindrucksvolles Beispiel für die lange Wechselbeziehung zwischen Mensch und Hund.

Das Vorkommen des Hundes in der Mythologie beschränkt sich keineswegs auf nordamerikanische Indianerkulturen; vielmehr ist es weit verbreitet. Die gräko-römische Mythologie stellt Hunde in verschiedenen Rollen dar. Man denke an Hekates Hunde, die Jagdhunde der Diana oder den Cerberos des Hades. Argos, der treue Hund des Odysseus, ist der Einzige, der seinen als Bettler verkleideten Herrn, als er nach zwanzig Jahren zurückkehrt, wiedererkennt.

Asklepios, Gott der Heilkunde, wurde als Säugling von einer Hündin genährt und so am Leben erhalten. Auch Romulus und Remus wurden von einer Wölfin aufgezogen. In der ägyptischen Mythologie spielen zahlreiche Hunde eine Rolle, wie wir unter anderem von Wandmalereien wissen, aber auch von vielen Hundemumien, die im Land am Nil ausgegraben wurden.

Die persische Mythologie nennt einen Hund sogar in der Schöpfungsgeschichte; Gleiches gilt übrigens auch für Überlieferungen der Azteken und Mayas. Verschiedene afrikanische Stämme, die Maoris von Neuseeland und andere polynesische Kulturen haben ebenso wie Buddhisten und Hindus in ihren mündlichen und schriftlichen Sagen und Legenden einen Platz für den Hund gefunden.

In der Literatur des Zen-Buddhismus gibt es zahlreiche Hundegeschichten. In einer wird ein Mönch in ein Spiel mit einem Hund verwickelt.

Einst besuchte ein Mönch mit seinem Bettelsack einen Hausherrn, um ein wenig Reis zu erbitten. Unterwegs wurde der Mönch von einem Hund gebissen. Der Hausherr stellte ihm diese Frage:

»Es heißt, ein Drache brauche sich nur mit einem Gewand zu bedecken, und kein Bösewicht werde jemals wagen, ihn anzugreifen. Dennoch wurdest du von einem Hund angefallen und verletzt: Warum ist das so?«

Es ist nicht erwähnt, welche Antwort der Bettelmönch darauf gab.

Und in einer anderen Geschichte, einer Fortsetzung der obigen, wird die unberechenbare Natur einiger Hunde mit der Wirklichkeit gleichgesetzt:

Der Mönch kehrt heim, und wie er im Kloster seine Wunde behandelt, stellt ihm sein Lehrmeister eine weitere Frage:

»Alle Lebewesen sind begabt mit der Buddha-Natur: Verhält es sich wirklich so?«

»Ja, so ist es.«

Darauf zeigt der weise alte Mann ein Hundebild an der Wand und fragt: »Ist auch dieser begabt mit der Buddha-Natur?«

Der Mönch wusste nicht, was er sagen sollte. Worauf ihm die Antwort zuteil wurde: »Gib acht, der Hund beißt.«

Wir sollten nicht die jüdisch-christliche Überlieferung übergehen, die die meisten von uns teilen, doch findet der Hund aus Gründen, die hier nicht erörtert werden sollen, in der Bibel nur gelegentlich Erwähnung, und dann gewöhnlich negativ. In dem Maße jedoch, wie das Christentum Volksüberlieferungen in sich aufnahm, kam auch wieder der Hund zu Ehren, manchmal als Symbol der Treue, manchmal nur, um der Biografie eines Heiligen Wärme und Popularität zu verleihen. Das vielleicht anschaulichste Beispiel für volkstümliche Legenden in der traditionellen christlichen Literatur ist die Geschichte vom hl. Christophorus. Es mag überraschend sein, dass er in der griechisch-orthodoxen Kirche mit dem Kopf eines Hundes dargestellt wird, sonst aber mit allen wohlbekannten Insignien eines Märtyrers ausgestattet ist, bis hin zu dem Kreuz in seiner Hand. Das Menaion oder Buch der Feiertage enthält eine kurze Biografie eines jeden Heiligen. Aus diesem Buch erfahren wir, dass Christophorus ein Abkömmling der Cynocephali war, einer legendären Rasse von Riesen mit menschlichen Körpern und Hundeköpfen. So wird er auch auf den Ikonen abgebildet. Er wurde auf wunderbare Weise bekehrt und getauft und erhielt den Namen Christophorus, was Christusträger bedeutet.

Der Heilige Christophorus wird oft mit Hundekopf dargestellt.

Viele Heilige der orthodoxen Kirche werden mit dem Ehrentitel Gottesträger oder Christusträger versehen, der nichts anderes besagt, als dass der betreffende Heilige Gott in sich trägt, im geistigen Sinne. In der römisch-katholischen Kirche wurde der Titel hingegen wörtlich genommen, und es entwickelte sich in der Folge die Legende, in welcher der Mann (noch immer ein Riese) in der Vorstellung das Christuskind durch einen reißenden Fluss trug und zum Dank in einen stattlichen Jüngling verwandelt wurde. Der östlichen Überlieferung zufolge zog er nach Syrien, um einen bösen heidnischen König namens Dagon zu bekehren. Der aber war nicht einmal von einem doch wahrhaftig furchteinflößenden hundeköpfigen Riesen zu beeindrucken. Christophorus wurde eingekerkert, und während er den Märtyrertod starb (er war nach der Überlieferung der Erste, der lebend geröstet wurde: Dagon ließ ihn auf einen eisernen Thron ketten und dann ein Feuer darunter entfachen – es soll so heiß gewesen sein, dass Ketten und Thron schmolzen), gab Gott ihm in der Verklärung das Antlitz eines Menschen.

Eine andere Geschichte, wahrscheinlich rumänischen Ursprungs, schildert die Erschaffung des Hundes so: Eines Tages ging St. Peter mit Gott im Himmel spazieren, als ein Hund des Weges kam. »Was ist das?«, fragte St. Peter. Gott sagte ihm, es sei ein Hund, und fügte hinzu: »Möchtest du nicht wissen, warum ich ihn schuf?« Natürlich wollte St. Peter das wissen. »Nun, du weißt, wie viel Verdruss mir mein Bruder, der Teufel, bereitet hat … wie er mich zwang, Adam und Eva aus dem Paradies zu vertreiben. Die Armen waren dem Hungertod nahe, darum gab ich ihnen Schafe, damit sie Fleisch zu essen und warme Wolle hätten, sich zu kleiden. Und nun hat dieser schlechte Kerl einen Wolf gemacht, der die Schafe hetzen und reißen soll! Zur Verteidigung schuf ich den Hund. Er versteht, den Wolf zu vertreiben. Er wird die Schafe hüten. Er wird die Besitztümer des Menschen bewachen.«

Historisch betrachtet gibt es zwei Gruppen von Mönchen, die sich Verdienste um die Zucht und Ausbildung von Hunden erworben haben. Die Augustiner-Chorherren (nicht eigentlich Mönche, aber Mitglieder eines religiösen Ordens) züchten im Hospiz am Großen St. Bernhard in den Schweizer Alpen seit mehr als zwei Jahrhunderten Bernhardiner. Heute allerdings ist der Bernhardiner ein Hund für Liebhaber, denn seine Rettungsdienste zur Bergung verirrter Wanderer haben längst Hubschrauber der Bergwacht übernommen. Bisweilen gehen jedoch die Augustiner mit ihren Hunden auch jetzt noch auf die Suche nach Verunglückten. Mit dem berühmten Branntweinfässchen freilich verhält es sich anders, als die Legende erzählt. Zwar wurde der vom Weg abgekommene Wanderer, hatte man ihn in Schnee und Eis gefunden, gewöhnlich von dem Begleiter des Suchhundes mit Branntwein gestärkt, doch trug der Begleiter das Fässchen, nicht der Hund.

In Tibet züchteten die buddhistischen Lamas den Lhasa-Apso-Terrier. Oft verschenkten die Mönche besonders schöne Exemplare dieser Rasse an hochstehende Persönlichkeiten. An zwei so weit voneinander entfernten Flecken der Erde in einander so absolut ähnlichen Kulturkreisen entstanden also klösterliche Hundezuchten. Aus unserer Erfahrung können wir dazu sagen, dass sich die Aufzucht und Ausbildung von Hunden sehr gut in das klösterliche Leben einfügen lässt. Hundezucht und Ausbildung erfordern viel Arbeit, Zuneigung und Geduld, drei Voraussetzungen, die Mönche üblicherweise gut erfüllen. Auch besitzt der Hund Charaktereigenschaften, die in vielerlei Hinsicht Ideale auch im mönchischen Leben sind: Treue, Beständigkeit und Lernbereitschaft.

Klischeevorstellungen vom Mönch, die sich zweifellos in vielen Köpfen eingenistet haben, bedürfen einer kritischen Revision: Weder ist der Mönch jener von der Welt abgekehrte Typ, der mit gebeugtem Kopf und gefalteten Händen einen mittelalterlichen Klosterkorridor durchschreitet, noch der wohlgenährt-rotnasige, joviale Klosterbruder, der den größten Teil seiner Zeit in Weinkeller oder Klosterbrauerei verbringt. Dostojewski beispielsweise bemerkt in *Die Brüder Karamasow*, dass ein wahrer Mönch nicht mehr als das sei, was alle Menschen sein sollten.

Nun lässt sich gewiss darüber streiten, wie denn alle Menschen sein sollten. Dostojewski meinte damit sicherlich nicht, dass sie enthaltsam leben sollten. Vielmehr dachte er an eine bestimmte Lebenseinstellung, die in seinen Augen für Mönche typisch war. Der Schlüssel zu Erfüllung und Glück für Mönche wie für Nichtmönche liegt in einem gesunden spirituellen Verständnis, das ganz und gar in der Wirklichkeit verwurzelt ist. Obwohl Mönche keinesfalls ein Exklusivrecht auf solch ein Verständnis haben, ist das Streben danach eines unserer Hauptanliegen; wir suchen leidenschaftlich nach der Wahrheit unserer Existenz und dem Lebenszweck. Das Leben spricht zu Menschen, die offen durch die Welt gehen, und weist ihnen den Weg zu höherer Weisheit und Einsicht. Doch wir müssen hinhören. Und aus diesem Blickwinkel betrachtet, ist es nicht weiter verwunderlich, dass unsere Hunde uns viel über uns selbst beigebracht haben. Sie zeigen uns auf subtile Weise, wie und wie wir *nicht* sein sollten. In ihrer Gemeinschaft mit dem Menschen, einer Gemeinschaft, die so alt ist wie das menschliche Bewusstsein, sind Hunde in der einzigartigen Lage, dem Menschen einen Spiegel seiner selbst vorzuhalten.

Jeder, der Gelegenheit hat, Herrn und Hund zu beobachten, wird nur allzu bald Ähnlichkeiten zwischen beiden feststellen, vielleicht in kleinen Eigenheiten des Verhaltens, in aufgeschlossener Freundlichkeit oder misstrauischer Reserve, ja sogar – und das ist oft recht amüsant – in der äußeren Erscheinung. Karikaturisten haben dieses Phänomen zu allen Zeiten gern dargestellt. Eine nähere Betrachtung des Verhältnisses zwischen Mensch und Hund gibt uns die Chance, viel über unser eigenes Verhalten zu lernen. Deshalb machen wir unsere Erfahrungen mit Hunden in diesem Buch der Allgemeinheit zugänglich, nicht nur zum Besten Ihres Hundes, sondern vor allem mit der Hoffnung, dass auch Sie aus der Gemeinschaft mit Ihrem Hund etwas über sich selbst erfahren mögen. Ein besseres Verständnis für Ihren Hund vermag Ihnen Einblick in Ihr eigenes Menschsein geben, und was noch wichtiger ist: Diese Gemeinschaft sollte Ihr Gefühl für Verantwortlichkeit schärfen, die wir Menschen haben, nicht etwa nur für andere Geschöpfe in unserer Umgebung, sondern auch für einander und für alles Leben.

2. Wie New Skete auf den Hund kam

Im Sudan lebt der streng religiöse Stamm der Nuer. Er bewohnt die Feuchtsavanne beiderseits des Nil und lebt von der Viehzucht. Aber seine Rinder bedeuten ihm mehr als eine bloße Verdienstquelle. Ställe, Halfterstricke und elektrische Weidezäune sind den Nuern fremd. Das Vieh spielt in fast allen Bereichen ihres Alltagslebens eine wichtige Rolle: Es wird für die Feldarbeit eingesetzt, ist Ernährungsgrundlage und wird deshalb mit großer Sorgfalt gepflegt. Die Nuer schlafen sogar in der Nähe ihrer Rinder. Jedes Tier hat einen Namen und eine Geschichte; beides ist jedem Stammesmitglied bekannt. Das tägliche Leben wird beherrscht von Gesprächen über das Vieh (so erscheint es wenigstens dem Außenseiter). Und so gibt es kaum einen Nuer, der nicht viele Geschichten über seine Kühe zu erzählen wüsste. Die Rinder werden sogar in einige religiöse Riten miteinbezogen, und diese Riten sind voll von Anspielungen auf das Vieh. Die Naturreligion der Nuer ist gründlich studiert worden; Anthropologen betrachten sie als eine Urform der animistischen Naturreligion.

Nun könnte man fragen, was diese Lebensweise der Nuer mit den Zucht- und Ausbildungsprogrammen in New Skete zu tun hat. In mancher Hinsicht lässt sich unser Leben in New Skete durchaus mit demjenigen der Nuer vergleichen, deshalb können wir auch viele Aspekte ihrer Kultur würdigen. Auch wir betrachten unsere Tiere nicht nur als Einnahmequelle. Jeder Hund hat einen individuellen Herrn oder Ausbilder. Der Ausbilder lernt das Tier gründlich kennen. Alle Hunde werden voll in unser Leben einbezogen. Wir wollen nicht nur für ihr körperliches Wohl sorgen, sondern uns auch seelisch genau auf sie einstellen. Es ist sehr wichtig, dass man in seinem Denken Raum schafft für andere Lebewesen. Ob »primitiver Eingeborener« oder »zivilisierter Mönch«, ob Rinder oder Hunde, die Aufzucht von und das Leben mit Tieren ist eine bewusstseinserweiternde Erfahrung.

Erste Schritte

Das Kloster New Skete liegt im Hügelland in der Nähe der kleinen Stadt Cambridge im Staat New York, unweit der Grenze zu Vermont. In den ersten Jahren unserer Gemeinschaft, von 1966 bis 1969, bewirtschafteten wir eine richtige Farm. Ziegen, Hühner, Schweine, Fasane, schwarzbuntes Tieflandvieh, Herfordrinder und Schafe waren auf unseren Weiden anzutreffen. Ohne es damals schon zu geplant zu haben, begannen wir uns intensiv mit der Psyche und dem Verhalten unserer Tiere zu beschäftigen, ein zunächst ausschließlich praktisches Studium. Zu dieser Zeit hatten wir schon einen Deutschen Schäferhund und dachten daran, später eine Zucht aufzubauen. Nach einem Umzug in die Gegend des Two-Top-Mountain mussten wir den allgemeinen Farmbetrieb aufgeben, weil die Höhenlage keine Landwirtschaft zuließ. Damals entschieden wir uns für den Aufbau eines professionellen Zucht- und Ausbildungsbetriebs.

Bruder Thomas Dobusch, der 1973 auf tragische Weise bei einem Autounfall ums Leben kam, interessierte sich bereits im Jahre 1966 sehr stark für Zucht und Ausbildungsprogramme. Unser erster Deutscher Schäferhund Kyr – wir hatten ihn von unserer Farm mit an den Two-Top-Mountain genommen – war ein intelligenter und temperamentvoller Rüde, der schon eine Ausbildung als Blindenführhund hinter sich hatte. Später erwarben wir eine Hündin und begannen zu züchten. Von Anfang an studierten wir sorgfältig alle erdenklichen Informationen zu diesem Thema und ließen uns von bekannten Züchtern und Ausbildern beraten.

Die Ausbildung unserer Hunde wuchs organisch aus unseren Erfahrungen. Bruder Thomas erzog die Schäferhunde dazu, in einer

Kyr, der erste Deutsche Schäferhund in New Skete, Ende 1966.

Gruppe im Kloster zu leben und Ruhe und Ordnung zu bewahren, die für ein klösterliches Leben wichtig sind. Im Laufe der Zeit wurden unsere Erziehungserfolge in der Umgebung bekannt, und andere Hundehalter brachten uns ihre Tiere. So begannen wir, alle Hunderassen auszubilden. Wenn ein neuer Mönch in unsere Gemeinschaft eintrat, lernte er zunächst bei Bruder Thomas Psychologie und Technik der Ausbildung. Statt sich mit der bloßen Vermittlung von Behandlungskniffen und Techniken zufriedenzugeben (worin er ein Meister war), versuchte Bruder Thomas seine Lehrlinge eine intuitive Art des

Bruder Thomas Dobush (gest. 1973) spielt Ball mit Jessie und Bekki, unseren ersten zwei Schäferhündinnen.

Umgangs mit Hunden zu lehren. Er betonte die Notwendigkeit, dem Tier »zuzuhören« und seine Reaktionen »zu lesen«.

Seit über dreißig Jahren leben wir nun in einer Gemeinschaft mit unseren Schäferhunden. Die Hunde bilden eine Kolonie von ungefähr fünfzehn Tieren unterschiedlichen Alters und Temperaments und stellen den Grundstock unserer Zucht dar. Unsere Zucht selbst ist recht bescheiden, da wir den Schwerpunkt darauf legen, schöne, gesunde, charakterstarke Hunde hervorzubringen. Außerdem leiten wir drei- bis vierwöchige Kurse, in den wir den Hunden (und dadurch auch den

Bruder Job Evans (gest. 1994) mit Zanta und einem ihrer Welpen.
(Foto von Holly Anderson)

Besitzern) die grundlegenden Gehorsamsübungen so beibringen, dass sie sich leicht in ihren Alltag einbinden lassen.

Die Anzahl der Hunde, die wir aufnehmen, ist begrenzt, damit jedes Tier die nötige Aufmerksamkeit erhält. Wir haben zwar auch in Gruppen Gehorsamsübungen für Gebrauchs- und Begleithunde veranstaltet, bevorzugen jedoch eine mehr individuelle, sanfte Methode. Unser klösterliches Leben gebietet die Wahrung einer ruhigen, zum Nachdenken anregenden Atmosphäre. Diese Stille, so meinen wir, erleichtert Menschen und Hunden das Lernen.

Es ehrt uns, dass uns viele Menschen um Rat fragen, und wir bemühen uns immer, gewissenhaft und freigiebig Hilfe zu leisten. Jeder Hund, den wir ausbilden oder der aus unserer Zucht hervorgeht, zeigt auch die Grundsätze unseres Klosters und unsere Zucht- und Trainingsmethoden. Außerdem haben wir versucht, unsere langjährige Erfahrung einem breiten Publikum zugänglich zu machen; neben diesem Buch haben wir ein zweites veröffentlicht. Im Augenblick arbeiten wir daran, unsere Internetseite zu erweitern, um Hundebesitzern bei Problemen und Fragen zur Seite zu stehen. Wir hören nie auf zu lernen und informieren uns stets über die neusten Erkenntnisse in der Verhaltensforschung und der Hundeausbildung, um sie in unsere Arbeit mit einzubeziehen.

Luftaufnahme vom Kloster New Skete. Die Zwinger für die Hunde befinden sich oben links, das Gebäude für die Welpen unten rechts.

3. Woher stammt unser Hund?

Mensch und Hund leben seit vierzehntausend Jahren in enger Gemeinschaft, wenn nicht sogar noch länger. Zwar wissen wir über den Ursprung des Haushundes noch immer nichts Definitives, doch steht fest, dass zu der Zeit, als Mensch und Hund zusammenzuleben begannen, nur ein einziges anderes Tier vergleichbare Gebissmerkmale aufwies: der Wolf. Er gehört mit Gewissheit zu den Vorfahren des Hundes, aber möglicherweise ist er nicht der einzige. Die meisten Forscher glauben, dass der Hund in direkter Linie vom Wolf abstammt, während andere eine modifizierte Theorie bevorzugen, die den Wolf neben einem anderen nahen Verwandten nennt, der möglicherweise größere Ähnlichkeit mit unserem heutigen Haushund aufweist, dem Schakal. Die Evolution der Arten ist ein faszinierendes Kapitel, das den Rahmen dieses Buches sprengen würde. Für den durchschnittlichen Hundehalter mag es genügen zu wissen, dass alle Hunde auch wolfsblütig sind. Einige wichtige Grundkenntnisse über das Wolfsverhalten wird Ihnen deshalb helfen, Ihren Hund besser zu verstehen.

Noch immer gibt es viele und tiefsitzende Vorurteile gegen den Wolf. Sie kommen gerade heute wieder zum Vorschein, da Umweltschützer und Verhaltensforscher sich um die Erhaltung der fast überall stark dezimierten Wolfspopulationen bemühen und für die Wiederansiedlung des Wolfes in bestimmten, geeigneten Gebieten eintreten. Die Gegner solcher Bestrebungen führen zumeist an, dass Wölfe die Hochwildbestände schädigten, Schafe und andere Haustiere rissen und sogar kleine Kinder angriffen. (Tatsache ist, dass der Wolf der gesunden Arterhaltung des Hochwildes dient, indem er die alten, kranken und schwachen Tiere eliminiert. Unserer Kenntnis nach ist kein Fall dokumentiert, wonach ein Wolf ein Kind getötet habe.) Als Rudeltier lebt der Wolf gesellig mit seinen Artgenossen, geht aber dem Menschen aus dem Wege, wenn er nicht schon als Welpe in Gefangenschaft aufgezogen wurde. Viele Menschen verwechseln die Jagdgewohnheiten des Wolfes mit denen des Fuchses. Während der Wolf bei seinem Rudel bleibt, ist der Fuchs ein Einzelgänger. Wölfe meiden, wenn irgend möglich, den Menschen. Unglücklicherweise verhindern die tief verwurzelten Vorurteile gegen den Wolf oft auch das Verständnis für das Verhalten des Hundes, denn Wolf und Hund sind in vieler Hinsicht gleich geprägt.

Beide sind von Natur aus rudelorientiert und leiden unter langer Isolation.

Beide sind Jäger, die ihre Beute hetzen, statt sie überfallartig anzuspringen, wie einige ihrer anderen Verwandten es tun.

Beide unterwerfen sich der Führung eines »Alpha-Tieres«, das das Rudel führt und für Ordnung sorgt.

Beide bedienen sich eines breiten Spektrums von Körpersprache, um sich innerhalb des Rudels, aber auch mit anderen Artgenossen zu verständigen.

Verschiedene Forscher haben stark ausgeprägtes Sozialverhalten in Wolfsrudeln festgestellt. So sind etwa Rudelmitglieder ohne weiteres bereit, kranke Tiere mit durchzufüttern. Diese Art der »Fürsorge« ist uns auch von Haushunden wohlbekannt.

Unterrichten Sie sich über Wölfe, wenn Sie etwas über Hunde zu erfahren wünschen. Es gibt zahlreiche Bücher über den Canis lupus, die Ihnen unschätzbares Hintergrundwissen über Ihren Hund und sein Verhalten vermitteln werden. Bücher über Wölfe zu lesen, um den eigenen Hund und sein Verhalten besser zu verstehen, ist nicht etwa ein Umweg. Wenn Sie sich über Wölfe informieren, so werden Sie feststellen, dass Sie daraus mehr über Ihren Hund lernen können als aus manchen der gegenwärtig erhältlichen Handbücher über Hundeerziehung. Viele der in unserem Buch beschriebenen Erziehungsmethoden stehen im Einklang mit dem, was wir über den Wolf als dem unmittelbaren Vorfahren des Hundes wissen.

Die Hunde unserer Zeit gehören wie ihre Verwandten Wolf, Koyote, Schakal und Fuchs der Familie Canidae an. Diese Tierfamilie ist bemerkenswert vielgestaltig, alle gehören zur Gattung der Raubtiere, alle erjagen ihre Nahrung, sei es allein oder im Rudel; und alle sind potenziell ausbildungsfähig und lernbegabt.

Heute wissen wir durch Verhaltensforschung genug über den Wolf, um jahrhundertealte Vorurteile überwinden zu können, und in vielen Ländern dieser Welt versucht man, diese Tiere wieder in die Wildnis einzugliedern. Aber ausgerechnet diese neu erwachte Faszination für Wölfe ist vielleicht die größte moderne Bedrohung für die Spezies, denn sie hat einen alarmierenden Nebeneffekt: Wolfsmischlinge als Haustiere werden immer beliebter.

Hund-Wolf-Kreuzungen tragen nichts zur Arterhaltung bei. Tiere, die aus einer solchen Kreuzung hervorgehen, sind unberechenbar, und Wolfsexperten werden nicht müde, vor dieser Mischrasse zu warnen. Menschen, die sich einen Halbwolf anschaffen, haben keine Ahnung, worauf sie sich einlassen, denn obwohl Wölfe in vielen Bereichen Hunden stark ähneln, besitzen sie doch genetische und charakterliche Merkmale, die eine Domestizierung verhindern.

Wölfe sind, wie gesagt, hochentwickelte Rudeltiere, meiden Menschen aber instinktiv, so dass sie grundsätzlich keine Gefahr für uns darstellen. Die Kombination der Erbanlagen von Hund und Wolf kann jedoch ein hochgradig gefährliches und instabiles Tier hervorbringen. Und da der Mensch vierzehntausend Jahre gebraucht hat, um ein wildes Tier zu domestizieren und es zu einem echten Gefährten zu züchten, wäre es nicht sinnvoll, eine unberechenbare Mischform zu erschaffen. Jede Beißerei, jeder Angriff auf einen Menschen, an dem ein Wolfsmischling beteiligt ist, gießt Öl aufs Feuer der Wolfsgegner und macht die Arbeit der Biologen und Experten wieder schwieriger. Wer sich für Wolfskreuzungen einsetzt, tut nichts für die Erhaltung

der Wölfe. Unterstützen Sie lieber die Fachleute, die es sich zum Ziel gemacht haben, den Wolf wieder in die Wildnis zu integrieren, denn dort gehört er hin.

4. Einige wichtige Begriffe

Die Beziehung Mensch – Hund

Hunde werden seit Jahrhunderten aus verschiedenen Gründen gezüchtet, doch je eindeutiger diese Gründe auf einem natürlichen, respektvollen Verhältnis zwischen dem Tier und seinem menschlichem Fürsorger beruhen, umso deutlicher tritt der einzigartige Charakter jedes Hundes hervor. Hunde sind soziale Wesen, die nur dann aufblühen, wenn sie liebevoll angeleitet werden. Aus diesem Grund legt unsere sanfte Methode den größten Wert auf die soziale Beziehung zwischen Tier und Besitzer.

Die Basis für die Entwicklung einer guten Beziehung zu Ihrem Hund ist ein Klima gegenseitigen Vertrauens und Respekts. Dies setzt voraus, dass Sie gewillt sind, den Hund als Hund zu begreifen, indem Sie sich mit seiner Natur auseinandersetzen. Das Bestreben, ihn zu vermenschlichen, mag wohlmeinende Gründe haben, hindert uns aber letztlich daran, das Potenzial dieser wechselseitigen Beziehung voll auszuschöpfen.

Das Rudel

Wenn wir vom Rudel sprechen, dann meinen wir damit im Allgemeinen die nächsten Mitglieder der sozialen Gemeinschaft des Hundes, Menschen ebenso wie andere Hunde. Gelegentlich bezeichnen wir diese Gemeinschaft als das »Familienrudel«. Alle Hunde, vom winzigen Malteser bis zur großen Dogge, haben den Wolf zum Vorfahren.

Wölfe sind Rudeltiere. Durch Domestikation hat der Hund den Menschen als seine neuen Rudelgenossen angenommen. Hat der Hundehalter dies verstanden, so kann er Ausbildungsmethoden anwenden, die den Hund im Rudel aufnehmen und ihm auf kluge und menschliche Weise seinen untergeordneten Platz in der Rangordnung geben.

Das Alpha-Tier

Genau genommen gibt es in jedem Wolfsrudel ein Alpha-Paar. Der ranghöchste Wolf ist meist das dominante Tier im Rudel. Dieser Wolf bestimmt unter anderem das Paarungsverhalten: Er deckt das ranghöchste weibliche Tier, die Alpha-Wölfin. Gelegentlich nehmen auch Alpha-Wölfinnen die Führungsrolle ein und beeinflussen das Rudelleben maßgeblich. Der Alpha-Rüde sorgt aber auch für die Aufrechterhaltung der sozialen Struktur, ja, er greift gelegentlich sogar in Rangordnungskämpfe ein.

Alle untergeordneten Wölfe akzeptieren die Führung des Alpha-Wolfs, bis ihm diese Position von einem anderen Tier erfolgreich streitig gemacht wird. Der Domestikationsprozess hat diese Haltung im Haushund nicht völlig auslöschen können. Probleme entstehen immer dann, wenn ein Hund nicht die erwartete Führung erhält und sich deshalb selbst als Alpha-Tier fühlt oder eine Chance wittert, sich die ranghöchste Position zu erkämpfen. Für einen Hund muss deshalb eindeutig feststehen, wer die Alpha-Figur ist, nämlich Sie. Wenn Sie im Haushalt zu zweit diese Führungsrolle wahrnehmen möchten, müssen Sie das auch im Hundetraining tun. Sie müssen sich also stets als Anführer verhalten, nicht, weil Sie herumkommandieren wollen, sondern weil jede Erziehung fehlschlagen muss, wenn für Ihren Hund irgendwelche Zweifel über die Rangfolge bestehen.

Sehr wichtig in der Ausbildung: Augenkontakt zwischen Hund und Trainer.

Blickkontakt

Das Alpha-Tier verständigt sich mit den Artgenossen im Rudel unter anderem über Blickkontakt. Die anderen Tiere respektieren diese Art der Körpersprache und lassen sich schon mit einem betont strengen Blick von einer Beißerei abhalten. Wir betonen in diesem Buch den Blickkontakt, weil wir darin einen wesentlichen Bestandteil des Umgangs zwischen Ihrem Hund und Ihnen sehen. Der Blickkontakt vertieft das Verhältnis und das Vertrauen zwischen Hund und Halter. Es versteht sich daher von selbst, dass wir normalerweise freundlich und sanft blicken sollen, keinesfalls den Hund drohend anstarren dürfen. Ein Respekt gebietender Blickkontakt dagegen muss fest und durchdringend sein und länger anhalten.

Aber ehe der Hund in Ihren Augen lesen kann, muss er lernen, zu Ihnen aufzublicken. Die in diesem Buch beschriebenen sanften Techniken ermuntern den Hund aufzublicken, so dass Blickkontakt hergestellt werden kann, sei er ermutigend oder entgegnend.

Die Ausbildung

Der Begriff Ausbildung, wie wir ihn in diesem Buch verstehen, schließt die grundlegende Erziehung des Welpen und Junghundes mit ein. Wir behandeln die Ausbildung nicht einfach als eine Reihe von Übungen (sitzen, bei Fuß gehen, ablegen usw.), die dem Hund auferlegt werden, sobald er ein gewisses Alter erreicht hat. Stattdessen sehen wir die Ausbildung als eine ganzheitliche integrierte Methode an, die es erlaubt, mit dem Hund sein ganzes Leben lang in eine enge Beziehung zu treten. Zur Ausbildung in unserem Sinne gehören deshalb viele verschiedene Aktivitäten. Daher findet Ausbildung in einem Hundeleben auf vielen Ebenen statt, nicht nur in der Gehorsamsschule. In seinem Buch *Verwandtschaft mit allem Leben* hat J. Allen Boone dies gut ausgedrückt:

Um dieses Geheimnis zu verstehen, muss man zuerst den Unterschied zwischen dem Dressieren und dem Ausbilden eines Tieres begreifen. Tierdressur ist relativ einfach. Man braucht dazu nur ein Anleitungsbuch, ein gewisses Maß an Einschüchterungsgehabe, Zuckerbrot und Peitsche. Auf der anderen Seite verlangt die Ausbildung eines Tieres Intelligenz, Beobachtungsgabe, Integrität, Phantasie und geduldige Freundlichkeit des Denkens, der Stimme und der Berührung.

5. Junger oder älterer Hund?

Für welche Rasse soll man sich entscheiden?

Wenn Sie den Kauf eines reinrassigen Hundes erwägen, haben Sie wahrscheinlich bereits eine Vorliebe für diese oder jene Rasse. Es ist sinnvoll, sich vor dem Erwerb zu überlegen, ob die bevorzugte Rasse zu Ihnen und zu Ihrer Umgebung passt. Sie sollten sich daher mit jemandem unterhalten, der Erfahrung in der Haltung Ihrer Lieblingsrasse hat. Für fast alle Rassen gibt es heute Klubs, die Ihnen gerne mit Rat und Tat zur Seite stehen werden. Der Verband für das Deutsche Hundewesen, Sitz Dortmund e. V. (VDH), Westfalendamm 174, 44141 Dortmund, www.vdh.de, kann Ihnen die Mitgliedsvereine nennen. Auch gibt es eine Fülle von Literatur, in der man genaue Angaben zu den einzelnen Rassen nachlesen kann.

Zu der Frage, welche Rasse am vielseitigsten ist und am leichtesten lernt, haben wir zwar ganz bestimmte Ansichten, aber eine allgemeingültige Antwort gibt es darauf nicht. In den vergangenen Jahren wurde viel über die relative Intelligenz des Hundes diskutiert; beliebt sind Umfragen, welche Rasse in der Rangliste der klügsten Hunde ganz oben steht. Doch solche Veröffentlichungen sind irreführend. Obwohl einige Rassen lernfähiger sind und daher klüger erscheinen, beschränkt sich diese Art von »Intelligenz« meist auf formelle Gehorsamsübungen und kann nicht verallgemeinert werden. Rassen, die weniger gut auf Gehorsamstraining ansprechen und daher den Ruf haben, »dumm« zu sein, müssen möglicherweise einfach nur in anderen Funktionen oder Rollen eingesetzt werden. Ein Beagle beispielsweise, der angeblich schwer zu erziehen ist, wirkt alles andere als dickköpfig, wenn er zur Jagd eingesetzt wird.

Aber während sich alle erfahrenen Hundeausbilder einig sind, dass es deutliche Abweichungen in der Erziehbarkeit der Rassen gibt, wissen sie auch, dass man außerdem große Unterschiede zwischen einzelnen Hunden derselben Rasse feststellen kann. Die Umgebung, in der ein Hund aufwächst, und das Geschick des Halters oder Ausbilders haben häufig einen starken Einfluss auf die Intelligenz des individuellen Hundes. In den vergangenen Jahren haben wir mit vielen Hunden vermeintlich schwer erziehbarer Rassen zu tun gehabt, die bereitwillig und schnell lernten, weil ihre Besitzer sie mit sehr viel Einfühlungsvermögen aufgezogen hatten. Natürlich kommt auch das Gegenteil vor. Nicht jeder Deutsche Schäferhund ist der Einstein, für den ihn ein »Schäferhund-Chauvinist« gerne hält. Im Grunde entstehen immer dort Vorurteile, wo das Intelligenzniveau einer Rasse zur Diskussion steht.

Um sich den Begriff der hündischen Intelligenz nutzbar zu machen, muss er abgestuft werden. Wie in Stanley Corens Werk *Die Intelligenz der Hunde* deutlich wird, setzt sich die »Intelligenz« als Ganzes aus drei unterschiedlichen Dimensionen zusammen:

- die *adaptive Intelligenz*, die sich auf die Fähigkeit bezieht, sich an die Umgebung anzupassen;
- die *Arbeits- und Gehorsamsintelligenz*, die Fähigkeit des Hundes, auf Befehle zu reagieren und Aufgaben zu erledigen;
- und die *instinktive Intelligenz*, mit der die genetische Anlage des Tieres bezeichnet wird.

Nimmt man Charakterzüge wie Lernbereitschaft, Unterwürfigkeit oder ein Dominanzstreben hinzu, wird deutlich, warum es so schwer, wenn nicht unmöglich ist, die Intelligenz einer bestimmten Rasse zu messen. Man sollte diese Angaben also höchstens als allgemeine Richtlinien betrachten.

Wie die Orgelpfeifen: Auch Welpen aus demselben Wurf können unterschiedlich groß werden. Der Züchter kann sie gewöhnlich aber einschätzen.

Alle Meinungen, die Sie als Entscheidungshilfe anhören, sollten durch direkte Erfahrung mit der betreffenden Rasse erhärtet werden. Bedenken Sie, dass manche Rassen zu bestimmten Verhaltensmerkmalen neigen; doch ist es gewöhnlich die Umgebung, in welcher der Hund lebt, die diese Züge unterdrückt oder verstärkt.

Rüde oder Hündin?

Wie der potenzielle Hundehalter gewöhnlich die eine oder die andere Rasse bevorzugt, so hat er auch eine Vorliebe für das eine oder andere Geschlecht. Wenn es schon schwierig ist, zuverlässige Aussagen über verschiedene Rassen und ihre Eigenarten zu machen, so ist es noch schwieriger, eindeutige Erklärungen über männliche oder weibliche

Eigenarten abzugeben. Während die Hündinnen einer Rasse gelehrig und fügsam sein mögen, können diejenigen einer anderen selbstbewusst und schwer zu lenken sein. Hündinnen sind gewöhnlich flexibler, kleiner, in frühem Alter leichter auszubilden als Rüden. Bei vielen Rassen ist ein Unterschied im Verteidigungswillen zwischen Rüde und Hündin kaum festzustellen; bei anderen sind die Rüden deutlich mutiger, während die Hündinnen dazu neigen, angesichts einer Gefahr nachzugeben. Zuchtberater der Rassehundvereine können Genaueres über die geschlechtsspezifischen Eigenschaften sagen. Im Allgemeinen raten wir Anfängern in der Hundehaltung, zunächst eine Hündin zu erwerben.

Lassen Sie sich von einem Züchter nicht zum Kauf eines Rüden oder einer Hündin drängen. Wenn Sie den Eindruck haben, dass er aufrichtig urteilt und Ihre Situation richtig einzuschätzen vermag, sollten Sie seinen Rat annehmen. Wahrscheinlich weiß der Züchter über die von Ihnen gewählte Rasse weit mehr als Sie und ist daran interessiert, einen Hund auszuwählen, der gut zu Ihnen passt. Allein nach Geschlecht wird ein guter Züchter nicht einen bestimmten Welpen empfehlen, es hängt vor allem von den Eigenschaften des individuellen Hundes ab, welcher Hund zu Ihnen passt.

Die Operation ist heute kaum noch riskant und sollte Sie nicht vom Erwerb einer Hündin abhalten. Für die meisten Hundebesitzer ist die Kastration ihrer Hündin aus mehreren Gründen empfehlenswert. Neben der Verhütung von unerwünschten Schwangerschaften in einer Zeit, in der die Haustierbevölkerung zum Nachteil der Tiere explosionsartig ansteigt, erspart man sich zweimal im Jahr den Ärger der ungefähr dreiwöchigen Hitze (und den Besuch zahlreicher liebeskranker Rüden im Vorgarten), vermeidet Pyometra, eine Gebärmutterentzündung, und reduziert das Risiko von Gesäugetumoren. Außerdem verändert der Eingriff den Charakter der Hündin oft höchst positiv. Während die angebliche Gewichtszunahme nach der Sterilisation oder Kastration auf einem nicht auszurottenden Vorurteil beruht, werden kastrierte Hündinnen häufig sanfter, aufmerksamer und behalten Befehle besser.

Eine Kastration bei Rüden hat ähnliche Vorteile. Ein kastrierter Rüde kann keinen Hodenkrebs bekommen und leidet seltener an Prostata-Erkrankungen. Da viele unerwünschte Verhaltensweisen bei Rüden ihre Wurzeln im Geschlechtstrieb haben, sinkt bei kastrierten Hunden das Aggressionspotenzial. Die Rüden reißen seltener aus, markieren weniger, besteigen seltener andere Hunde und menschliche Beine und sind ganz allgemein ruhiger und besser erziehbar. Die (meist männlichen) Ängste, eine Kastration mache einen Rüden zu einem Schwächling oder depressiv, sind rein menschliche Projektionen. Die Fortpflanzung von Hunden hat nichts mit Romantik oder Lust zu tun; es handelt sich um biologische Vorgänge, die durch Hormone gesteuert werden, wenn eine Hündin paarungsbereit ist. Zu jeder anderen Zeit ist ein Hund vollkommen desinteressiert. Und obwohl kastrierte Rüden im häuslichen Leben meist ruhiger sind, büßen sie nichts von ihrem Beschützerinstinkt ein und agieren draußen ebenso munter und aufmerksam wie ihre nichtkastrierten Artgenossen. In den vielen Jahren, die wir uns mit Hunden beschäftigen, haben wir keinen einzigen Rüden erlebt, dessen Verhalten durch Kastration negativ beeinflusst worden ist. Entweder entwickelte es sich positiv oder blieb im Grunde gleich. In Anbetracht dieser Tatsachen ist die einzige Ausrede, einen Hund nicht kastrieren zu lassen, das Vorhaben zur Zucht, und deshalb sollten Sie Ihre Entscheidung, ob Rüde oder Hündin, nach anderen Kriterien treffen.

Seien Sie realistisch. Für die meisten Hundebesitzer ist es unklug, einem Geschlecht den Vorzug zu geben, weil sie die Vorstellung haben, dann ihren ersten Hund in Zukunft mit einem zweiten paaren können. Ganz abgesehen davon, dass solche Pläne fast nie in die Tat umgesetzt werden, haben die meisten Menschen keine Ahnung, was Zucht und Aufzucht von Welpen mit sich bringen. Wer es richtig machen will, braucht nicht nur viel Zeit und Hingabe, sondern auch ein umfassendes Wissen über Rassen, Stammbäume und eine stattliche Summe Geld für den Tierarzt. Denken Sie nicht einmal daran, aus Profitgründen eine Zucht zu beginnen. Das Geld, das Sie ausgeben, um einen Wurf Welpen aufzuziehen, übersteigt oft das, was Sie durch den Verkauf der Tiere wieder einnehmen. Gute Züchter tun es aus Liebe zur Rasse, nicht um des Geldes willen.

Eltern, die ihren Kindern das Wunder der Geburt nahebringen wollen, sollten sich lieber ein Video kaufen oder ausleihen, in dem die Welpengeburt und die Entwicklung der Hundebabys filmisch aufbereitet worden sind. Darüber hinaus sollten Sie nur eine Zucht in Erwägung ziehen, wenn Sie einen registrierten, reinrassigen Hund besitzen, dem keine genetische Störung wie Hüftdysplasie nachgewiesen werden konnte. Aber nicht einmal das ist eine Garantie, dass der Welpe, den Sie sich aussuchen, zur Zucht geeignet sein wird. Wenn Sie nicht bereits ein erfahrener Züchter sind, sollten Sie sich Ihren Hund nach seinen ihm ganz eigenen Merkmalen aussuchen und nicht als Teil eines zukünftigen Erzeugerpaars betrachten.

Jeder Hund geht eine innige Beziehung mit seinem Besitzer ein. Der gut ausgebildete Rüde kann eine Hingabe an den Tag legen, die manch einen einfühlsamen Menschen zum Staunen bringt. Bruder Thomas, der unser Zucht- und Ausbildungsprogramm in New Skete initiierte, schrieb einmal: »Wir müssen dem Hund zuhören, bis wir entdecken, was er braucht, anstatt uns ihm im Namen der Ausbildung aufzudrängen.« Hunde haben dem Besitzer, der sich die Zeit zum Zuhören nimmt, viel zu erzählen.

Dennoch hängt, wie bereits erwähnt, die Auswahl von Rüde oder Hündin häufig von gewissen Vorlieben ab. Auch wenn es immer Ausnahmen gibt, zeichnet sich jedes Geschlecht durch hervorstechende Merkmale aus. Während die Hündinnen gewöhnlich kleiner, anhänglicher und unkomplizierter im Umgang sind und häufig eine raschere Auffassungsgabe haben, neigen Rüden dazu, übermütiger und dominanter zu sein. Unabhängig von ihrer Größe – vom winzigen Zwergpudel zum majestätischen Schäferhund – passen sich die meisten Hunde ihren Lebensbedingungen problemlos an, ob sie nun in einer kleinen Stadtwohnung gehalten werden oder auf einem ausgedehnten Landsitz.

Wo kauft man einen Hund?

Es gibt eine ganze Reihe Möglichkeiten, einen Hund zu erwerben, und alle haben ihre Vor- und Nachteile. Manche sollten Sie allerdings unbedingt meiden.

Der seriöse Züchter

Eine hervorragende Adresse, um einen Welpen oder auch einen älteren Hund zu kaufen, ist der angesehene Züchter. Seriöse Züchter kennen sich hervorragend mit der Rasse aus und arbeiten meistens schon seit vielen Jahren daran, ihre besten Eigenschaften hervorzubringen. Gewöhnlich können sie dem Käufer mindestens ein Elternteil zeigen und wissen einzuschätzen, ob ein bestimmter Welpe (oder die Rasse als solche) für Sie geeignet ist. Der seriöse Züchter hat vor allem das Wohl des Hundes im Sinn, und wenn Sie bei ihm einen Welpen erwerben, können Sie von seiner Erfahrung und seinen Kenntnissen der Rasse auch in Zukunft profitieren.

Allerdings verdient nicht jeder Züchter das Adjektiv »renommiert«. Meiden Sie »Hinterhofzüchter«, die entweder aus finanziellen oder sentimentalen Gründen züchten und kaum Interesse an Rassemerkmalen haben. Da Sie für einen Rassehund sehr viel Geld bezahlen müssen, sollte der Züchter Ihnen beim Kauf eine schriftliche Bestätigung über die einwandfreie Gesundheit des Tiers sowie einen Impfpass, eine Ahnentafel, Zuchtnummer und die Tätowierungs- oder besser Chipnummer geben können. Der Zwinger sollte sauber und einem

Rassehundeverband angeschlossen sein. Renommierte Züchter finden Sie beim Verband für das Deutsche Hundewesen. Dort leitet man Sie gerne an die entsprechenden Verbände für die einzelnen Rassen weiter.

Eine andere Möglichkeit ist der Tierarzt in Ihrer Nähe; gewöhnlich kennen Veterinäre Züchter, deren Seriosität sie garantieren können.

Hunde in Not

Eine gute Möglichkeit, einen erwachsenen Rassehund zu finden, sind die Internetseiten von Rassehundvereinen. Dort werden Hunde der jeweiligen Rasse vorgestellt, die ein neues Zuhause suchen, weil sie zum Beispiel ihr Herrchen oder Frauchen durch Krankheit oder Todesfall verloren haben. Entstanden ist diese Initiative, nachdem immer öfter Rassehunde in Tierheimen abgegeben wurden. Hier bieten engagierte Züchter ihren Kunden die Möglichkeit, sich an sie zu wenden, bevor sie ihren Rassehund ins Tierheim bringen. Die Hundesbesitzer können ihre Lage schildern und ihre Telefonnummer und den Wohnort ein tragen. Mancher Züchter, bei dem man seinen Hund gekauft hat, nimmt ihn bei sich auf, kümmert sich um Gesundheitsuntersuchungen, prüft sein Temperament, Gehorsam, Erziehung und allgemeines Verhalten. Gelegentlich arbeit auch ein Hundefreund mit dem Hund, um seine Fähigkeiten zu verbessern bevor er zur Adoption freigegeben werden kann. Denn man will den Hunden das Trauma mehrfacher Vermittlung ersparen.

»Airedales in Not« zum Beispiel stellt außerdem eine Internetseite zur Verfügung, auf der der Hundehalter ein Foto seines Hundes, Angaben zu Alter und Gesundheitszustand, Eigenschaften und

Eine liebevolle Mutter. Fragen Sie, ob es möglich ist, die Eltern des Wurfs zu sehen.

Problemverhalten, oft auch den Grund für die Trennung angibt. Interessant sind solche Tiere für Hundeliebhaber, die zum Beispiel keinen verspielten Welpen, der besonders viel Auslauf und Erziehung braucht, suchen. Für sie ist ein älterer Hund, der schon die Grundausbildung genossen hat, ideal. Auf jeden Fall ist es wichtig, so viel wie möglich über die Vergangenheit des Hundes zu erfahren. Fragen an den früheren Besitzer oder den Züchter, der ihn vermittelt, wären zum Beispiel:

- Ist der Hund dominant?
- Ist er gewohnt auch einmal allein zu bleiben, wie lange?
- Verträgt er das Autofahren?
- Wie verhält er sich gegenüber Kindern und Katzen, anderen Hunden?
- War er ein Männer- oder Frauenhund?
- Durfte er auf Sessel und Sofa, ins Schlafzimmer, ins Bett?
- Hat er bestimmte Unarten oder Vorlieben, gibt es etwas, wovor er sich fürchtet?
- Ist er gewohnt, an der Leine zu gehen, und wie sieht es mit Ausbildung aus?
- Ist der Hund ein Jäger, der mit einer Spur vor der Nase für die nächste Stunde verschwindet?

Die meisten Rassehundvereine bieten einen solchen Vermittlungsservice inzwischen an.

Ein Hund aus dem Tierheim

Auch das Tierheim ist eine gute Adresse, vor allem, wenn Sie einen Mischling suchen. Hunde landen aus unterschiedlichsten Gründen im Tierheim. Hier findet man zum Beispiel Welpen aus unerwünschten Würfen und Tiere, deren Besitzer durch Scheidung, Krankheit oder Umzug gezwungen waren, sich von ihnen zu trennen. Noch andere aber enden hier, weil ihre Halter überfordert waren oder sich vor dem Kauf des Tiers nicht vor Augen geführt haben, was für einen zeitlichen und finanziellen Aufwand es bedeutet, einen Hund zu halten. Noch immer gibt es viele Menschen, die leichtfertig einen Hund erwerben und ihn nach kurzer Zeit einfach im Tierheim abgeben. Und viele dieser Hunde entwickeln sich zu wunderbaren Haustieren, wenn man ihnen genug Liebe und Aufmerksamkeit zuteil werden lässt. Hunde aus dem Tierheim sind kostengünstig und häufig sehr lernfähig und anhänglich. Menschen, die sich ihren Hund aus dem Tierheim holen, tun etwas Gutes, indem Sie das Tier davor bewahren, eingeschläfert zu werden.

Natürlich geht man mit einem Hund aus dem Tierheim auch Risiken ein. Inkompetenz und Vernachlässigung durch den vorherigen Besitzer erklären oft, warum ein Hund sich im Tierheim befindet, aber nicht immer. Manche Hunde haben ernsthafte Störungen, die trotz Bemühungen eines verantwortungsvollen Besitzers nicht beseitigt werden konnten. Ein solcher Hund erfordert sehr viel Zeit, Energie und manchmal auch Geld. Obwohl Welpen frühestens nach acht Wochen aus ihrem Wurf genommen werden dürfen, landen manche schon im Tierheim, bevor sie noch sechs Wochen alt sind, so dass sie keine Chance mehr haben, in Gesellschaft ihrer Mutter und Geschwister Sozialverhalten zu lernen und sich an Menschen zu gewöhnen. Dies kann zu schweren Verhaltensstörungen führen. Doch selbst wenn der Welpe gewissenhaft aufgezogen wurde, wächst die Gefahr, dass er ein Angstvermeidungsverhalten entwickelt, je länger er sich im Tierheim befindet, weil er in der sogenannten Angstphase (ungefähr im Alter von zehn Wochen) nicht ausreichend sozialisiert werden kann. Da in den meisten Tierheimen großer Personalmangel herrscht, ist es nicht unwahrscheinlich, dass die Welpen in einer wichtigen Zeit zwangsweise vernachlässigt werden. Falls Sie sich also für einen Welpen aus dem Tierheim entscheiden, sollten Sie einen auswählen, der zwischen sechs und acht Wochen alt ist.

Wenn Sie beschließen, Ihren zukünftigen Gefährten aus dem Tierheim zu holen, können Sie das Risiko, einen Problemhund mit nach Hause zu nehmen, verringern, indem Sie auf einige Punkte achten:

- Erkundigen Sie sich zuerst beim Personal des Tierheims über den Hintergrund des Hundes.
- Hat er in einer Familie gelebt?
- Ist er Kindern, Lärm, Treppen, hektischem Stadtleben ausgesetzt gewesen?
- Wie verhält er sich gegenüber anderen Hunden?
- Warum wurde er ins Tierheim gebracht?
- Ist er schon einmal vermittelt worden?

Wenn Sie die Hunde besichtigen, versuchen Sie jedes Tier individuell zu prüfen. Weder dem Hund noch Ihnen ist damit gedient, wenn Sie ihn wieder zurückbringen, weil Sie mit dem Hund nicht zurechtkommen.

Bedenken Sie, dass viele Hunde aggressiv reagieren, wenn sie in einem Käfig gehalten werden. Gehen Sie vor den Zwingern in die Hocke, so dass ihr Gesicht dem Hund seitlich zugewandt ist und weniger bedrohlich wirkt. Halten Sie den Handrücken an das Gitter, damit der Hund daran schnuppern kann, und sprechen Sie freundlich und leise mit ihm. Stecken Sie niemals die Finger in den Zwinger. Achten Sie darauf, welche Tiere ein freundliches oder gemäßigtes Temperament zeigen, indem sie nach vorne kommen, wedeln, sich am Gitter reiben, als bettelten sie um Streicheleinheiten. Oder achten Sie auf Hunde, die Sie ruhig und abwartend beobachten.

Interessieren Sie sich für ein bestimmtes Tier, bitten Sie darum, den Hund auf einem eingezäunten Areal an der Leine auszuführen. Berücksichtigen Sie, dass Sie selbst dann noch keinen unbedingt zutreffenden Eindruck vom Hund bekommen, da er sich mit einer fremden Person in einer fremden Umgebung befindet. Ist der Hund übermäßig unruhig, aggressiv oder ängstlich, so lassen Sie sich Ihre Entscheidung noch einmal durch den Kopf gehen. Versuchen Sie kühl und objektiv zu bleiben. Lassen Sie nicht allein die bittenden Augen, das Winseln oder eine extreme Anhänglichkeit des Hundes Ihre Entscheidung, die ein Hundeleben lang halten soll, bestimmen. Nehmen Sie, wenn möglich, jemanden mit, der etwas von Hunden versteht und Sie bei der Auswahl beraten kann.

Wenn Sie einen Hund finden, der Ihnen zusagt und kastriert ist, wissen Sie zumindest, dass der frühere Besitzer etwas Verantwortungsgefühl für das Tier empfand. Niemals aber sollten Sie aus einer bloßen Augenblicksstimmung heraus in ein Tierheim gehen.

Hunde aus dem Tierheim sind genauso fähig zu einer innigen Gemeinschaft mit ihrem Menschen wie ein Rassehund. Es gibt keinerlei Entschuldigung für die Einstellung, sich einfach einen Mischling zu besorgen, weil man ihn ja wieder abgeben kann, wenn es nicht so klappt, wie man es sich vorgestellt hat.

Wo man keinesfalls einen Hund kaufen sollte

Wenn es eines gibt, worin sich seriöse Züchter, Trainer, Verhaltensforscher und Tierärzte einig sind, dann darin: Kaufen Sie keinen Welpen in einer Tierhandlung. Wir kennen kein einziges Hundebuch aus den vergangenen zwanzig Jahren, in dem eine Tierhandlung zum Welpenkauf empfohlen wird, und das aus gutem Grund. Tierhandlungen sind profitorientierte Unternehmen, in denen man vielleicht Zubehör und Futter kaufen kann, keinesfalls aber einen Welpen. Diese Händler bekommen ihre Welpen häufig aus richtigen Zuchtfabriken, in der Hunde als Ware gehandelt werden. Selten werden die Tiere dort artgerecht behandelt; es findet keine Sozialisation statt, und oft sind die Hunde nicht einmal geimpft. Die Welpen werden viel zu früh von ihren Müttern und Geschwistern getrennt und quer durchs Land zu den einzelnen Tierhandlungen transportiert, wo sie oft geschwächt und dehydriert ankommen. Nachdem sie ein wenig aufgepäppelt worden sind, werden sie häufig zu überhöhten Preisen verkauft. Ohne Informationen über die Eltern oder die Herkunft des Tiers zu kennen, lässt sich der Käufer auf ein teures Vabanquespiel ein, nur um sein Tier sofort mit nach Hause nehmen zu können. Er weiß nicht, ob sein neuer Gefährte möglicherweise Krankheitserreger in sich trägt, die nach der Inkubationszeit zu hohen Tierarztrechnungen führen, und er kann auch nicht vorhersehen, ob der Hund nicht durch mangelhafte Sozialisation Monate später ernsthafte Verhaltensstörungen aufweisen wird. Natürlich besteht immer die Möglichkeit, dass Sie Glück haben und einen Prachtwelpen erstehen, aber selbst dann ist es nicht klug, einen im Dunkeln operierenden Wirtschaftszweig zu unterstützen, dessen Priorität Profit und nicht das Wohl des Tiers ist.

Tierhändler sind sich inzwischen bewusst, dass die Geschäfte mit den Zuchtfabriken schlecht für ihr Image sind. Lassen Sie sich also nicht von Händlern täuschen, die sich wohlklingende zwingerähnliche Namen geben und Ihnen versichern, dass ihre Welpen von »ortsansässigen Züchtern« stammen. Dabei handelt es sich vielmehr um sogenannte Hinterhofzüchter, die Hunde aus Gewinnstreben züchten und weder Ahnung vom Zuchtgewerbe noch ein Interesse an der Verbesserung der Rasse haben (weswegen wir auch davon abraten, direkt bei solchen Züchtern Welpen zu erwerben). Selbst wenn diese Leute die besten Absichten haben, kennen wir zu viele Schauergeschichten von Hunden solcher Abstammung. Darüber hinaus würde in unseren Augen kein seriöser Züchter seine Welpen an eine Tierhandlung weitergeben, die von einem Käufer nichts weiter als eine gültige Kreditkarte verlangt.

Die Wahl eines Welpen

Im Laufe unserer jahrelangen Erfahrung mit Hundekäufern haben wir festgestellt, dass es in den seltensten Fällen günstig ist, dem Käufer einen ganzen Wurf vorzuführen. Allzu oft wählt er das falsche Tier. In jedem Wurf gibt es Einzelgänger, besonders aggressive Tiere und zaghafte. Die meisten Leute meinen, dass der Junghund, der sofort seine Gruppe verlässt und auf sie zuläuft, um am Zaun hochzuspringen, »der Hund für mich« sei. Schon häufig haben wir Leute sagen hören: »Nicht ich habe ihn gewählt, er wählte mich – er kam gleich auf mich zugelaufen, und so ist er zu mir gekommen.« Die Schwierigkeit liegt darin, dass der Welpe oder Junghund, der »gleich auf einen zuläuft«, häufig das am stärksten dominierende Tier des Wurfs ist und deshalb möglicherweise stärkere Anpassungsschwierigkeiten hat als die anderen. Kunden, die emotional empfänglich und leicht beeinflussbar sind, können dem possierlichen Treiben nicht widerstehen und lassen sich von dieser Annäherung unweigerlich bestechen. Dabei geschieht es leicht, dass sie andere Welpen übersehen, die zunächst zurückhaltend sind. Doch könnte gerade eines von diesen Tieren das richtige für sie sein.

Wenn Sie einen Wurf besichtigen, so versuchen Sie zu erreichen, dass Sie jeden Welpen allein in einem Raum zu sehen bekommen. Dies ist der einzige Weg, um eine Vorstellung von der Persönlichkeit jedes Hundes zu erhalten. Bemühen Sie sich nicht, einen Welpen inmitten des Wurfes zu beurteilen, das ist ein so gut wie aussichtsloses Unterfangen. Falls Sie eine solche Wahl noch nie haben treffen müssen, lesen Sie darüber so viel Sie können. Der Test, den wir verwenden, um die Persönlichkeit und das Temperament des Welpen einzuschätzen, wurde von dem Trainerpaar Jack und Wendy Volhard entwickelt. Dabei geht es im Welpenalter von sieben Wochen um

- Unterwerfungsbereitschaft
- Dominanzstreben
- Apportierbereitschaft

- Berühren und Halten lassen
- Überraschungsreaktion
- Sichtreaktion

Das Verhalten des Welpen wird von einer anderen Person bewertet, und danach hat man Anhaltspunkte, wofür der Hund geeignet ist und in welchem Umfeld er am besten platziert wird.

Schließlich können Sie auch den Züchter bitten, Ihnen bei der Auswahl des richtigen Welpen oder Junghundes zu helfen. Es gibt Züchter, die grundsätzlich darauf bestehen, die Auswahl für ihre Kunden zu treffen. In einem solchen Fall wird man Sie wahrscheinlich eingehend befragen, um in Erfahrung zu bringen, welche Anforderungen Sie an einen Hund stellen. Versuchen Sie, solche Fragen aufrichtig und genau zu beantworten. Der Züchter will Sie nicht bevormunden, sondern nimmt eine zusätzliche Mühe auf sich. Viele Händler machen es sich da wesentlich leichter. Aber wenn man Sie nach Ihren Vorstellungen von und Ihren Erwartungen an einen Hund fragt, dann ist es ein sicheres Zeichen, dass man die Hunde erst nach sorgfältiger Auswahl abgeben möchte. Denken Sie immer daran, dass Sie keine Erfahrung in derartigen Entscheidungen haben. Vertrauen Sie ruhig darauf, dass der Züchter Ihnen in aller Regel kein krankes oder verhaltensgestörtes Tier aufschwatzen will. Es liegt in seinem eigenen Interesse, seine Kunden durch eine gute Wahl zufriedenzustellen. Die meisten Züchter haben Erfahrungen, den richtigen Hund an den richtigen Mann zu bringen.

6. Über die Ursprünge der Hunderassen

Neufundländer lieben das Wasser, Stöberhunde apportieren gern, Dackel scheinen keinen größeren Genuss zu kennen, als ein Beet umzugraben, und Huskys tollen lustvoll im Schnee. Eine verblüffend große Zahl sonst gebildeter Menschen weiß nichts von dem ursprünglichen Zweck, für den die Hunderasse gezüchtet wurde, der ihr Vierbeiner angehört. In einer Zeit, in der immer mehr Leute sich für Ahnenforschung interessieren und damit ihren eigenen »Ursprüngen« nachspüren, bleiben so manchem Hundehalter die Ursprünge seines Hausgenossen verborgen. Kenntnisse über Herkunft und Aufgabe der von ihnen bevorzugten Rasse können Ihnen jedoch helfen, Ihren Hund besser zu verstehen und eventuell sogar Verhaltensprobleme zu lösen.

Die Vielzahl der Hunderassen wird in Rassengruppen unterteilt, die in der Literatur nicht immer ganz einheitlich wiedergegeben werden. In Deutschland unterscheidet man im Allgemeinen zehn Rassegruppen. Zur ersten gehört die Gruppe der Nordlandhunde, darauf folgen die Spitze, die Pinscher und Schnauzer, die Terrier und deren Sonderformen, die Doggen, die Treibhunde, die Hirtenhunde, die Schäferhunde, die Windhunde und schließlich die Jagdhunde, bei denen man noch zwischen den Untergruppen der Laufhunde, Vorstehhunde, Apportierhunde und Stöberhunde unterscheidet. Obwohl sie rassegeschichtlich verschiedenen Abstammungsgruppen zuzuordnen sind, fasst man Pudel sowie Klein- und Zwergformen in einer weiteren Gruppe zusammen.

Nicht immer erklären diese Kategorien die ursprüngliche Funktion einer Rasse, und umgekehrt übernehmen manche Gebrauchshunde in unserer Zeit ganz andere Aufgaben als die, für die sie

Neufundländer lieben Wasser. Bei einem Wettbewerb zieht die Hündin ein Kanu hinaus zu einem »Ertrinkenden«.

ursprünglich gezüchtet wurden. So arbeiten relativ wenige Deutsche Schäferhunde in ihrer ursprünglichen Funktion als Begleiter von Schafhirten. Die allgemeine Vorstellung von dieser Rasse hat sich von der ursprünglichen Funktion dieses Hundes so weit entfernt, dass die meisten Menschen den Deutschen Schäferhund automatisch den Wach- oder Polizeihunden zuordnen. Erinnert man sich dann der Deutschen Schäferhunde, die als Blindenhunde oder Lawinensuchhunde Dienst tun, so beginnt man etwas von der ernormen Aufgabenvielfalt zu ahnen, die diese Hunderasse bewältigen kann. Ähnlich verhält es sich mit vielen anderen Rassen. Zuweilen bedarf es eingehender Nachforschungen, um die *raison d'être* einer gegebenen Rasse festzustellen. Der Einwand, dass die ursprüngliche Rassenfunktion Ihres Hundes nicht mehr existiert, ist kein Grund, das genetische Erbe Ihres Hundes zu verleugnen. Auch Neufundländer werden nur noch selten zur Rettung Ertrinkender eingesetzt (außer an der Küste Frankreichs, wo sie noch immer Verwendung finden), aber sie sind hervorragende Leibwächter, Schutz- und Begleithunde. Ein Deutscher Schäferhund, der in einem Ballungsgebiet lebt, wird kaum Gelegenheit haben, Schafe zu hüten, aber als Wachhund und Babysitter leistet er gute Dienste. Der Barsoi wird keine Gelegenheit mehr haben, Wölfe zur Strecke zu bringen, schon gar nicht in einer Welt, in der der Wolf bereits in naher Zukunft auf der Liste der gefährdeten Arten erscheinen wird, dafür ist der Barsoi ein äußerst repräsentativer Weggenosse, eine Augenweide für Ästheten. Huskys und anderen Schlittenhunden wurde eine kräftige Vorderpartie angezüchtet, um schwerbeladene Schlitten zu ziehen. Kein Wunder, dass mancher städtische Polarhundeigentümer seine liebe Not hat, diesen Hund bei Fuß zu halten.

Es würde den Rahmen dieses Buches sprengen, den Ursprüngen, dem Arbeitsbereich und der Geschichte einer jeden Gebrauchshunderasse nachzugehen. Aber es ist eine gute Idee, sich ein Buch über die von Ihnen bevorzugte Rasse zu besorgen, und, wenn Sie eine Rassemischung haben, herauszufinden, um welche Kombination es sich handelt, selbst wenn Sie zwei oder mehr Bücher dafür zu Rate ziehen müssen. Viele öffentliche Bibliotheken haben Bücher über die bekannteren Rassen. Für die weniger verbreiteten Rassen gibt es Vereine und Klubs, deren Beratungsstellen bereit sind, Informationsmaterial zu verschicken und Auskünfte zu erteilen. Sobald Sie die Geschichte Ihres Hundes und seiner Rasse kennen, nehmen Sie sich Zeit, um darüber nachzudenken, was Sie tun können, um den genetisch bedingten Anlagen und Interessen Ihres Hundes gerecht zu werden. Seien Sie jedoch nicht überrascht, wenn seine Reaktionen vielfach anders ausfallen, als sie erwarten. Viele Vorstehhunde verdienen diesen Namen kaum noch, und die meisten Cockerspaniel haben die Lust am Aufstöbern einer Waldschnepfe gänzlich verloren, von ihrer fast sprichwörtlichen Vorliebe für das Wasser ganz zu schweigen. Allgemein lässt sich sagen, dass Rassen, die sich großer Beliebtheit und Verbreitung erfreuen, infolge von Massenzüchtungen viele ihrer ursprünglichen Charakteristika verloren haben.

Dennoch ist es wichtig, die ursprüngliche Bestimmung einer Hunderasse zu kennen, wenn man einen ihrer Vertreter erwirbt. Wir hatten einmal einen Labrador-Retriever, der geradezu hysterisch sämtliches Hausmobiliar anfraß und trotz unserer intensiven Bemühungen nicht stubenrein wurde. Während der Hund bei uns war, nahmen wir ihn mit in den Wald. Sofort änderte das Tier sein Verhalten, und wenn wir von einem Ausflug heimkehrten, war der Hund ruhig und sanftmütig. Da sein Besitzer leidenschaftlicher Jäger war, schlugen wir ihm vor, er solle den Hund für die Jagdarbeit abrichten lassen. Von nun an lebte der Hund in seinem Element und war schon nach kurzer Zeit nicht wiederzuerkennen. Von Hausbeschmutzung und neurotischem Benagen von Gegenständen war bald überhaupt nichts mehr zu merken, nachdem der Hund zum ständigen Jagdbegleiter seines Herrn geworden war.

7. Wie man einen Stammbaum liest

Millionen Menschen ergründen heutzutage ihre Vergangenheit, erforschen ihren Familienstammbaum. Ahnenforschung war noch nie so populär wie in unserer Zeit. Wir sind fasziniert von scheinbar unerklärlichen Talenten oder Neigungen, körperlichen Merkmalen, bestimmten Vorlieben oder Krankheiten unserer Ahnen und versuchen deshalb, möglichst viel über sie in Erfahrung zu bringen. Obgleich Umwelteinflüsse einen wesentlichen Anteil an dem haben, was wir sind, können sie niemals vermehren oder vermindern, was bereits in uns ist. Ein Hund im Haus ist quasi ein weiteres Familienmitglied. Auch hier bestaunen wir alles, was dem neuen Hausgenossen durch Erbgut und Umwelteinfluss mitgegeben worden ist. Ein Mischling kann eine Überraschung sein – eine großartige Bereicherung des Familienlebens oder eine neurotische Nervensäge. Ein reinrassiger Hund vermittelt uns eine bessere Vorstellung davon, was uns erwartet. Die Kenntnis der Rassengeschichte ist eine unschätzbare Hilfe für den, der sich auf seinen Hund einstellen möchte. Noch besser ist die Kenntnis der unmittelbaren Vorfahren des in die engere Wahl genommenen Hundes.

Was sind Ahnentafel und Stammbaum?

Sie kennen es aus Verkaufsanzeigen, da wird ein Hund »mit Papieren« verkauft. Was bedeutet das wirklich?

Die anerkannten Rassehundezuchtvereine führen Zuchtbücher, in die alle Welpen und ihre Abstammung aus der Zucht der Vereinsmitglieder verzeichnet sind. Somit lässt sich die Abstammung eines Hundes nachvollziehen, sofern er aus einem Zwinger stammt, der Mitglied in dem entsprechenden Rasseverein ist.

Eine Ahnentafel ist der Auszug aus dem Zuchtbuch eines anerkannten Rassehundezuchtvereines. Diese Urkunde gilt als Nachweis der Abstammung und gleichzeitig als Eigentumsnachweis. Sie sollten jedoch darauf achten, dass die Ahnentafel des Hundes das Emblem des VDH (Verband für das deutsche Hundewesen e.V.) und der F.C.I. (Fédération Cynologique Internationale) trägt. Die Ahnentafel ist natürlich keine Garantie dafür, dass Sie Ihren Idealhund erhalten, Sie wissen aber, dass sich der Züchter an die strenge Zuchtordnung halten muss, seine Zucht kontrolliert wird, dass die Würfe protokolliert und sogar besichtigt werden. Fehlt das FCI-Signet auf der Ahnentafel, sollten Sie nochmals recherchieren.

Übrigens machen viele Vereine bereits einen DNA-Test zur Auflage, was Manipulationen nahezu ausschließt, da jeder Hund, der zur Zucht verwendet werden soll, eine DNA-Analyse vorweisen muss.

Beispiel: Deutscher Schäferhund

»Rasse-Echtheitszertifikat« heißt das wichtigste Papier, das ein Schäferhundkäufer erhalten muss. Nur ein vom FCI und VDH anerkannter Verein wie der SV – Verein für Deutsche Schäferhunde stellt es aus. Kein Hund ohne diesen Pass kann als rassereiner Deutscher Schäferhund gelten. Anders als Ahnentafeln, die vier Generationen zurückgehen, führt der Stammbaum zur Wurzel der Rasse – zum Stammvater. Beim SV ist das »Horand von Grafrath«, Zuchtbuchnummer eins.

Erstellt und ausgegeben wird die Ahnentafel vom SV. In diesem »vereinsamtlichen Auszug« aus dem Zuchtbuch (darin sind zurzeit über zwei Millionen Hunde erfasst) sind die insgesamt 30 direkten Vorfahren des Tiers angegeben. Das Rasse-Echtheitszertifikat führt also bis in die Generation der Urgroßeltern des Hundes zurück und gibt auch Auskunft über deren Qualitäten. Für 30 Hunde sind darin einzeln die Leistungsnachweise aufgeführt, Informationen über Farbe der Geschwister und über Farben, Ausbildungs-, Ausstellungs- und Körergebnisse der Vorfahren und deren Geschwister. Für den verantwortungsvollen Züchter bieten die hier zusammengestellten Informationen die wichtigste Grundlage für eine planvolle Arbeit.

Falls bereits vorhanden, enthält die Ahnentafel auch den Körbericht des Hundes. Wichtig darin ist die Beschreibung des Hundes. Aus ihr gehen seine Vorzüge und Nachteile, die guten und weniger guten Eigenschaften hervor. Auch Raum für zuchtbuch- und köramtliche Vermerke bietet die Ahnentafel: Wurde der Hund angekört, und wenn ja, in welcher Klasse und wie lange.

In der Ahnentafel sind schließlich noch die Besitzverhältnisse vermerkt. Der Verkäufer eines Deutschen Schäferhundes ist verpflichtet, bei dessen Abgabe die Ahnentafel mit auszuhändigen und darin den neuen Eigentümer mit Angabe des Datums einzutragen und zu bestätigen. (Zitiert aus der Internetseite des Vereins für Deutsche Schäferhunde).

Die Ahnentafel wird heute international immer öfter mit dem englischen Äquivalent »Pedigree« bezeichnet. Das Wort basiert auf dem französischen Ausdruck »pied de grue«, was »Fuß des Kranichs« bedeutet: Das sich nach unten ausdehnende Netz der Generationen erinnert an die gespreizten Krallen eines Vogels. Genau wie ein Familienstammbaum stellt die Ahnentafel eines Hundes die Abstammung des Tiers bildlich dar. Wenn Sie einen Hund vom Züchter holen, dürfen Sie einen Stammbaum mit dem Signet des F.C.I (Fédération Cynologique International) und des VDH (Verband für das Deutsche Hundewesen) erwarten, der mindestens bis zu den Urgroßeltern zurückreicht. Meiden Sie Züchter, die Ihnen diese Papiere nicht geben können.

Haben Sie die Ahnentafel in den Händen, werden Sie Abkürzungen und Zahlen entdecken, mit denen Sie vermutlich nichts anfangen können. Eine detaillierte Stammbaumanalyse würde den Rahmen des

Eltern	Großeltern
V Nutz vom Holzapple **SchH3** **DL 641250** 10-98 **OFA Hips:** OFA 36G Good **OFA Elbows:** OFEL36 **DNA Profile:** V62713 *Call Name: Nutz*	V Frodo vom Holzapple SchH3, FH, IP3 SC 1459281 »a«
	V Helga vom Bilboland SchH3 SZ 4056211 »a«
CH. Gondor's Ally CD **DL 115120** 3-99 **OFA Hips:** OFA 28G Good **OFA Elbows:** OFEL28 **DNA Profile:** W 92116 CGC *Call Name: Ally*	Ch Gondor's Gandalf CDX DL 950126 1-96 OFA29G OFEL29 BLK+TN
	Rohan's Galadriel CD DL 124121 4-96 OFA 26F OFEL26 BLK+TN

Urgroßeltern	**Urgroßeltern**
Blitz vom Holtzapple SchII3 »a«	Hector vom Holtzapple SchH3
	Heidi vom Claussen SchH1
Magda vom Holtzapple SchH2 »a«	Zorro vom Klinegarten SchH3
	Wanda vom Oestricher SchH2
Jesse vom Bilboland SchH3, FH »a«	Meiko von Clusrichter SchH3, FH
	Kara vom Bilboland SchH2
Iris vom Klauscastle SchH2 »a«	Bernd vom Haus Zero SchH3
	Lessy von Arnerius SchH1
Am & Can Ch Mordor's Raider DL 765120 3-91 ROM	GV Ch Mordor's Absolute OFA ROM
	Ch Mordor's Winter OFA
Ch Gondor's Elfie CD DL 142516 OFA hips & elbows	Ch Gondor's Rusty CD OFA
	Gondor's Hiya CD OFA
Ch Rohan's Aragorn OFA Good H & E	Ch Rohan's Rebel OFA
	Arnor's Josie CD OFA
Rohan's Thistle OFA Good	Rohan's Onguard OFA
	Clearlake's Oksana OFA

Buches sprengen, aber wir können Ihnen eine allgemeine Beschreibung der Informationen geben, die in einer Ahnentafel enthalten sind, damit Sie verstehen, was diese Papiere über Ihren Hund aussagen und welche Fragen sie aufwerfen.

Wir haben Ihnen zur Anschauung einen fiktiven Stammbaum erstellt. Darin befinden sich natürlich viele Abkürzungen des AKC (American Kennel Club), aber auch deutsche Titel, da viele Gebrauchshunde in den USA ursprünglich aus Europa importiert wurden. Die dem Namen vorangestellten Kürzel beziehen sich auf Zuchttitel und Auszeichnungen, die durch Arbeitsprüfungen erworben wurden. Das »Ch« vor dem Namen der Mutter – Ch. Gondor's Ally CD – bedeutet zum Beispiel, dass die Hündin ein vom AKC anerkannter Champion ist: Innerhalb des Rassestandards ist ihre äußere Erscheinung von hoher Qualität. Nachgestellte Kürzel beziehen sich auf verschiedene Arbeitstitel, die der Hund erworben hat: »CD« zum Beispiel heißt, dass der Hund den Companion Dog Degree besitzt – eine amerikanische Auszeichnung für Hunde, die verschiedene Begleithundeprüfungen bestanden haben.

Auch wenn Sie die direkten Vorfahren Ihres Hundes nicht selbst sehen können, gibt ein Stammbaum Ihnen eine Vorstellung von dem voraussichtlichen Körperbau, der Lernfähigkeit und dem Zustand der Hüften des in Frage kommenden Welpen. Sprechen Sie außerdem mit dem Züchter oder mit einer Person, die sich mit der betreffenden Rasse gut auskennt. Diese Profis können erstaunliche Informationen aus einem den Stammbaum herausholen und Ihnen den Hund anschaulich beschreiben.

Auf den vom AKC ausgestellten Stammbäumen fehlen häufig Informationen, die für einen Nicht-Kenner wichtig sind. In unserer fiktiven, erweiterten Ahnentafel tauchen zum Beispiel die Abkürzung ROM (Register of Merit) hinter dem Namen des Urgroßvaters mütterlicherseits auf. Dieser Titel bedeutet, dass der Rüde eine bedeutende Anzahl an Champions gezeugt hat, was ihn als Spitzenzuchthund qualifiziert. Die Zusätze im Namen des Vaters, V Nutz Vom Holtzapple SchH III, verraten, dass das Tier ein Champion ist (V für »victor«: Sieger) und dass er die Schutzhundprüfung der Kategorie 3 (SchH III) bestanden hat, also die letzte und anspruchsvollste der in drei Stufen (I bis III) gestaffelte Prüfung.

Je mehr Informationen der Züchter Ihnen über die Vorfahren des Hundes geben kann, umso besser lässt sich einschätzen, in welchen Ausbildungs- und Arbeitsbereichen Ihr Welpe sich möglicherweise auszeichnen wird. Dass bei der Mutter ein CGC (Canine Good Citizen) verwendet wird, besagt zum Beispiel, dass sie sich gut in das Alltagsleben des Besitzers eingefügt hat. Dieses Kürzel besitzt nicht die Formalität der CD-Abkürzung, kann Ihnen aber eine Vorstellung davon geben, wie leicht Ihr Welpe sich in Ihrem Haushalt akklimatisieren wird. Sie werden außerdem feststellen, dass die Informationen immer allgemeiner werden, je weiter Sie in der Abstammungslinie zurückgehen. Dies geschieht aus Platzgründen.

Ein AKC-Stammbaum ist beschränkt auf folgende Angaben:

- Die Registrierungsnummer. Jede Rasse setzt einen anderen Buchstaben oder eine Buchstabenkombination vor die Zahl. Die Registrierungsnummer eines Deutschen Schäferhund beginnt zum Beispiel mit DL. Das Datum darunter (hier 10-98) bezieht sich auf Monat und Jahr, in dem der Hund zum ersten Mal als Zuchttier registriert wurde. Es handelt sich also nicht um das Geburtsdatum.
- Den Titel des Champions, (ein CH, in Deutschland auch ein Dt. CH) oder jeder andere Titel, den der Hund erworben haben mag. Allys Mutter hat beispielsweise das CD-Zertifikat (Companion Dog), hat also die Begleithundeprüfung bestanden.
- Die Untersuchung auf Hüftgelenksdysplasie, die von der Orthopedic Foundation for Animals (OFA) ausgestellt wird. Hunde, die eine OFA-Nummer in ihrem Stammbaum haben, sind frei

von dieser Schädigung, die leider weitverbreitet ist. OFA32G bedeutet, dass der Hund seine Bescheinigung im Alter von 32 Monaten erhalten hat und die Bewertung »gut« war. Auf der Seite des Vaters findet sich jeweils ein »a« unter den Hundenamen, was das deutsche Äquivalent zur OFA-Nummer ist und die Zuchttauglichkeit bestätigt. Beide Vorfahren haben also gesunde und kräftige Hüften.

- Dasselbe betrifft die Vorhand, die Ellenbogen des Hundes. Hier heißt die Bezeichnung OFEL. In deutschen Ahnentafeln wird diese Bescheinigung nicht aufgeführt.
- In manchen Fällen wird die Farbe des Hundes angegeben. »Blk&Tn« nach der OFA-Nummer bedeutet, dass der Hund schwarz und braun (»black and tan«) ist.
- Das CERF-Zertifikat, falls der Hund eins besitzt. Die Canine Eye Registry Foundation arbeitet mit Spezialisten, die Hunde auf mögliche genetische Augenkrankheiten untersuchen. Das ist besonders wichtig bei Rassen wie Labrador Retriever, Golden Retriever oder Collies, die zu solchen Erkrankungen neigen. Das CERF-Zertifikat bedeutet jedoch nur, dass der Hund mindestens ein Jahr nach der Untersuchung frei von diesem Problem ist.
- Die DNA-Profilnummer, falls der Hund eine hat. In den USA wird sie bei Zuchtrüden immer häufiger als Schutz vor Betrügern verlangt.

Aus diesen Angaben lassen sich nun einige Schlüsse ziehen. Der Welpe mit dieser Ahnentafel, ein Deutscher Schäferhund mit sowohl amerikanischen als auch deutschen Vorfahren, stammt aus einer soliden Gebrauchshundelinie. Man kann davon ausgehen, dass das prämierte Äußere der Mutter genetische Auswirkungen auf sein Gesamtbild hat. Die Mischung von deutschen und amerikanischen Vorfahren, die auf beiden Seiten durchgängig HD-frei sind, wird wahrscheinlich einen

Welpen hervorbringen, dessen Hüften gesund bleiben. Die DNS-Profile der Eltern garantieren eingetragen Zuchttiere. Wir können erkennen, dass der Welpe aus einer Auskreuzung hervorgegangen ist, also von Eltern gezeugt wurde, die nicht miteinander verwandt sind, im Gegensatz zu einer Linien- oder Inzucht, die versucht, die Gene eines Vorfahren zu konzentrieren, um bestimmte positive Merkmale zu verstärken. In einem solchen Fall würde man einen Vorfahren mehrmals in der Ahnentafel finden. Falls Ihnen ein Hundename im Stammbaum öfter begegnet, fragen Sie Ihren Züchter nach dem Grund für diese Zuchtwahl.

Eine weitere Frage, die sich aus diesem besonderen Stammbaum ergibt, ist die nach der Anpassungsfähigkeit des Welpen an ein normales häusliches Leben. Die zweifellos beeindruckende Liste von Arbeitstiteln der Vorfahren bedeutet, dass der Welpe mit großer Wahrscheinlichkeit ebenfalls das Potenzial zum Gebrauchshund hat. Können Sie ihm genug Aktivität bieten?

Das CGC-Zertifikat der Mutter, Ally, legt die Vermutung nahe, dass auch der Welpe keine Schwierigkeiten hat, sich an Ihr häusliches Leben anzupassen, aber Sie müssen sich ebenfalls darauf einstellen, einen aktiven Welpen zu bekommen, der ausreichend gefordert werden muss. Wenn der Besitzer sich nicht darum kümmert, kann ein solcher Welpe durch Langeweile Problemverhalten entwickeln.

Stammbäume zeigen uns potenzielle Fähigkeiten und einzelne Elemente, die zusammengenommen die Persönlichkeit des Hundes beeinflussen. Die vergangenen Generationen und eine gezielte Zuchtauswahl haben den Hund geprägt und geformt.

Hunde sind am glücklichsten, wenn sie tun können, was eine generationenlange Selektion in ihnen entwickelt hat. Von einem Bluthund kann man Entschlossenheit und Ausdauer erwarten, vom Retriever Schnelligkeit und Sehvermögen vom Basenji, Afghanen und Irischen Wolfshund. Verhaltensmuster, das heißt Reaktion auf äußere Anreize, sind weitgehend vererbt.

Einige Abkürzungen

* = angekört
ZB = Zuchtbewertung
KB = Körbericht
DNA = für molekulargenetische Abstammungsuntersuchung erfasst
DNA gpr. = Abstammung molekulargenetisch geprüft
LGZS = Landesgruppenzuchtschau
BSZS = Bundessiegerzuchtschau
BSP = Bundessiegerprüfung
LGA = Landesgruppenausscheidungsprüfung
TSB = Triebveranlagung, Selbstsicherheit u. Belastbarkeit
LGH = Landesgruppenleistungshüten
BLH = Bundesleistungshüten
M = mangelndes Triebverhalten, Selbstsicherheit u. Belastbarkeit
K = Körpermangel
W = Wesensmangel

Ausbildungskennzeichen

DPH = Dienstpolizehund
FH 1,2 = Fährtenhund
HGH = Herdengebrauchshund
IP 1,2,3 = Internationale Prüfung
PH 1,2,3 = Polizeihundprüfung
PSH 1,2,3 = Polizeischutzprüfung
SchH 1,2,3 = Schutzhundprüfung
ZH 1,2 = Zollhundprüfung

Bewertungsnoten

VA = Vorzüglich Auslese
V = Vorzüglich
SG = Sehr gut
G = Gut
A = Ausreichend

HD-Befunde

a1 = a normal
a2 = a fast normal
a3 = a noch zugelassen
a6 = a Ausland

8. Die richtige Ausbildung

Es gibt verschiedene Methoden, einen Hund auszubilden. Sie können es anhand von Büchern selbst tun, oder Sie können einem Verein oder Klub beitreten und mit ihrem Hund eine Hundeschule besuchen. Die bei weitem beliebteste Methode ist die Eigenausbildung, mit oder ohne Buch. Vielleicht lesen Sie dieses Buch, weil auch Sie Ihren Hund selbst ausbilden möchten. Es mag das erste Buch sein, das Sie in Ihrem Wunsch nach Selbsthilfe über Hundeausbildung lesen, oder auch das zehnte.

Handbücher zur Ausbildung können eine große Hilfe sein, für manche ist es aus zeitlichen, finanziellen oder anderen Gründen sogar der einzig möglich Weg.

Hundeausbildung anhand von Lehrbüchern

Wenn Sie Ihren Hund mit Hilfe von Büchern ausbilden, versuchen Sie es mit folgender Methode. Besorgen Sie sich zwei oder drei Bücher über die Erziehung und Ausbildung von Hunden. Lesen Sie zum Beispiel dieses Buch und zwei andere, eines von einer Hundeexpertin, eines von einem Experten geschrieben. Alle drei Bücher werden wahrscheinlich dieselben Grundübungen behandeln, wenngleich es nur wenige Anleitungen gibt, die praktische Ratschläge für Problemverhalten geben, wie wir uns bemüht haben, es in diesem Buch zu tun. Dennoch erweitern die kleinen (oder auch größeren) Unterschiede in den Trainingsmethoden Ihren Horizont und helfen Ihnen dabei, auf die besonderen Bedürfnisse Ihres Hundes einzugehen.

Bitte lesen Sie dieses Buch von vorne bis hinten durch. Lesen Sie danach das zweite Buch durch. Vergleichen Sie die Methoden, und denken Sie anhand dessen, was Sie über Ihren eigenen Hund wissen, darüber nach. Versuchen Sie sich vorzustellen, wie Sie mit Ihrem Hund arbeiten, damit Sie sich bereits gedanklich auf das Training einstellen können. Wenn Sie es eilig haben und so schnell wie möglich mit der Ausbildung anfangen wollen oder müssen, können Sie das dritte Buch lesen, während Sie Ihr Wissen in die Praxis umsetzen.

Nach dieser Methode haben wir damals angefangen, in New Skete unsere Hunde auszubilden. Da wir keine Möglichkeit hatten, mit den Tieren Hundeschulen zu besuchen, lasen wir jedes Buch ausgesprochen kritisch und suchten uns die uns passend erscheinenden Techniken aus. Inzwischen ist unser Kloster voller Hunde zu einem wahren »Testlabor« für Trainingstechniken geworden.

Wenn Sie also keine passende Hundeschule finden und Ihren Hund auch nicht in die Obhut eines Profiausbilders geben können, resignieren Sie nicht: Sie können Ihren Hund auch selbst ausbilden. Lesen Sie aber auf jeden Fall vorher mehr als ein Buch und machen Sie sich bewusst, dass eine Trainingseinheit von vielleicht einem Monat Dauer auf wenigen Seiten präsentiert wird. Machen Sie nicht den Fehler zu glauben, dass Ihr Hund so rasch lernt, wie es viele Bücher vermitteln. Geduld, viele Wiederholungen und realistische Erwartungen sind unabdinglich. Denken Sie über die Techniken und die einem Buch zugrunde liegende »Philosophie« nach, und vergleichen Sie die Inhalte Ihrer Lektüre miteinander. Es gibt auch eine Anzahl kynologischer Zeitschriften, in denen immer wieder lesenswerte Beiträge zu Fragen der Erziehung und Ausbildung veröffentlicht werden. Es könnte sich für Sie lohnen, die eine oder die andere zu abonnieren, und wenn es nur für das Jahr ist, in dem Ihr Hund in die Grundschule geht. Die Hundeausbildung ist ein noch in der Entwicklung begriffenes Gebiet, und kein einzelner Autor kann alle Fragen erschöpfend beantworten. Lesen Sie, denken Sie über das Gelesene nach und beginnen Sie die Ausbildung Ihres Hundes.

Hundeschulen

Hundeschulen sind eine weitere beliebte Ausbildungsmethode, die sich für viele Hundehalter empfiehlt, vor allem, wenn sie einen jungen Hund ausbilden möchten. Sie werden immer beliebter und finden sich selbst in kleineren Städten. Manche Ausbilder werden Ihnen raten, mit der Gehorsamsschule zu warten, bis der Hund sechs, sieben oder acht Monate alt ist. Für manche Hunde liegt ein solcher Schulbeginn jedoch zu spät, da seine Verhaltensmuster zu dieser Zeit bereits fixiert sind. Lassen Sie sich nicht ohne weiteres mit dem Bescheid »Tut mir leid, Ihr Hund ist einfach noch zu jung« abfertigen. Erkundigen Sie sich nach den Möglichkeiten einer Ausbildung im »Welpen-Kindergarten«.

Als Züchter und Ausbilder wissen wir, dass die Erziehung schon im Alter von zwei bis drei Wochen beginnen kann! Bei einem drei Wochen alten Welpen lassen sich Gehirnströme messen, die sich in nichts von denjenigen ausgewachsener Hunde unterscheiden. Der Ausbilder in einem Welpen-Kindergarten wird bereit sein, im zweiten oder dritten Lebensmonat mit Ihrem Hund zu arbeiten. Haben Sie einen älteren Hund, so steht dem Beitritt in einen Verein Ihrer Wahl zur Teilnahme an der Gehorsamsschule oder dem Besuch einer privaten Hundeschule nichts entgegen. Unserer Erfahrung nach ist es jedoch im Anfangsstadium der Ausbildung sinnvoller, mit dem Hund allein oder unter den Anweisungen eines Privattrainers zu arbeiten, denn eine »Hundeklasse« bietet dem Tier natürlich eine Menge Ablenkung. Stellen Sie sich fünfzehn Hundehalter mit je einem lebhaften, noch nicht ausgebildeten Hund an der Leine vor, der tapfer versucht, die Anweisungen seines Besitzers zu befolgen … In der Regel sind die Hunde in dieser Phase so interessiert an ihren Artgenossen, dass es schwierig ist, sich ihre Aufmerksamkeit ohne Zwang und Gebrüll zu sichern.

Hunde lernen die grundlegenden Gehorsamsübungen am besten, wenn sie sich ganz auf ihren Ausbilder konzentrieren können. Wenn sie die wichtigsten Befehle zu befolgen gelernt haben, ist eine Hunde-

Gelerntes lässt sich am besten verankern, wenn man den Hund mit Ablenkungen auf die Probe stellt.

schule und ein Training mit ablenkenden Reizen besonders sinnvoll: Dadurch kann die Lernfähigkeit verbessert und die Aufmerksamkeitsspanne des Hundes vergrößert werden. In der Hundeschule wird das, was der Hund bereits gelernt hat, verankert und gefestigt und das Tier mit vielen Alltagssituationen konfrontiert.

Melden Sie Ihren Hund aber nur an, wenn Sie die Gewissheit haben, dass Sie auch das gesamte Ausbildungsprogramm absolvieren können. Das bedeutet, Sie müssen sich auf eine Kursdauer von etwa acht bis zwölf Wochen einrichten. Selbstverständlich sollten Sie darüber hinaus täglich mit Ihrem Hund üben. Versäumnisse werden Ihren Hund gegenüber den anderen Teilnehmern zurückfallen lassen, also nehmen Sie die Kursstunden ernst und versuchen Sie, rechtzeitig zur Stelle zu sein. Da der Ausbilder mit einer größeren Zahl von Personen mit ihren Hunden arbeiten wird, hat er vielleicht nicht genug Zeit, sich auf jeden Teilnehmer individuell einzustellen. Versuchen Sie deshalb, eine kleine Gruppe von fünf bis zehn Mitgliedern zu finden, mit der Sie das Programm privat aufarbeiten.

Viele Hundeschulen beginnen mit einer Einführungsstunde ohne Hunde. Hier werden die Hundehalter auf den Kurs vorbereitet und die teilnehmenden Hunde registriert, Impfbescheinigungen überprüft und dergleichen mehr. Während des Einführungsgesprächs werden manche Ausbilder Bemerkungen über ihre ethischen Vorstellungen vom Verhältnis des Menschen zum Hund im Allgemeinen und von der Arbeit mit Hunden im Besonderen machen. Versäumen Sie nicht, sich dazu Notizen zu machen, die Sie zu Hause nachlesen und überdenken können. Die Einführungsstunde ist nicht weniger wichtig als die Übungsstunden mit den Hunden, vielleicht ist sie sogar wichtiger. Wenn ein Ausbilder niemals etwas sagt, was auf ethische Prinzipien schließen lässt, und nichts darauf hinweist, dass er auch die Probleme in der Beziehung Mensch/Tier überdacht hat, sollten Sie es sich gründlich überlegen, ob Sie sich und Ihren Hund diesem Ausbilder anvertrauen wollen.

Wie man den richtigen Trainer findet

Die Suche nach einem guten Ausbilder bzw. Ausbildungswart ist eventuell mühevoll, lohnt sich aber unter allen Umständen. Die erste Übungsstunde kann Ihnen eine Vorstellung von der Qualität des Ausbilders geben, aber zu diesem Zeitpunkt haben Sie möglicherweise die Gebühr schon bezahlt. Erkundigen Sie sich also am besten vorher bei Tierärzten oder Freunden, die ihren Hund bereits haben ausbilden lassen. Sie können außerdem im Internet nach Adressen von Hundeschulen in Ihrer Nähe suchen, die Mitglied bei einem anerkannten Verein sind.

Sprechen Sie persönlich mit dem Ausbilder, bevor Sie sich durch Beitritt oder Bezahlen der Kursgebühr festlegen. Sie können Ihren Hund zu diesem Vorgespräch mitbringen, aber bitten Sie nicht um eine Bewertung oder eine Übungsstunde, sofern Sie nicht bereit sind, für individuelle Beratung und Ausbildung zu bezahlen. Ihr Informationsbesuch sollte kurz sein. Stellen Sie sich und Ihren Hund vor. Versuchen Sie, das Engagement des Ausbilders an seiner Arbeit abzuschätzen. Treffen Sie eine Verabredung, bevor Sie gehen. Vielleicht bietet sich Ihnen die Möglichkeit, eine Übungsstunde nur als Zuschauer zu beobachten. Achten Sie darauf, wie der Ausbilder mit den Hunden und deren Besitzern umgeht. Ermutigt er oder sie die Halter? Wie fasst er oder sie die Hunde an? Nimmt er oder sie sich die Zeit, Fragen zu beantworten? Sind seine oder ihre Anweisungen laut, klar, leicht verständlich? Sehen die Hunde und ihre Halter gelangweilt aus? Spricht der Kursleiter oder die -leiterin zu schnell?

Hüten Sie sich vor Ausbildern, die mit der Zahl der Hunde prahlen, die sie ausgebildet haben, oder die versuchen, mit großen Gruppen von zwanzig oder mehr Hunden allein fertig zu werden. Ein guter Ausbilder wird darauf achten, dass eine Übungsgruppe möglichst nicht mehr als ein Dutzend Teilnehmer umfasst und für größere Gruppen einen Assistenten haben. Sollten Sie den Eindruck gewinnen, dass ein Ausbilder im Umgang mit den Hunden leicht handgreiflich wird, diskutieren Sie mit ihm. Die Ausbildungsmethoden schließen körperlichen Zwang mit ein, der jedoch auf das unbedingt erforderliche Mindestmaß beschränkt bleiben sollte. Dennoch sollten Sie nicht überzogen reagieren, wenn der Ausbilder extrem aggressive Hunde körperlich diszipliniert, insbesondere dann nicht, wenn der anwesende Hundehalter sein Tier nicht unter Kontrolle bringen kann. Der Ausbilder ist verantwortlich für die Sicherheit der an den Übungen teilnehmenden Hundehalter und ihrer Tiere. Tut der Ausbilder etwas, was Sie nicht verstehen, fragen Sie zunächst, bevor Sie sich empören.

Hingegen sollten Sie in Fällen von besonderer Grausamkeit einfach das Übungsgelände verlassen und diese Hundeschule vergessen. Das gilt, wenn etwa ein Ausbilder einen Hund am Würgehalsband vom Boden abhebt und »hängt«, einen Hund am Ende der Leine herumwirbelt, mit Fußtritten traktiert (außer um eine wirkliche Beißerei zu beenden), einen Hundehalter beleidigt oder sich beharrlich weigert, Fragen zu beantworten. Aber ziehen Sie keine übereilten Schlüsse und verlangen Sie Aufklärung, bevor Sie etwas unternehmen.

Erwarten Sie in der Hundeschule nicht zu viel persönliche Aufmerksamkeit. Wenn Sie das Glück haben, einen Ausbildungswart zu finden, der Wert auf kleine Gruppen legt, können Sie sicher auf individuelle Betreuung hoffen, aber in den meisten größeren Gruppen, deren Übungspensum innerhalb einer bestimmten Zeit bewältigt werden muss, hat der Ausbilder kaum die Zeit, sich Einzelpersonen allzu ausführlich widmen. Machen Sie sich klar, dass Sie und Ihr Hund so etwas wie ein Gespann sind, das in einer Klasse arbeitet. Es wird oft berichtet, dass der Mangel an individueller Zuwendung der stärkste Nachteil innerhalb eines derartigen Unterrichts ist. Hundehalter, die viel persönliche Beratung benötigen oder wünschen, können sie in einer großen Gruppe nicht erwarten. Dazu kommt, dass manche Ausbilder, obschon durchaus geschickt und geübt in der Vermittlung grundlegender Gehorsamsübungen, wenig oder keine Erfahrung in der Diagnose komplizierteren Hundeverhaltens haben und zur Abhilfe gelegentlich falsche Gegenmittel vorschlagen.

Schulversager

Seien Sie nicht entmutigt, wenn Ihr Hund in der Gehorsamsschule versagt und die Begleithundprüfung nicht besteht. Machen Sie sich nichts daraus. Es bedeutet keineswegs, dass Ihr Hund nicht lernfähig ist. Wie viele Kinder haben manche Hunde mit der gegliederten Methode der Gehorsamsschule größere Schwierigkeiten; oft benötigen sie einfach eine individuelle Ausbildung. Versuchen Sie einen Ausbilder zu finden, der gegen Entgelt bereit ist, mit Ihrem Hund allein zu arbeiten. Oder verlassen Sie sich doch darauf, Ihren Hund nach sorgfältig studierten Ausbildungsanleitungen selbst zu erziehen. Zehn Prozent aller Hunde, die wir in New Skete zu sehen bekommen, haben in der Gehorsamsschule versagt. Die meisten zeigten dagegen kein Problemverhalten im individuell gestalteten Ausbildungsprogramm.

Privattraining

Eine weitere Möglichkeit der Ausbildung ist ein Privattraining, bei dem der Ausbilder zu Ihnen nach Hause kommt. Auch wenn ein solches Training kostspieliger ist, zahlt sich die persönliche Aufmerksamkeit, die Sie und Ihr Hund erhalten, meistens aus. Außerdem ist die Ausbildung ganz auf die individuellen Bedürfnisse von Halter und Hund zugeschnitten und findet zu den Zeiten statt, die Ihnen am besten passen.

Ein Privattraining erlaubt dem Hund, in seinem ganz eigenen Tempo zu lernen, und hilft Ihnen dabei, sich die Ausbildungsmethoden selbst anzueignen. Schließlich müssen Sie auch allein mit Ihrem

Hund arbeiten können, und das lernt man am besten unter der Führung eines Profis, der Ihnen und Ihrem Hund kontinuierlich dabei hilft, die Herausforderungen Ihrer besonderen Lebensumstände zu meistern.

Halten Sie sich an die bereits genannten Tipps, um einen guten Privatausbilder zu finden. Fragen Sie Tierärzte, Vereine und zufriedene Kunden. Bitten Sie den Trainer Ihrer Wahl, bei einer seiner Privatstunden zusehen zu dürfen, und beobachten Sie, wie er mit Hund und Halter umgeht.

Individuelle Beratung und Ausbildung

Den Hund für die Ausbildung für längere Zeit in die Hände eines Trainers zu geben, ist eine Methode, die sich wachsender Beliebtheit erfreut. Die individuelle Ausbildung Ihres Hundes lässt sich oft mit einem längeren Urlaub oder mit Geschäftsreisen verbinden, wenn Sie Ihren Hund sowieso in Pensionen geben müssen. Es gibt private Hundeschulen mit angeschlossener Hundepension. Vergewissern Sie sich zuvor aber sehr sorgfältig, wie es um die Einrichtung des von Ihnen ausgewählten Betriebes steht. Obwohl man Sie in manchen Zwingern wegen Versicherungsvorschriften oder aus gesundheitlichen Gründen nicht durch die Innenanlagen führen möchte, sollten Sie doch einen Eindruck von den Räumlichkeiten, der Größe der einzelnen Hundezwinger und der täglichen Hundepflege bekommen können und die Außenanlagen sehen. Gibt es draußen genug Schatten? Bitten Sie darum, dem Trainer bei der Arbeit zusehen zu dürfen, und erkundigen Sie sich danach, was genau Ihr Hund lernen wird.

Viele Hundehalter stellen die durchaus nicht unberechtigte Frage, ob ihr Hund ihnen denn auch gehorchen wird, wenn er von einem fremden Ausbilder wieder nach Hause kommt. Die Antwort lautet im Allgemeinen – ja, wenn Sie bei dem bleiben, was der Ausbilder Ihrem

Hund beigebracht hat. Die meisten Trainer werden Ihnen Literatur mitgeben, die Sie lesen sollten, während Ihr Hund in der Ausbildung ist.

Wenn Sie Ihren Hund nach Ablauf der Ausbildungszeit abholen, wird Ihnen der Ausbilder vielleicht demonstrieren wollen, was der Hund inzwischen gelernt hat, und zwar ohne dass der Hund von Ihrer Anwesenheit weiß. Dies kann für Sie in zweierlei Weise hilfreich sein. Zum einen wird Ihnen die Literatur, die Sie gelesen haben, ins Gedächtnis gerufen und Sie haben Gelegenheit, jemand anderen mit Ihrem Hund arbeiten zu sehen, was von großem Wert für Sie sein kann. Zum anderen wird es dem Hund erlauben, seine Leistungen zu zeigen, ohne von der Wiedersehensfreude abgelenkt zu sein. Nachdem Ihr Hund Sie ausgiebig begrüßt hat, sollten Sie eine Weile unter den Augen des Trainers mit Ihrem Tier üben dürfen. Die meisten Trainer bieten Ihnen an, noch einmal für eine Auffrischungsstunde zurückzukommen, falls Sie sie brauchen sollten.

Für viele Hundehalter ist diese Ausbildungsmethode eine große Hilfe, vor allem, wenn sie weder die Zeit noch das Geschick haben, ihren Hund mithilfe von Fachbüchern auszubilden, oder keine Hundeschule in ihrer Nähe finden können. Körperbehinderten oder älteren Menschen erspart die Methode das anfangs doch manchmal anstrengende Training. Außerdem hat sich gezeigt, dass Problemhunde mitunter besser auf eine Ausbildung ansprechen, wenn sie sich nicht in ihrer gewohnten Umgebung befinden. Vergessen Sie jedoch nicht, dass Sie auch nach einer hervorragenden Ausbildung in jedem Fall noch einige Zeit mit Ihrem Hund üben müssen, damit er auch Ihnen problemlos gehorcht.

Alles in allem ist individuelle Ausbildung derjenigen in der Hundeschule mindestens ebenbürtig, und viele Ausbilder ziehen sie der Gruppenarbeit vor. Obgleich sie infolge der arbeitsintensiven Ausbildung und der Pensionskosten wesentlich teurer ist, wird sie von vielen Hundehaltern bevorzugt.

Beratung für Hundehalter

Tiefsitzende Verhaltensprobleme des Hundes können jedoch nicht einfach durch einen Kursus in der Hundeschule gelöst werden. Zwar mag Ihr Hund die Befehle Platz, Sitz, Fuß, Bleib versiert befolgen, aber weiterhin am Wohnzimmerteppich kauen, im Garten graben oder die Hühner des Nachbarn jagen und töten. Besonders im Fall aggressiven Verhaltens sollten Sie versuchen, individuelle Beratung zu finden.

Ist es schon schwierig, eine Hundeschule mit einem guten Ausbilder zu finden, so ist ein guter Berater für Hundehalter noch schwerer aufzutreiben. Viele Hundebesitzer wenden sich an den nächsten Tierarzt. Dies mag zweckmäßig sein, wenn der Tierarzt sich im Hundeverhalten auskennt und Zeit für ein Gespräch hat. Aber viele Tierärzte können sich einfach nicht die Zeit nehmen, die nötig wäre, um schwierige Verhaltensprobleme zu diagnostizieren. Einige Tierärzte haben jedoch die Anschriften von Ausbildern, die Hundehalter in Problemfällen beraten. Es ist möglich, dass Sie mehrere Tierärzte werden anrufen oder aufsuchen müssen, ehe Sie einen finden, der weiß, wo ein geeigneter Berater zu finden ist. In New Skete spezialisieren wir uns unter anderem auf diese Art von Ausbildung. Die Beratung von Hundehaltern ist ein in Entwicklung begriffenes Gebiet, das immer mehr an Bedeutung gewinnt. Glücklicherweise nimmt die Zahl derer zu, die sich in der Beratung von Hundehaltern ausbilden. Vor zehn Jahren war es nahezu unmöglich, einen professionellen Ausbilder oder Tierarzt zu finden, der sich mit Ihnen zusammengesetzt und ausführlich diskutiert hätte, warum Ihr Hund beißt, kaut, gräbt, winselt, andere Tiere tötet, das Haus beschmutzt oder Radfahrer und Autos verfolgt. Ratschläge in solch komplizierten Angelegenheiten wurden beim Hinausgehen zwischen Tür und Angel des tierärztlichen Ordinationszimmers erteilt oder von Bekannten am Kaffeetisch. In zehn Jahren wird individuelle Beratung von Hundehaltern vielleicht schon die Regel sein und nicht die Ausnahme.

Vergegenwärtigen Sie sich aber auch, dass Ausbilder nicht unfehlbar sind. Sie ringen mit Problemen, die sie herausfordern und verwirren. Oft werden sie mit Hunden konfrontiert, deren Verhaltensprobleme sie nicht lösen können. Eine sinnvolle Arbeit ist also nur in Gemeinschaft mit dem Hundehalter möglich.

9. Das Lob in der Hundeerziehung

Die Bedeutung des Lobes in der Hundeerziehung wird ebenso oft verkannt wie missverstanden. Wir fragten Hundehalter, was sie tun, um ihre Hunde zu loben. Hier sind einige Antworten:

Leckerbissen, die er mag. Dann tätschle ich ihm den Kopf und die Schultern.

Ich reibe meine Hündin ordentlich ab. Dann wälzt sie sich am Boden, und wir haben unseren Spaß.

Man kann einen Hund so viel streicheln, wie man will, aber nichts kommt einem guten Knochen gleich.

Ich rede in Babysprache zu meinem Hund, dann streichle ich ihm den Kopf, während er vor mir sitzt.

Mein Hund stößt mich die ganze Zeit an, um gelobt zu werden, also endet es damit, dass ich ihn neunundneunzig Prozent der Zeit streichle.

Ich spende nie ein Lob. Duke kommt her und holt es sich! Ich weiß nicht, wie oft ich mir morgens meine Tasse Kaffee über den Schoß geschüttet habe, wenn er mir mit der Schnauze den Ellbogen stößt, oder wie oft ich abends meine Zeitung nicht lesen konnte, weil er um Aufmerksamkeit bettelte.

Ist ein Lob wirklich notwendig? Ich meine, gutes Futter und ein warmer Platz zum Schlafen, ist das nicht alles, was sie brauchen? Sie ist erst drei Monate alt. Ich weiß, dass sie viel Ermutigung und Lob braucht, aber wenn ich sie anrühre, gerät sie außer sich und macht alles nass.

Die Kinder spielen den ganzen Tag mit Yalk, aber er möchte eine andere Art von Aufmerksamkeit, und die kriegt er von mir. Ich weiß nicht, wie ich es erklären soll, aber wir reden, und das ist anders als mit den Kindern. Er ist den ganzen Tag draußen und spielt, aber nach dem Abendessen kommt er ganz still herein, und wir unterhalten uns.

Mehrere Probleme kennzeichnen diese Antworten: Methoden des körperlichen und verbalen Lobes; Verwechslung von Leckerbissen mit Lob; Hunde, die ständig um Aufmerksamkeit und Lob betteln; Eigentümer, die den Wert des Lobes nicht erkennen, und Hunde, die zu heftig auf Zuwendung reagieren oder sogar aufdringlich werden. Zu unserem Erstaunen haben wir festgestellt, dass viele Hundehalter die Funktion des Lobs missverstehen: Entweder sie betrachten es als reines Erziehungsmittel oder sie kommen sich albern dabei vor und können daher nicht natürlich damit umgehen.

Wie, wann und wo sollte Lob denn nun eingesetzt werden?

Stellen wir als Erstes klar, dass Lob absolut notwendig ist. Es ist der Eckstein jeder erfüllten Mensch-Hund-Beziehung, nicht etwa überflüssige Liebkosung oder eine zusätzliche Belohnung für »gutes Benehmen«. Unglücklicherweise aber verstehen die meisten Menschen unter Lob nichts anderes als Bestechung, um dem Hund gutes Benehmen abzuschmeicheln. In einer guten Beziehung zwischen Besitzer und Hund aber entspringt das Lob praktisch einer Grundeinstellung zum Tier, einer Art, mit ihm zu leben. Es ist der am weitesten verbreitete Fehler, Lob einfach als Belohnung zu betrachten. Belohnungen haben einen Platz in der Hundeausbildung, aber sie sind nicht der wesentliche Teil des Lobes.

Körperliches und verbales Lob

Man kann einen Hund auf zweierlei Weise loben: körperlich und verbal. Beides richtig zu dosieren, verlangt viel Fingerspitzengefühl. Jeder Hund erwartet für verschiedene Aktionen verschiedene Arten von Lob. Während die meisten Hundehalter meinen, körperliches Lob bedeute, ihren Hund zu tätscheln oder zu streicheln, dehnen nur wenige den körperlichen Kontakt über Kopf und Schulterregion aus (siehe Kapitel 24 über Massage). Andere klopfen ihren Hund, wie sie einem guten Freund auf Schultern und Rücken schlagen mögen, und manche wiederum streicheln ihren Hund, als wäre er eine Katze. Im Allgemeinen mögen Hunde körperlichen Kontakt, aber sie schätzen kräftiges Schlagen und Klopfen ebenso wenig wie ziehende und zerrende Bewegungen.

Körperliches Lob muss der Situation angemessen sein. Wir hatten einmal eine Kundin, die ihren Hund bei uns ausbildete. Jedes Mal, wenn der Hund sich automatisch setzte, was zu der Übung »Kommen mit Sitzen« gehört, brach die Frau in überschwängliches Lob aus. Sofort sprang der Hund wieder auf, tanzte herum, sprang an ihr hoch und wusste sich vor Fröhlichkeit nicht zu lassen. Wir wiesen sie darauf hin, dass der Hund nicht gerade eine preisverdächtige Leistung erbracht habe, und baten sie, ihr Lob weniger überschwänglich ausfallen zu lassen. Diese kleine Veränderung hatte eine verblüffend starke Wirkung.

Bei einem anderen Kunden, ein ruhiger, distanzierter Mann mit einer Shar-Pei-Hündin, war das Problem ein anderes. Wenn er sie rief, kam sie zwar, tat es aber mit solch einer Lustlosigkeit, dass es dem Mann nahezu peinlich war. Wir rieten ihm, den Hund lebhafter anzusprechen und ihn öfter zu streicheln. »Aber so bin ich nicht«, protestierte er, und so machten wir kaum Fortschritte, bis eines Tages zufällig seine Tochter mit seinem Enkel vorbeikam. Augenblicklich leuchteten seine Augen auf; er streckte den beiden die Arme entgegen und begrüßte sie herzlich. Als wir ihn darauf hinwiesen, war er zunächst erstaunt, schaffte es dann aber, diese Begeisterung auch auf seinen Hund zu übertragen. Nach gar nicht langer Zeit taute die Hundedame auf, begann, mehr Zuneigung zu zeigen, und gab sich weniger distanziert, obwohl sie ein Shar-Pei war.

Versuchen Sie, körperliches Lob der Situation und den individuellen Bedürfnissen des Hundes anzupassen. Bei besonders lebhaften Hunden ist zu viel körperliches Lob beispielsweise kontraproduktiv. Wenn ein Hund jedoch mehr aus sich herauskommen soll, ist es ein hervorragendes Mittel.

Hunde brauchen verbales Lob mindestens ebenso sehr, wenn nicht mehr, wie körperliches. Welche Bedeutung die Stimmfühlung für den Hund haben kann, wird von Laien oft unterschätzt. In den frühen Tagen unserer Hundestudien lasen wir viel über die Rolle, die die Klangfarbe der Stimme im Umgang mit Hunden spielt. Aber kein Buch vermittelte, was wir erfuhren, als wir Helen Sherlock von Caralon Kennels mit ihren Hunden sprechen hörten. Gewöhnlich ist sie von einer großen Zahl Schäferhunde umringt, die alle ihre Aufmerksamkeit suchen. Helen ist von Haus aus äußerst redegewandt, und für ihre Hunde gebraucht sie ein eigenes Idiom.

Inmitten ihrer Vormittagsarbeiten kann Helen sich unmöglich damit aufhalten, jedem einzelnen Hund körperliche Zuwendung zu erteilen. Aber während sie umhergeht, füttert, Wasser bringt, die Zwinger säubert, gelingt es ihr, jeden Hund mit einzubeziehen. Jeder fühlt sich individuell angesprochen. Sofort fühlen sich die Hunde ermuntert und richten ihre Aufmerksamkeit auf ihre Herrin. Da dies ihre erste Reaktion nach dem morgendlichen Erwachen ist, beginnen sie den Tag aufnahmebereit und gelöst. Helen Sherlocks Methode ist einfach: Sie sagt ein paar einleitende Worte, dann fügt sie den Namen des Hundes ein. Denken Sie daran, dass es häufig schwierig ist, die Aufmerksamkeit Ihres Hundes zu gewinnen, wenn Sie zuerst den Rufnamen gebrauchen. Versuchen Sie es mit ein paar fröhlichen Einführungsworten. Helen Sherlock spricht Slang und den Jargon der örtlichen UKW-Sender, weil ihr beides geläufig ist und weil diese Sprache kräftige Stakkatogeräusche mit klaren Tonkontrasten in kurzen Silben gestattet. Viele Menschen haben Hemmungen, mit einem Hund zu reden. Sie finden es ungebildet, kindisch oder erniedrigend. Manche dieser steifen Zeitgenossen unterdrücken ein verlegenes Lächeln, wenn sie uns spontan in einen Redeschwall über einen unserer Hunde ausbrechen hören, der meist nur ein Wortgeklingel über die guten oder schlechten Eigenschaften des betreffenden Tieres ist. Alle guten Ausbilder animieren ihre Hunde, indem sie in fröhlichem, munterem Ton reden, zärtliche Redewendungen gebrauchen und den Hund häufig beim Namen nennen. Es gibt bekannte Ausbilder, die verbales Lob zum Schwerpunkt ihrer Ausbildungsmethoden und ihres täglichen Umgangs mit den Hunden machen.

Alle guten Trainer bauen aufrichtiges, herzliches Lob in ihren täglichen Umgang mit Hunden ein, ob sie es nun mit Leckerchen, Streichel- oder Spieleinheiten, besonderen Lauten oder nichts weiter kombinieren.

Noch ein Tipp: Lob muss nicht auf »Guter Hund!« beschränkt sein. Variieren Sie, und zwar sowohl Worte als auch Tonhöhe. Wenn Ihr Hund nicht weiß, was er zu erwarten hat, wird er sich Ihnen bei Lob begeistert zuwenden und wedeln. Beobachten Sie Ihren Hund und merken Sie sich, auf welche Stimmlage und Worte er besonders reagiert.

Leckerbissen zur Belohnung – ja oder nein?

Die Verwechslung von Lob mit Belohnung führt leicht dazu, dass ein Hund ausschließlich mit Leckerbissen abgespeist wird. Leckerchen sind für einige Hunde bei Gehorsamsübungen eine starke Motivation. Sie helfen, ihre Aufmerksamkeitsspanne zu verlängern, und verstärken die richtige Ausführung eines Befehls. Dennoch kann diese Art von Belohnung keinesfalls körperliches und verbales Lob ersetzen; Ihre Zuneigung zu Ihrem Hund sollten Sie vor allem durch freundliche Worte und Streicheleinheiten ausdrücken. Für gute Trainer ist Lob und Belohnung niemals eine Frage von Entweder-oder: Sie setzen Belohnungsleckerbissen immer nur zusätzlich ein.

Leckerbissen können den Eifer und das Tempo, in dem der Hund lernt, zweifellos steigern. Sobald aber ein Befehl gelernt ist, sollten Sie den Hund schrittweise »entwöhnen« und ihm die Belohnung nur noch sporadisch geben. Auf diese Weise erhalten Sie sich das Interesse des Hundes – er hofft nämlich immer, dass die Belohnung kommt –, bis irgendwann das Lob ausreicht. Bei Gehorsamsprüfungen sind Leckerbissen gar nicht erlaubt, aber Sie können sie zum Lernen und um eine bessere Beziehung aufzubauen einsetzen.

Es ist auch nichts Falsches daran, dem Hund hin und wieder ohne Grund ein Leckerchen zu geben – zum Beispiel nach dem Abendspaziergang. Hier in New Skete bekommen viele Hunde vor dem Schlafengehen noch einen Hundekuchen, aber erst, nachdem sie sich auf Befehl hingesetzt oder hingelegt haben. Leckerbissen können den Lerneifer eines Hundes ohne Zweifel steigern, dennoch sollte man nicht übertreiben. Hunde, die betteln, an ihren Bezugspersonen hochspringen, Nahrung stehlen, auf Küchentische steigen oder sich in anderer Weise schlecht benehmen, sollten einem regelmäßigen Gehorsamstraining (mit Schwerpunkt auf »Platz« und »Bleib«) unterzogen und in Situationen gebracht werden, die es ihnen ermöglichen, sich ernstgemeintes Lob und vielleicht einen Leckerbissen zu erarbeiten. Neurotische

Hunde können mit ihrer Bettelei ausgesprochene Quälgeister werden, und genau diese Entwicklung sollten Sie unterbinden. Um Hunden, die sich nicht zu benehmen wissen, den angemessenen Platz in der Beziehung zu ihrem Halter zuzuweisen, werden sie bei uns im Kloster in ihrer Freiheit eingeschränkt, indem wir ihrem Alltag mehr Struktur hinzufügen. Dazu bedarf es regelmäßigen Gehorsamstrainings. Leckerbissen sollten nur gegeben werden, um den Hund zum korrekten Verhalten zu motivieren, und ein begleitendes Lob ist dabei unerlässlich.

Belohnen Sie Ihren Hund niemals für ein Verhalten, das Sie nicht eingefordert haben. Belohnen Sie Ihren Hund niemals aus Sentimentalität oder weil er »so hübsch/niedlich/putzig/traurig aussieht«. Damit übertragen Sie nur Ihren eigenen Wunsch nach Wohlbefinden auf Ihren Hund, dem Sie darüber hinaus damit schaden.

Obwohl wir nicht gegen Leckerbissen sind, sollten sie immer die Führungsrolle des Menschen in der Beziehung zum Hund stärken und mit Lob einhergehen. Dem Großteil an ernsten Problemsituationen mit einem Hund liegt ein ungesundes oder nicht ausbalanciertes Mensch-Hund-Verhältnis zugrunde; falls der Hund also die wichtigsten Übungen verstanden hat und seinem Besitzer dennoch auf der Nase herumtanzt, empfehlen wir, Leckerbissen zu streichen, bis das Verhalten des Hundes annehmbar und das Verhältnis Halter und Hund wieder im Gleichgewicht ist.

Noch ein Vorschlag: Statt Hundekuchen zu kaufen, können Sie eigene Leckerbissen herstellen. Eine preiswerte Alternative sind Würstchen, die wir in kleine Stücke schneiden. Die meisten Hunde mögen Leberwurst, Hühnchen, Schinken und Käse, alles jedoch nicht extra gewürzt. Als Leckerchen an einem heißen Tag können Sie auch Eiswürfel reichen. Manche Feinschmecker lassen sie einfach wieder fallen, aber viele Hunde lieben das Kalte und Knackige. All diese Leckerbissen sind weit preiswerter als Spezialprodukte und darüber hinaus immer im Haus.

Verweigerung von Lob

Manche Hundehalter akzeptieren den Wert des Lobes nicht oder stehen ihm sogar mit Vorurteilen gegenüber. Einer unserer Kunden erklärte sogar kategorisch: »Hunde brauchen kein Lob. Es verdirbt sie und macht, dass sie ihren Herren gegenüber aufsässig werden.«

Ein anderer Hundehalter wollte von uns allen Ernstes wissen, ob wir seinen Cockerspaniel dazu abrichten könnten, sich auf ein Husten seines Herrn hinzulegen. Der Mann erklärte, dass er »vollständige Kontrolle« über seinen Hund wünsche und dass er sich die Mühe ersparen wolle, dem Spaniel einen Befehl zu erteilen. Er meinte, eine Art Räuspern oder Husten solle anstelle des gesprochenen Befehls ausreichen. Er demonstrierte uns seinen Wunsch mit einem bedeutungsvollen Räuspern. Er lobte den Hund niemals, weder verbal noch durch ein Streicheln oder Tätscheln. »In unserer Familie hatten wir viele Hunde«, erzählte er, »und keiner von ihnen musste alle zwei Sekunden umarmt werden.« Seine Kinder saßen während des Gesprächs steif, still und verschüchtert dabei, ohne etwas beizutragen. Bei einer Gelegenheit wagte die Frau ihrem Mann zu widersprechen, wurde aber sofort mit einem drohenden Blick zum Schweigen gebracht. Wir erklärten, dass Hunde Handzeichen und gesprochene Befehle benötigen, um eindeutig zu verstehen, was von ihnen verlangt wird. Die obskure Husten-Idee war nicht zu verwirklichen, schon gar nicht, weil die Beziehung zwischen Hund und Halter bereits tiefgreifend gestört und durch inzwischen neurotisches Verhalten des Hundes belastet war. Glücklicherweise ist dieser selbstherrliche Typ des Hundehalters äußerst selten.

Soziale und genetische Probleme

Wie bereits erwähnt, leiden manche Hunde unter sozial oder auch genetisch bedingten Verhaltensstörungen. Verschiedene Hunde des Alpha-Typs verlangen ständig Lob und Bezeugungen von Zärtlichkeit, bedrängen und stupsen ihre Besitzer, springen an ihnen hoch, winseln und machen ihnen das Leben schwer, bis sich endlich alle Aufmerksamkeit auf sie konzentriert. Dieser Typ scheint stets im Mittelpunkt stehen zu wollen. In dem Augenblick, da Zuwendung entzogen wird, wie es häufig der Fall ist, wenn Besuch kommt oder der Besitzer ans Telefon gerufen wird, wird dieser Hund das »Aufmerksamkeitsspiel« beginnen. Dann werden auch Besucher bedrängt und gestupst, zuweilen in die Genitalregion, bis sie nachgeben und den Hund tätscheln. Der Hund will sich nicht niederlegen, und wenn er isoliert wird, wird er wahrscheinlich ein Stuhlbein anknabbern oder auf andere Art Schaden anrichten. Häufig hat der Hundehalter das Tier emotional zu stark aufgeladen, indem er das »Aufmerksamkeitsspiel« mitgespielt hat. Das Problem kann nur gelöst werden, wenn der Hund die Grundlektionen aus der Gehorsamsschule, Kommen, Sitzen und Liegen auf Befehl, so lange übt, bis sie einwandfrei beherrscht und befolgt werden. Lob darf in dieser Phase nur als Anerkennung für ausgeübte Kommandos gespendet werden.

Genetische Defekte machen den Einsatz von Lob manchmal schwierig. Urinieren als Unterwerfungsgeste bei Junghunden und gelegentlich auch bei älteren Tieren ist häufig das Ergebnis zu starker menschlicher Zärtlichkeitsbezeugungen. Für diese Art des Urinierens dürfen Sie den Hund niemals strafen, stattdessen sollten Sie, bis er mehr Kontrolle über die Blase entwickelt, nur mit der Stimme loben.

Die Abkömmlinge mancher Blutlinien sind derart hyperaktiv, dass körperliches Lob zu übertrieben starken Erregungszuständen bis hin zu heftigem Zittern und Nervosität führt. Versuchen Sie auch bei diesem Hundetyp auf verbales Lob überzugehen. Es gibt Hunde, deren

Gebaren an einen Nervenzusammenbruch erinnert, wenn sie körperlich gelobt werden. Intensives verbales Lob löst gewöhnlich keine derartigen Reaktionen aus. Nervöse Hunde sollten nur dann körperlich gelobt werden, wenn sie den Befehl zum Sitzen befolgt haben und am Halsband gehalten werden. So können plötzliches Aufspringen oder andere spontane Reaktionen vermieden werden.

Hunde, die viel gelobt werden, lernen die menschliche Stimme zu lieben. Sie entwickeln Vertrauen und lassen sich leichter beruhigen. Fremden gegenüber sind sie zugänglich, aber nicht aufdringlich. Hunde, die zu Gelassenheit und Selbstbewusstsein erzogen werden, streben keineswegs fortwährend nach Aufmerksamkeit. In einer harmonischen Beziehung zwischen Hund und Halter ist gleichbleibende Zuwendung eine Selbstverständlichkeit und bedarf nicht dauernder Demonstration.

10. Das Tabuthema

Es gibt Bücher über die Erziehung und Ausbildung von Hunden, in denen Strafe für schlechtes Benehmen überhaupt nicht erwähnt wird. Wir haben festgestellt, dass viele Hundehalter Probleme mit diesem Thema haben. Die Einstellung der Hundehalter zum Thema Strafe lässt eine umfangreiche Skala von Emotionen und Reaktionen erkennen. Hier sind einige Antworten, die wir im Laufe der Jahre auf die Frage erhielten: »Bestrafen Sie Ihren Hund für schlechtes Verhalten, und wenn ja, wie?«

Ich schlage ihn mit einer zusammengerollten Zeitung auf das Hinterteil. Manchmal muss ich ihn jagen. Er weiß, wenn er etwas ausgefressen hat.

Ich schreie sie an und sage: Nein, nein!, und sie schleicht davon und lässt den Kopf hängen. Aber schon am nächsten Tag verrichtet sie ihr Geschäft an derselben Stelle.

Wenn ich den Hund strafe, schreien und weinen die Kinder, also lass' ich es. Die Kinder sollen nicht denken, ich würde dem Hund wehtun.

Ich brauche bloß die Hand zu heben, um Queenie zu schlagen, und schon bleckt sie die Zähne. Es ist, als lebte ich unter ständiger Bedrohung.

Ich schlage meine Kinder nie, und ich schlage meinen Hund nie. Einen unserer Hunde haben wir leider sehr oft geschlagen. Er hat das nicht verkraftet und lief uns weg. Ich möchte nicht, dass so etwas noch einmal passiert.

Wir bestrafen unseren Hund, indem wir ihm mit dem Stock eins über den Kopf geben. Es wirkt.

Schon als sie klein war, bestrafte ich meine Hündin, indem ich ihr welche hintendrauf gab. Dann, als sie ungefähr acht Monate alt war, ging ich mit ihr zur Hundeschule. Der Ausbilder sagte, ich sollte ihr einen leichten Klaps auf das Hinterteil geben, um ihr das Sitzen beizubringen. Das klappte nicht bei ihr. Wenn ich ihr Hinterteil berührte, urinierte sie. Sie dachte, sie würde gestraft. Ich musste eine andere Methode finden, sie das Hinsetzen zu lehren, und blieb in den Übungsstunden hinter den anderen zurück.

Ich glaube einfach nicht an den Wert von Strafe, sei sie körperlich oder anders. Ja, manchmal bin ich fast die Sklavin meines Hundes. Das gefällt mir zwar nicht, aber ich kenne andere Hunde, die geschlagen werden, und die sehen immer traurig aus.

Mein Hund betrügt, stiehlt, macht ins Haus und hat drei Leute gebissen. Strafen, wo fange ich an?
Ich brauche Buffy nur böse anzuschauen, das ist Strafe genug für sie.

Eines Tages verlor ich die Beherrschung und gab Butch eine unters Kinn, weil er ein Rippenstück gestohlen hatte. Danach stahl er drei Monate lang nichts. Ich glaube, er hatte kapiert.

Auf das Hinterteil, mit einer Haarbürste.

Ein ordentlicher Tritt wirkt gewöhnlich.

Wenn er ins Haus gemacht hat, stoße ich ihn mit der Nase hinein, und wenn er was beißt oder etwas anknabbert, stopfe ich es ihm in den Rachen.

Meine Familie verhält sich sehr inkonsequent. Einige sind Pazifisten, die lieber sterben würden, als den Hund zu schlagen. Andere sind Tyrannen und würden das Tier quälen, wenn sie die Gelegenheit hätten.

Eine gute Nacht draußen im Freien bringt sie gewöhnlich zur Vernunft. Hinaus in die Kälte!

Lassen Sie sich eins zur Warnung sagen: Sollte ein Ausbilder jemals meinen Hund schlagen, bringe ich ihn um.

Ich sage nein, King schaut weg, und dann höre ich auf. Ich kann nichts mehr tun, wenn ich in sein Gesicht sehe.

Ich möchte gern wissen, wann und wie ich meinen Hund strafen soll, aber die Bücher über Hundeerziehung handeln von allem, nur nicht davon, und ich fürchte, ich könnte etwas falsch machen. Was genau tun Sie?

Ich verstehe einfach nicht, warum Prinz nicht mit dem Kauen aufhören will. Jeden Abend muss ich ihn deshalb verprügeln.

Einer der Gründe für die Abneigung vieler Hundehalter, über Fragen der Bestrafung zu sprechen, mag darin liegen, dass kaum jemand gern seinen Hund schlägt und man dem Thema daher lieber aus dem Wege geht.

Da Hunde nicht direkt mit uns sprechen können, ist es nur allzu leicht, negative, menschliche Gefühle auf das Tier zu projizieren, wenn es um das Thema Strafe geht. Diese ablehnende Haltung gegenüber jedweder Strafe wird noch unterstützt von Zeitungsschlagzeilen, die Tierquälerei anprangern. Einfache und wirksame Disziplinierung gegen Ungehorsam und schlechtes Benehmen wird dann mit grausamer Behandlung gleichgesetzt.

Noch komplizierter wird das Thema durch die auseinanderklaffenden Meinungen im Lager der Experten selbst. Es gibt momentan wohl keine strittigere Frage unter Verhaltensforschern und Hundeausbildern als die nach dem Sinn von Disziplinarmaßnahmen im Zusammenleben mit einem Hund. Wenn man fragt, was angemessen ist, rangieren die Antworten von harter körperlicher Bestrafung über weniger strenge Korrekturen (Rucken an der Leine oder verbale Maßregelung) bis hin zum totalen Verzicht auf Maßnahmen jeglicher Art. Das führt bei Haltern verständlicherweise zu großer Ratlosigkeit. Was tun, wenn ein Hund sich schlecht benimmt? Und wer hat recht mit seiner Meinung? Mit welcher Methode erreicht man die erwünschten Ergebnisse, ohne dem Tier zu schaden?

Die Methode, die auf jegliche Disziplinierung verzichtet, liegt im Trend. Viele Hundeschulen und Ausbilder werben damit, dass die einzig menschliche Methode der Hunderziehung in der Verstärkung erwünschter und positiver Verhaltensweisen besteht, während Unerwünschtes ignoriert werden muss. Diese Sichtweise verurteilt jede Form von Disziplinierung und Strafe.

Obwohl es verständlich ist, dass Hundebesitzer am liebsten auf jeglichen Zwang verzichten würden, wenn sie ihrem Hund auf andere Art unerwünschtes Verhalten abgewöhnen können, bleibt die Frage,

Die »Erziehung« der Welpen beginnt sofort nach der Geburt. Die Mutter diszipliniert ihre Kleinen, wenn sie Grenzen überschreiten.

ob sich eine solche Methode in der Realität bewähren kann. In einem Wolfsrudel sorgt das Alpha-Tier mit durchdringenden Blicken, Knurren, Niederwerfen oder Schnappen für Disziplin, und dasselbe gilt für einen Wurf: Die Mutter diszipliniert ihre Welpen, wenn es nötig ist, um sich durchzusetzen. Sie hat keinerlei Skrupel, einen aufmüpfigen Welpen zu Boden zu werfen, und das kleine Tier begreift schnell.

Disziplin ist ein ebensolcher Bestandteil des Rudellebens wie gemeinsames Spiel, Lernen und Zuneigungsbekundungen. Wir tun unseren Hunden keinen Gefallen, wenn nicht auch wir ihnen Grenzen aufzeigen und ihnen die Möglichkeit bieten, das soziale Miteinander zu üben. Aber welche Methode ist gleichzeitig die beste, fairste und wirksamste?

Regelmäßiges Training und Vorbeugung sind zwar die wichtigsten Mittel in der Erziehung eines Hundes, aber man kann unmöglich alle Entwicklungen voraussehen, und manchmal lässt sich eine nachträgliche Korrektur nicht vermeiden. Der Respekt des Hundes vor Ihnen als Halter wird Sie beide sicher durch viele problematische Situationen führen, falls der Hund begriffen hat, dass es unangenehme Folgen nach sich zieht, wenn er sich im jeweiligen Moment nicht auf Sie konzentriert. Faire Verweise zu erteilen, macht Sie als Alpha-Tier glaubhafter.

Reden wir nicht um den heißen Brei herum: Im Laufe der Jahre haben wir viele, viele wunderbare Hunde erlebt, die sich zu einem Problem entwickelten, weil ihre Besitzer nicht gewillt waren, ihnen Grenzen aufzuzeigen und diese auch zu verteidigen. Dazu gehört es aber, den Hund zu disziplinieren, sofern er sich unangemessen verhält. Wenn Sie Ihrem Junghund mit einem frühzeitigen Tadel verdeutlichen, dass man niemals einen Fremden anknurrt, dem man vorgestellt wird, dann ist das genau das Maß an Autorität, für das sich niemand entschuldigen muss. Vielleicht rettet ein solcher Verweis Ihrem Hund einmal das Leben.

Eine vernünftige und hundefreundliche Methode

Zuerst möchten wir klarstellen, was wir mit Disziplin genau meinen. Die meisten Menschen verbinden Disziplinierung mit Strafe, die niemals emotional neutral sein kann. Aber der Begriff hat eine sehr viel umfangreichere Bedeutung und auch eine durchaus positive. Disziplin stammt vom lateinischen Wort *discipulus* – »Schüler, Lehrling« – ab, disziplinieren hat demnach auch die Bedeutung von »lehren, beibringen«. Disziplin setzt also einen Lehrer voraus, und verantwortungsvolle Hundehalter schneiden die Disziplinarmaßnahmen auf die Bedürfnisse ihres Tiers zu.

Disziplin zeigt sich auf ganz unterschiedlichen Ebenen. Wer mit seinem Hund regelmäßig die grundlegenden Gehorsamübungen durchführt, bringt ihm ganz allgemein Disziplin bei. Dabei wird selten »bestraft«. Obwohl jeder »aversive Reiz« in der Verhaltensforschung als »Bestrafung« gilt, haben wir es auch hier mit einem sehr breiten Spektrum zu tun. Es besteht ein himmelweiter Unterschied zwischen einem knappen »Aus« und einem Klaps unters Kinn. Natürlich sind beide theoretisch Strafen: Sie werden verabreicht, damit der Hund ein bestimmtes Verhalten in Zukunft nicht wiederholt. Die Situation und die Umstände müssen bestimmen, wann welche »Strafe« angemessen ist. Die Regel, an die wir uns halten, lautet:

> Wende gerade nur so viel Zwang wie nötig an, um das Verhalten zu ändern und diese Änderung fest im Verstand des Hundes zu verankern.

Das Wort »Strafe« hat eine so negative Bedeutung, dass die meisten Menschen innerlich zusammenzucken, wenn sie es hören. Im menschlichen Verständnis kann eine Strafe auch erst eine ganze Weile später erteilt werden: Ein Krimineller wird bestraft, wenn man ihn irgendwann fasst. In der Zusammenarbeit mit einem Hund (einem Wesen, das voll und ganz in der Gegenwart lebt) ist Strafe, die nach der Tat erfolgt, nicht nur sinnlos, sondern auch kontraproduktiv. Wir unterscheiden zwischen milden korrigierenden und stärkeren Maßnahmen.

Wir verwenden zum Beispiel das Wort »Korrektur«, um leichte disziplinarische Maßnahmen im normalen, täglichen Gehorsamstraining zu beschreiben. »Strafe« steht für energischere verbale und körperliche Mittel, die bei verschiedenen Verhaltensproblemen eingesetzt werden.

Eine solche Terminologie lässt sich von Hundehaltern nicht nur leichter akzeptieren, sondern entspricht auch unserer Erfahrung. In einer normalen Ausbildung mit einem normalen Hund entstehen glücklicherweise nur selten Situationen, in denen ernsthafte Strafe gefordert ist; in den meisten Fällen bedeuten disziplinarische Maßnahmen Leinen- und verbale Korrekturen, die den Hund dazu bringen, sich auf das Lernen zu konzentrieren, und Ihre Rolle als Rudelführer untermauern.

Solche Korrekturen sind wohlgemerkt ein wichtiger Bestandteil des Gehorsamstrainings; man kann sie nicht aus dem Kontext der Ausbildung herausnehmen. Deshalb sind die zitierten Maßnahmen am Anfang dieses Kapitels problematisch: Sie werden aus heiterem Himmel angewandt.

> Sofern ein Besitzer seinen Hund nicht im Rahmen eines Trainings, das seinem Alter entspricht, erzieht, ist jede Strafe oder Korrektur sinnlos. Ohne Ausbildung und Training geht es nicht.

In der *Royal Airforce Dog Training School* kursiert ein Spruch, den kein Halter oder Ausbilder je vergessen sollte: Jeder Hundeführer bekommt den Hund, den er verdient. Außerhalb des Trainings sind Disziplinarmaßnahmen schädlich, weil der Hund nicht wissen kann, was Sie von ihm wollen. Außerdem muss einer Korrektur immer ein Befehl folgen, der Ihre Führungsrolle festigt, während er dem Hund gleichzeitig Ihre Absicht verdeutlicht. Die traditionellen Übungen selbst sind bereits eine humane Methode, Ihren Alphastatus zu verstärken und die Disziplin des Hundes zu verbessern. Einen Hund zum Beispiel abzulegen und mit einem »Bleib« warten zu lassen, gibt Ihnen die Kontrolle, die Sie im Augenblick möglicherweise brauchen, und verankert im Kopf des Hundes gleichzeitig, dass Sie am längeren Hebel sitzen.

Grundsätzliches zur Korrektur

Über verbale und Leinenkorrekturen werden wir in den Kapiteln, die die einzigen Übungen erklären, noch eingehender reden. Hier möchten wir Ihnen nur ein paar generelle Richtlinien aufzeigen. Hundeartige in der Wildnis kommunizieren viel über die Stimme. Sie knurren, um ihre Vorherrschaft zu sichern. Und sie werfen einander Blicke zu. Oft kann ein Alpha-Wolf allein durch ein Knurren und einen eindringlichen Blick unerwünschtes Verhalten im Keim ersticken. Diese Kombination besagt: »Lass es sein … und zwar sofort!« Es kann kaum überraschen, dass das, was bei einem Wolf funktioniert, auch bei Ihnen funktionieren wird.

Normalerweise vermittelt Augenkontakt Zuneigung, Vertrauen und Freundlichkeit; ein gelegentlicher durchdringender Blick kann daher unerwünschtes Benehmen unterbinden, selbst wenn Ihr Hund nicht angeleint ist. Das Gleiche gilt für ein scharfes »Nein« oder »Aus«. Die Umstände bestimmen die Intensität und die Lautstärke Ihrer Stimme, aber der Hund, der Ihre Autorität anerkennt, reagiert meistens prompt.

Wenn Ihr Hund angeleint ist, sollte die verbale Korrektur durch die Leine unterstrichen werden. Obwohl einige Trainer das »Nein« aus dem Trainingsvokabular streichen wollen, weil es sich zu schnell abnutzt, halten wir es für sehr flexibel. »Nein« oder »Aus« ist der perfekte Begleiter für eine Leinenkorrektur, zumal Sie nicht lange darüber nachdenken müssen. Und noch ein letztes Argument: Obwohl Hundetraining natürlich vollkommen andere Bereiche abdeckt – würden Sie heute noch auf die Idee kommen, ein Kind ohne das Wörtchen »Nein« zu erziehen?

Die Leinenkorrektur soll den Hund, der nicht aufpasst, dazu bringen, sich zu konzentrieren. Diese Korrektur – ein rasches Knallen oder Schlagen, das einen leichten Ruck verursacht – soll ihm etwas sagen, nicht ihm wehtun. Sie darf Unbehagen wecken, soll den Hund aber vor allem überraschen, so dass er seine Aufmerksamkeit wieder Ihnen und Ihrem Befehl zuwendet.

Neben den Korrekturen, die innerhalb des Trainings stattfinden, mag es Gelegenheiten geben, bei denen körperlichere Disziplinarmaßnahmen notwendig werden, um bestimmte Verhaltensprobleme zu beseitigen.

Nach unserer Erfahrung gibt es Verhaltensweisen, die je nach dem Ernst der Übertretung verbale oder körperliche Bestrafung verdienen könnten:

- Aggressionen gegen Menschen – darunter fallen übermäßiges Verbellen, Anknurren, Angreifen, Verfolgen, Schnappen und Beißen.
- Hausbeschmutzung – Koten oder Urinieren im Haus.
- Stehlen – Diebstahl von Lebensmitteln oder Gegenständen.
  Beharrlich destruktives Verhalten – zerstörerisches Kauen, Wühlen oder Verwüstung der Einrichtung, soweit es sich nicht um eine vereinzelte Disziplinlosigkeit handelt, die dem für Junghunde typischen Übermut entspringt.
- Aggressionen gegen andere Hunde – Verfolgen, Beißen und Bekämpfen von Artgenossen, gewöhnlich zwischen zwei Rüden, zuweilen aber auch zwischen einem Rüden und einer Hündin oder zwei Hündinnen.

Kein Buch kann jede denkbare Situation zwischen Hundehalter und Hund abdecken und in seine Analyse einbeziehen. Darum fühlen wir uns verpflichtet, von Anfang an zu betonen, dass Disziplinierung und Strafe niemals als integraler Bestandteil einer Ausbildungsmethode gesehen werden dürfen. Wir glauben aber, dass körperliche und verbale Disziplinierung im Rahmen eines Gehorsamstrainings nützlich sind. Sollten Sie im Zweifel sein, wie Sie Ihren Hund beim Auftreten der erwähnten Probleme behandeln können, wenden Sie sich am besten an einen qualifizierten Hundeausbilder, um eine sachkundige Beratung für Ihre spezielle Situation zu erhalten (siehe auch Kapitel 8, Die richtige Ausbildung).

Wenn Sie sich dafür entscheiden, Disziplinierung als Trainingstechnik einzusetzen, dann sollte es die richtige sein. Kein Trainer kann Ihnen eine todsichere Formel dafür geben, welche Art und wie viel Korrektur oder Strafe angemessen ist. Das müssen Sie als Hundehalter selbst nach bestem Wissen und Gewissen und Intuition entscheiden. Wir können Ihnen allerdings einige Richtlinien an die Hand geben. Wir haben mehrere Methoden entwickelt, die rohe Gewaltanwendung aussparen, sich dafür aber das Überraschungsmoment und einen gewissen dramatischen Effekt zunutze machen. Als verantwortungsbewusste Züchter und Ausbilder halten wir es für unsere Pflicht, diese Methoden im Einzelnen zu erläutern. Wenn Sie sie einsetzen wollen, denken Sie immer daran:

- So wenig Gewalt oder Zwang wie möglich anwenden.
- Übertreiben Sie es nicht.
- Steigern Sie die Intensität Ihrer Korrekturen, bis Ihr Hund angemessen reagiert.
- Vor allem aber müssen Sie Ihren Hund beobachten: Seine Reaktion wird Ihnen zeigen, ob Ihre Maßnahmen zu sanft oder zu streng sind.
- Sobald Sie eine gleichbleibende Reaktion erhalten, wissen Sie, dass Sie das richtige Maß gefunden haben.
- Verwenden Sie niemals den Namen des Hundes, wenn Sie ihn strafen, und rufen Sie ihn niemals zu sich, um ihn zu disziplinieren.
- Die Nennung des Namens verzögert nicht nur die Disziplinierung, sondern vermittelt dem Hund außerdem, dass Sie nicht an seinem Verhalten, sondern an ihm selbst etwas auszusetzen haben. Einen Hund erst herzurufen und dann zu strafen, verdirbt ihm die Lust aufs Kommen und stört Ihre gegenseitige Beziehung.

Viele Halter verwenden immer noch gerne Gegenstände zur Disziplinierung ihrer Tiere, wobei die zusammengerollte Zeitung das beliebteste Mittel ist. Aber die Hand, die den Hund füttert, ist die Hand, die ihn erzieht und korrigiert. Sie brauchen keine Gegenstände, um den Hund zu disziplinieren. Setzen Sie Ihre Hände so ein, wie wir es weiter unten beschreiben. Um es noch einmal zu wiederholen: Körperliche Maßnahmen sollten für die erwähnten hündischen »Verbrechen« reserviert sein und nicht nach Lust und Laune angewandt werden. Bei vielen Hunden mögen Worte ausreichen, aber sie sollten mehr als eine Methode zur Disziplinierung kennen, bevor sich die unangenehme Notwendigkeit ergibt, sie tatsächlich anzuwenden.

Lassen Sie nicht je nach Laune heute etwas zu, was Sie morgen bestrafen.

Schlagen Sie Ihren Hund niemals. Schon gar nicht mit einem Gegenstand. Und erst recht nicht von oben oder hinten.

Das Schütteln

Ein Mittel zur Disziplinierung Ihres Hundes (und die erste strengere körperliche Maßnahme, die man versuchen sollte, wenn es notwendig erscheint), ist das Schütteln. Es ist besonders wirksam, wenn Sie Ihren Hund nach diesem Buch erziehen und er plötzlich seine Grenzen austesten will oder Sie es mit einem krassen Fall von Gehorsamsverweigerung zu tun haben. Das Schütteln ist eine gemäßigte Form der körperlichen Gewalt, die Ihre Autorität wiederherstellt und den Hund überrascht. Wie Sie dieses Mittel ausführen, hängt davon ab, ob Sie es mit einem Welpen zu tun haben oder mit einem erwachsenen Hund. Bei einem Welpen packen Sie das Nackenfell, bei einem erwachsenen Hund beide Seiten des Halsbehangs.

Beim Schütteln muss der Hund sitzen und durch festen Griff und Zug am Halsband in dieser Position gehalten werden. Ist man sicher, dass der Hund sich nicht bewegen wird, tritt man vor ihn hin, packt ihn beidhändig zu beiden Seiten des Halses am Nackenfell und hebt ihn hoch, so dass die Vorderpfoten die Erde verlassen. Während man dem Hund in die Augen blickt, schüttelt man ihn mit raschen, kräftigen Bewegungen und lässt ihn allmählich herab. Es ist wichtig, dass Sie während dieser Prozedur ihrem Unmut auch verbal Ausdruck verleihen.

Diese Disziplinierung wird den Hund stark beeindrucken.

Bei sehr sensiblen Hunden darf diese strenge Strafe daher nicht angewendet werden, weil sie einen psychischen Schock davontragen können.

Wie auch bei der zuvor erwähnten Methode ist der Blickkontakt beim Schütteln wichtig. Diese Art der Bestrafung eignet sich für Hunde, die aggressiv auf einen kräftigen, strafenden Klaps *unter* die Kinnlade reagieren, weil Gegenwehr in der Schüttelposition schwieriger ist. Wenn Sie den Hund zu beiden Seiten der Kinnladen am Nackenfell packen, achten Sie darauf, dass ein oder besser beide Daumen unter das Halsband gehakt sind, um den Hund am Ausbrechen zu hindern. Fassen Sie mit den Fingern eine gute Handvoll Nackenfell und Haut und halten Sie fest.

Bei Junghunden sollte diese Methode in abgeschwächter Form angewendet werden. Ein Junghund sollte diszipliniert werden, indem man ihn mit einer Hand beim Nackenfell packt und schüttelt. Diese Methode ähnelt der Technik, die eine Hündin gebraucht, um unter den Jungen ihres Wurfes Ordnung zu halten, Kämpfe zwischen Geschwistern zu unterbinden oder ihre Welpen zu entwöhnen. Disziplinierungsmethoden, die auf die soziale Interaktion innerhalb des Rudels zurückgehen, sind für den Hund leichter verständlich als die üblichen Formen der Bestrafung wie Schläge oder Beschimpfungen. Auch hier zeigt sich, dass man über Instinkt- und Rollenverhalten einiges wissen muss, um sich im Zusammenleben mit dem vierbeinigen Hausgenossen ohne allzu viel Aufwand behaupten zu können.

Die Methode der verbalen Bestrafung

Viele Hundehalter haben Schwierigkeiten, wenn es gilt, ihren Hund mit Worten zurechtzuweisen. Gelegentliches Schelten als primäre Stufe der Disziplinierung ist dennoch unvermeidlich. Auch diese Form der Zurechtweisung muss unmittelbar auf das Fehlverhalten folgen, wenn der Hund sie verstehen soll. Das Standardvokabular hierfür ist zumeist recht fantasielos: »Nein, nein!«, »Pfui!« und vielleicht »Böser Hund!« ist alles, was den meisten Menschen dazu einfällt. Viele Leute haben eben, wenn auch sehr unterschiedlich geartete, Hemmungen, ihren Hund zu beschimpfen:

> Eine Kundin drückte es so aus: »Loddie tut etwas, was sie nicht soll, und ich weiß genau, was ich sagen will. Ich weiß sogar, in welchem Tonfall ich es vorbringen muss. Aber irgendetwas in mir zieht sich zusammen.«

> Ein anderer Kunde sagte: »Wenn ich den Hund anschreie, denken die Kinder, ich täte ihm weh.«

> Ein weiterer Hundehalter erklärte sein Problem so: »Man hat mich immer Selbstbeherrschung gelehrt. ›Wenn du wütend wirst, lass es dir nicht anmerken. Behalte alles für dich.‹ Obwohl ich mit diesem Hund tatsächlich große Schwierigkeiten habe, sehe ich nicht, wie ich ihn körperlich oder verbal disziplinieren könnte. Ich kann einfach die Gefühle nicht ertragen, die in mir hochkommen, wenn ich zornig werde.«

Zunächst wollen wir deshalb klarstellen, dass Strafe nicht unbedingt Schockwirkung haben muss und dass Zorn und Aggression ebenso zum menschlichen Grundverhalten gehören wie das Bedürfnis nach Liebe.

Geht man richtig und mit Sinn für Humor an die Sache heran, so ist Hundedisziplinierung mehr Spiegelfechterei als ernsthafte Auseinandersetzung. Das allerdings darf der Hund nicht merken!

Oft müssen Hundebesitzer ihren Part als Alpha-Wolf erst trainieren. Sich als Mensch den sozialen Gesetzen eines Wolfsrudels zu unterwerfen, ist ja auch etwas problematisch. Deshalb ermuntern wir gehemmte und unsichere Hundehalter, Situationen durchzuspielen, in denen sie ihre Hunde bestrafen müssen. Wenn ein Hundehalter erfolgreich schauspielern kann, wie er oder sie zehn Minuten vor dem Eintreffen der Gäste ein großes Geschäft mitten auf dem Wohnzimmerteppich findet, eine Beißerei zwischen dem eigenen Hund und dem Rivalen aus der Nachbarschaft erleben muss oder das Opfer irgendeiner anderen Katastrophe wird, die Hunde in den unpassendsten Augenblicken verursachen, tritt man derartigen Ereignissen vielleicht gefasster gegenüber, wenn sie tatsächlich eintreten.

Hunde sind aber nicht taub, schreien oder brüllen ist also nicht erforderlich.

Manche Hundehalter haben von Natur aus einen kräftigen Befehlston, manche nicht, aber jeder kann einen angemessenen Mittelweg finden. Lernen Sie, Ihr Nein in einem bestimmten, autoritären Ton vorzubringen. Wenn es sein muss, schließen Sie sich irgendwo ein und üben Sie es.

Der Klaps unter die Kinnlade

Eine zweite Methode zur Disziplinierung des Hundes ist ein Klaps unters Kinn. Diese Methode ist *nur* für erwachsene Hunde geeignet und setzt ein gutes Verhältnis zwischen Halter und Hund voraus, in der die Führungsrolle des Halters bereits gefestigt ist. Der Hund sollte angeleint sein und sitzen. Ihre Finger treffen in einer Aufwärtsbewegung die Unterseite der Kinnladen. Es ist notwendig, den Hund zuvor zum Sitzen zu bringen, indem man ihn am Halsband hochzieht oder sein Hinterteil niederdrückt. Diese Haltung fixiert die Aufmerksamkeit des Hundes aufwärts zu den Augen des Halters, sodass Blickkontakt möglich ist. Blickkontakt ist ein wichtiger Bestandteil der Disziplinierung, gerade auch bei Wölfen. Schlagen Sie einen Hund niemals von oben. Ihre Hand sollte flach ausgestreckt sein, die Finger geschlossen.

Wie kräftig soll der Klaps oder Schlag sein? Eine gute Faustregel ist, dass der Klaps nicht fest genug war, wenn Sie beim ersten Mal keine Reaktion – ein Jaulen oder anderes Zeichen – bemerkt haben. Vergessen Sie nicht, eine gute Zurechtweisung wird Ihnen fünfzig weitere halbherzige ersparen. Wir haben die Erfahrung gemacht, dass diese Bestrafung bei bestimmten Arten von aggressivem Verhalten besonders wirkungsvoll ist, beispielsweise wenn Ihr Hund einen Fremden anknurrt. In Kombination mit einer Reihe von Kommandos macht sie dem Hund unmissverständlich klar, wie unzufrieden Sie mit ihm sind.

Halten Sie den Hund mit der freien Hand am Halsband fest. Gleichbleibender Zug nach rückwärts sorgt dafür, dass das Tier sitzenbleibt. Halten Sie die Zugwirkung aufrecht, während Sie den Hund mit der anderen Hand disziplinieren. Der Hund muss sitzen bleiben.

Der Klaps unters Kinn als Disziplinarmaßnahme. Der Hund muss dazu sitzen.

Der Rückenwurf des Alpha-Wolfes

In der Erstausgabe dieses Buches haben wir eine Technik empfohlen, die wir »Rückenwurf des Alpha-Wolfes« nannten. Diese Technik war nach der Disziplinarmaßnahme benannt, die der Leitwolf im Rudel anwendet, wenn sich untergeordnete Rudelmitglieder unangemessen verhalten. Der Halter sollte den liegenden Hund beim Nackenfell packen, zur Seite rollen und währenddessen mit ihm schimpfen. Ziel dieser Technik war es, die Führungsrolle des Halters wiederherzustellen, den Hund also regelrecht zu unterwerfen.

Wir können diese Technik *nicht mehr* empfehlen und raten unseren Kunden inzwischen unbedingt davon ab. Obwohl man argumentieren könnte, dass diese Disziplinarmaßnahme im Rudelleben vorkommt, ist sie innerhalb einer Mensch-Hunde-Beziehung möglicherweise sehr gefährlich, denn gerade dominante Hunde könnten sich wehren. Der durchschnittliche Hundehalter sollte sich daher lieber an andere Maßnahmen halten, die weit sicherer und langfristig betrachtet ebenso wirksam sind. Wir möchten es noch einmal wiederholen:

> Die hier beschriebenen Bestrafungsmethoden sollten niemals willkürlich wegen geringfügigen Fehlverhaltens angewendet werden.

Leider passiert es immer wieder, dass machtbesessene Hundehalter erlernte Bestrafungstechniken missbrauchen. In der Regel ziehen sie denn auch kriecherische, neurotische Hunde heran, die jedes natürliche Verhalten verlieren. Strafe muss ebenso wie Lob sinnvoll sein. Sie muss dem Hund das Missfallen des Halters verdeutlichen.

Hunde sind keine Kinder

Eine Hundebesitzerin suchte Rat bei uns, weil es offenbar kein Mittel gab, ihren Pekinesen davon abzuhalten, Möbel und Teppiche anzukauen. Sie behandelte das Tier, als wäre es ein Kind, und seine Verhaltensstörungen dementsprechend wie die eines Kindes. Im Gespräch mit uns zitierte sie tatsächlich Pädagogen, die antiautoritäre Kindererziehung befürworten. Erst als wir ihr etwas über die Herkunft und die Entwicklungsgeschichte des Hundes erzählten, begann sie, den Unterschied zu begreifen. Natürlich gibt es gewisse Ähnlichkeiten in der Erziehung von kleinen Hunden und kleinen Kindern, doch die Disziplinierung gehört gewiss nicht dazu. Die Welpen in einem Wurf disziplinieren einander oft, indem sie sich herumstupsen, sich gegenseitig niederwerfen, nacheinander schnappen. Die Mutter diszipliniert ihre Welpen mit leichten Bissen. Vergessen Sie nie, dass Hunde viel schneller heranreifen und Strafe und Disziplinierung auf vollkommen anderer Ebene begreifen als Kinder. Fürchten Sie sich nicht davor, Ihren Hund zur Ordnung zu rufen, aber tun Sie es richtig und nur dann, wenn das Tier die Verbindung zwischen Tat und Strafe begreifen kann.

Korrekturen – So geht's

1. Holen Sie den Hund. Rufen Sie ihn *nicht* zu sich, um ihn zu strafen. Selbst wenn Sie ihn verfolgen müssen – holen *Sie* ihn.
2. Strafen Sie *niemals* mit Gegenständen.
3. Nennen Sie den Hund in Verbindung mit einer Strafe *niemals* beim Namen.
4. Das »Strafmaß« muss im Verhältnis zur Tat stehen. Verbaler Tadel und Leinenkorrekturen eignen sich für geringfügiges Fehlverhalten, Schütteln und der Klaps unters Kinn sind für ernsthaftere Vergehen reserviert.
5. Für das Schütteln und den Klaps muss der Hund sitzen. Wenn Sie ihn nicht mit dem Zug am Halsband dazu bringen, drücken Sie ihm das Hinterteil herunter. Disziplinieren Sie nicht, bevor der Hund sitzt und Sie ihn am Halsband festhalten. Andernfalls könnte er ausbrechen und der Disziplinierung aus dem Weg gehen.
6. Sehen Sie dem Hund in die Augen.
7. Schlagen Sie ihn niemals von *oben*.
8. Agieren Sie möglichst dramatisch.
9. Ignorieren Sie Ihren Hund nach der Disziplinierung eine halbe Stunde lang.

Versöhnung nach der Strafe

So wichtig wie es ist, eine sinnvolle Bestrafung rasch und energisch zu verabfolgen, so notwendig ist es, sich später »zu versöhnen«. Diese Versöhnung soll keinesfalls emotional aufgeladen oder rührselig sein. Nach der Bestrafung Ihres Hundes sollten Sie sich mindestens eine halbe Stunde lang passiv verhalten, nicht zum Hund sprechen und Blickkontakt vermeiden. Versuchen Sie zu diesem Zeitpunkt Blickkontakt mit Ihrem Hund herzustellen, so müssen Sie damit rechnen, dass der Hund Ihrem Blick ausweichen wird. Er wird den Blickkontakt mit Ihnen suchen, aber zu dem Zeitpunkt, der ihm selbst geeignet erscheint. Nach einer Bestrafung wird sich Ihr Hund verhalten, wie es auch sein Vorfahr, der Wolf, täte: Er wird den Kopf abwenden, zu Boden blicken oder Miene machen, sich in einen Winkel zu verkriechen. Dies ist eine natürliche Unterwerfungsreaktion, in die der von widerstreitenden Empfindungen zerrissene Besitzer sich *nicht* einmischen sollte. Reagiert der Hund nach einer Bestrafung wie beschrieben, begehen viele Hundehalter den Fehler, das Tier zu hätscheln und »aufzumuntern«. Bei der Annäherung seines Herrn wird der Hund vielleicht zittern oder regungslos verharren und so dessen Schuldgefühle noch mehr verstärken.

Tatsächlich benötigt das Tier einfach eine gewisse Zeit, um sein Gleichgewicht wiederzugewinnen. Überlassen Sie den Hund einfach eine halbe Stunde sich selbst. Zeigt der Hund andererseits nach der Bestrafung keine Zeichen von Unterwürfigkeit oder Nachgiebigkeit, sollten Sie überprüfen, ob Sie energisch genug waren. Wenn Ihr Hund fünf Minuten nach der Bestrafung zu Ihnen kommt und sie anstößt, um Ihre Aufmerksamkeit zu gewinnen, war ihre Bestrafung wahrscheinlich erfolglos.

Nach einer halben Stunde können Sie sich dann mit Ihrem Hund wieder versöhnen. Gehen Sie mit ihm spazieren, spielen Sie mit ihm oder reden Sie einfach freundlich auf ihn ein. Vermeiden Sie dramatische Szenen. Einige Hunde brauchen länger nach einer Bestrafung, um ihr inneres Gleichgewicht wiederzugewinnen als andere. Sie sollten den Hund also nicht mit plötzlicher Zuwendung überfallen, sondern ihm Zeit lassen, sich der veränderten Situation anzupassen, damit er sie später überwinden kann.

Wir sind uns bewusst, dass übertrieben autoritäre Menschen die hier angesprochenen bestrafenden Maßnahmen und ebenso die nachfolgende Versöhnung missbrauchen können. Die meisten Hundehalter neigen allerdings eher zu übergroßer Nachsicht. Deshalb sei noch einmal betont, dass Hunde in der Regel äußerst sensibel sind und es großer Feinfühligkeit bedarf, Strafe richtig zu dosieren.

11. Ernährung

Neurotisches Verhalten kann auch physische Ursachen haben! Vor einer Korrektur, aber auch vor der normalen Grundausbildung müssen wir deshalb sicher sein, dass unser Hund vollkommen gesund ist. Der äußere Anschein reicht dafür keineswegs aus. Wie auch bei Menschen macht sich bei Hunden ein gesundheitlich schlechter Zustand oft erst nach längerer Zeit bemerkbar. Die Ursachen für eine allgemein schlechte Kondition sind sehr oft Mangelerscheinungen, also falsche Ernährung.

Für die meisten Hunde ist eine ausgewogene Trockenfuttermischung die beste Grundlage. Dieses Trockenfutter enthält die richtige Zusammensetzung und genau die Anteile an Proteinen, Kohlehydraten, Fett, Vitaminen und Mineralien, die der Hundeorganismus braucht. Achten Sie auf den prozentualen Anteil an Proteinen sowie ihre Herkunft, die auf dem Etikett vermerkt sind. Weil Hunde Fleischfresser sind, ziehen wir als Proteinquelle Fleisch vor. Viele Trockenfuttersorten haben Sojabohnen als Grundlage, und obwohl sie eine reichhaltige und preiswerte Proteinquelle darstellen, ist das Futter für Hunde schwerer verdaulich, weil Soja andere Nährstoffe einkapselt, wodurch sie nicht so gut aufgenommen werden können. Die Futterhersteller sind per Gesetz dazu verpflichtet, die Hauptbestandteile an erster Stelle zu vermerken, also schauen Sie auf der Verpackung nach dem Fleischgehalt. Viele der besseren Marken geben als Hauptbestandteil Tiermehl von Hühnern, Lamm oder Rind und als zweiten Getreide an. Die manchmal höheren Kosten lohnen sich, da die Hersteller auf Futter spezialisiert sind und kontinuierlich forschen, um die gleichbleibende Qualität ihrer Produkte zu gewährleisten. Außerdem bedeutet ein höherer Proteingehalt häufig geringere Futtermengen (was die Kosten wieder ausgleicht) und weniger Stuhl.

Trockenfutter für einen jungen, erwachsenen, normal aktiven Hund sollte mindestens zweiundzwanzig Prozent Protein enthalten, mehr ist jedoch besser. Aktivere Hunde brauchen einen höheren Proteingehalt, während ältere Tiere eher weniger benötigen. Bei übergewichtigen Hunden kann man ein Futter mit wenig Kalorien aber hohem Ballaststoffanteil nehmen. Achten Sie auf Anzeichen, die darauf hindeuten, dass Ihr Hund nicht das richtige Futter bekommt: große Kothaufen, die besonders übel riechen, Mundgeruch, Blähungen, Energielosigkeit, stumpfes, riechendes Fell und ständiges Haaren.

Richtige Hundeernährung ist ein vieldiskutiertes Thema, aber im Allgemeinen hatten wir Erfolg mit den besseren Trockenfuttersorten und etwas Zusatzfutter. Diesen Sorten sind vom Hersteller Vitamine und andere wichtige Nährstoffe in der notwendigen Dosierung beigegeben, dennoch kann eine ausschließliche Ernährung mit Trockenfutter Mangelerscheinungen hervorrufen. Wir ergänzen unser Futter mit Eiern, Hüttenkäse oder einem Esslöffel Dosenfleisch und kommerziellen Zusatzprodukten, die Enzyme, Bakterien und Vitamine enthalten.

Fleisch sollte nicht mehr als fünfundzwanzig Prozent der vom Hund aufgenommenen Nahrung ausmachen. Viele Hunde werden mit zu viel Fleisch gefüttert. Ob rohes Fleisch, Gefrierfleisch, Kutteln, Fleisch aus Dosen oder Tischabfälle – in keinem Fall sollte zu einer Mahlzeit mehr als etwa eine Tasse voll gegeben werden.

Den Hund fressen zu lassen, wann und wie viel er will, ist problematisch, und das nicht nur, weil es zu Sauberkeitsproblemen, Fettleibigkeit oder wählerischem Essverhalten führen kann. Sie nehmen sich und dem Hund damit auch die Gelegenheit, durch das Füttern eine emotionale Bindung aufzubauen. Unserer Ansicht nach ist der tägliche, intime Kontakt zwischen Hund und Mensch notwendig. Füttern Sie Ihren Hund also immer zur selben Zeit.

Zwei kleinere Mahlzeiten sind gesünder als eine große. Eine kleinere Portion wird gewöhnlich leichter verdaut. Bei vielen Rassen besteht die – häufig tödliche – Gefahr von Magendrehung, die durch kleinere Portionen geringer wird. Außerdem helfen zwei Fütterungen täglich, Hungerspannungen zu verhüten, die oft Ursache für Verhaltensstörungen wie etwa chronisches Kauen sind, und unterbinden das Betteln.

Welpen benötigen von der Zeit der Entwöhnung bis zum Alter von vier Monaten drei Mahlzeiten am Tag. Der junge Hund wächst sehr rasch, und sein Magen kann keine großen Nahrungsmengen auf einmal aufnehmen. Die Fütterungszeiten müssen strikt eingehalten werden und werden am besten auf morgens, mittags und abends festgelegt. Die Abendmahlzeit sollte nicht später als achtzehn Uhr gegeben werden, um den Junghund vor der Nacht Zeit zum Verdauen zu lassen. Im Allgemeinen benötigen Junghunde doppelt so viele Kalorien und Nährstoffe wie ältere Hunde. Bei unseren Welpen hat es sich bewährt, täglich Joghurt mit Lebendkulturen oder Acidophiluspulver, das die Magen-Darm-Flora unterstützt, sowie zusätzliche Enzymprodukte und Proteine in Form von Fleisch zu geben. Ein hart gekochtes Ei kann das Fleisch mehrmals pro Woche ersetzen.

Frisches Wasser ist ein Muss. Während ein Hund mehrere Tage ohne Futter auskommen kann, dehydriert er ohne frisches Wasser schnell. Das Körpergewicht eines ausgewachsenen Hundes besteht zu fünfzig bis sechzig Prozent aus Wasser, bei einem Welpen ist der prozentuale Anteil noch höher.

Ausgewachsene Hunde müssen jederzeit Zugang zu frischem, lauwarmem Wasser haben. Welpen neigen dagegen zu übermäßiger Wasseraufnahme und sollten deshalb in regelmäßigen Abständen Wasser vorgesetzt bekommen. Dies gilt insbesondere dann, wenn man den Junghund stubenrein machen will. Auch nach ausgedehnten Wanderungen und längerem Aufenthalt in der Sonne muss der Hund mit Wasser versorgt werden. Bei Nacht empfiehlt es sich, den Wassernapf zu entfernen.

Verweigern Sie Ihrem Hund niemals eine Mahlzeit, um ihn zu strafen. Psychisches Verhalten und Gesundheit hängen eng zusammen.

Darüber hinaus kann das Tier diese Art der Bestrafung nicht verstehen. Manch einem mag diese Bemerkung als Binsenweisheit erscheinen, doch haben wir leider oft genug mit Hundehaltern gesprochen, die ihre Hunde mit Nahrungsentzug disziplinieren wollten. Ein gleichermaßen grausames und sinnloses Unterfangen!

Leckerbissen

Viele Hundehalter belohnen ihre Vierbeiner, wenn sie in den Ausbildungsstunden ihre Sache gut gemacht haben. Diese Praxis ist gut und schön, solange Ihr Hund nicht davon abhängt, das heißt ohne Aussicht auf etwas zu fressen nicht mehr gehorcht. Achten Sie darauf, die Leckerbissenmenge in Grenzen zu halten. Wir haben Hundehalter erlebt, die dem Hund während der Übungen so viel Würstchen oder Leberstückchen fütterten, dass es der täglichen Futtermenge entsprach. Das bekommt dem Hund aber auf Dauer nicht. Leckerbissen bilden keine ausgewogene Mahlzeit.

Dem Tier hin und wieder einen Hundekuchen zu geben, der die Zähne reinigt, ist jedoch vollkommen in Ordnung. Eine fettarme Variante ist rohes Gemüse wie Möhren, zumal viele Hunde die Knackigkeit lieben. Finger weg von weichen, keksähnlichen Leckerbissen, die Farbstoffe, Zucker und Konservierungsstoffe enthalten. Am besten lassen Sie den Hund sitzen, bevor sie ihm etwas geben. Das kostet nur eine Sekunde Zeit und macht dem Tier klar, dass es sich um etwas Besonderes handelt.

In Maßen ist eine Futterdressur aber dennoch sinnvoll, weil der Hund sich den Befehl besser einprägt, wenn er mit einem Brocken für seinen Gehorsam belohnt wird. Hingegen raten wir entschieden davon ab, dem Hund bei Tisch Leckereien zukommen zu lassen. Während Ihrer Mahlzeiten sollte der Hund zu Ihren Füßen oder anderswo im Speisezimmer liegen. Verbannen Sie Ihren Hund zu dieser Zeit nicht aus dem Raum. Lehren Sie Ihren Hund das Liegen auf Befehl, so dass er an der Gemeinsamkeit teilhaben kann. Es ist keine »Qual« für den Hund, Menschen beim Essen zuzusehen – für ihn ist es ein Vergnügen, miteinbezogen zu sein. Nach dem Essen mögen Sie ihm für gehorsames Liegenbleiben etwas geben. Er soll daraus allerdings nicht schließen, dass er ein Anrecht auf die Nascherei hat.

Wie bei uns Menschen gibt es auch unter den Hunden geschmäcklerische Individuen. Leider ist es schwer zu beurteilen, ob der Hund sein Futter verweigert, weil er wählerisch ist, oder ob diese Appetitlosigkeit ernstere Gründe hat. Verlieren Sie nicht die Geduld. Zorn und Bitten werden nichts bewirken. Am besten stellen Sie Ihrem Hund die Schüssel hin und lassen ihn ein paar Minuten allein. Frisst er nicht, nehmen Sie die Schüssel mit der Mahlzeit wieder weg und bieten sie ihm einige Stunden später erneut an. Versuchen Sie nicht, den Hund zum Fressen zu überreden. In extremen Fällen mag Fütterung aus der Hand erfolgreich sein. Achten Sie aber darauf, dass der Hund sich nicht daran gewöhnt. Wenn Ihr Hund das Futter verweigert, ist er vielleicht krank oder leidet beispielsweise unter einem Wetterumschlag. Vielleicht können Sie seinen Appetit mit etwas Fleisch reizen. Handelt es sich nicht nur um eine – für Ihren Hund charakteristische – wählerische Eigenart, sondern um regelrechte Nahrungsverweigerung, sollten Sie den Tierarzt konsultieren.

Wie viel sollte Ihr Hund fressen? Da es hier je nach Rasse und Größe, aber auch durch die Nahrungsverwertung des individuellen Organismus naturgemäß Unterschiede gibt, ist es schwierig, Faustregeln aufzustellen. Fangen Sie mit einer aufmerksamen Musterung Ihres vierbeinigen Gefährten an. Ist Ihr Hund schlank oder zu fett? Vertrauen Sie nicht den Angaben auf der Hundefutter-Packung. Diese Tabellen können weder den Energieverbrauch noch das Ausmaß der körperlichen Bewegung Ihres Hundes berücksichtigen. Um zu bestimmen, ob Ihr Hund zu dick ist, stellen Sie sich über ihn und legen ihm beide Hände auf die Rippen. Hervorstehende Rippen lassen darauf schließen, dass Ihr Hund unterernährt ist, sind sie schwer zu ertasten, muss Ihr Hund möglicherweise auf Diät gesetzt werden.

Ihr Ideal sollte ein vitaler und schlanker Hund sein. Übergewicht bedeutet Mehrarbeit für den Hund, der die überzähligen Pfunde mit sich herumschleppen muss. Bei Welpen könnte Magerkeit und eine aufgedunsene Magenpartie auf Wurmbefall hindeuten. Man tut also gut daran, die Exkremente regelmäßig zu überprüfen und bei Verdacht vom Tierarzt analysieren zu lassen.

Übergewichtige Hunde bekommen gewöhnlich zu viel zu fressen und haben gleichzeitig zu wenig Bewegung. In den Vereinigten Staaten sind laut einer Studie fünfundzwanzig Prozent der Hunde übergewichtig, einige davon fettleibig. Neben den üblichen Gründen (die Kinder, die dem Hund das Mittagessen füttern, das sie selbst nicht mögen, oder die Nachbarn, die ihm ständig Leckerbissen zustecken) ist nach unserer Erfahrung oft eine unbewusste Projektion eigener Bedürfnisse daran schuld, dass ein Hund zu viel zu fressen bekommt. Überfütterung resultiert häufig aus dem Wunsch, einen (vermeintlichen) Mangel in der Beziehung Mensch-Hund zu kompensieren – zu wenig Zeit zum Beispiel. Aber zu viel Futter schadet dem Hund nur: Übergewichtige Hunde sterben früher und können ernste gesundheitliche Probleme bekommen. Mehr Auslauf und weniger Essen halten den Hund gesund (und den Besitzer ebenfalls). Bei großen Rassen, die ohnehin durch ererbte Hüftgelenkdysplasie gefährdet sind, kann Übergewicht das Fortschreiten der Erkrankung fördern. Dass kastrierte Tiere automatisch zunehmen, ist ein Mythos. Mit der richtigen Futtermenge bleiben sie in Form.

Ein stumpfes, glanzloses, unansehnliches Fell ist oft ein Hinweis auf Mangelernährung, etwa wenn zu viel fettarmes Fertigfutter gegeben wird. Das Fett in der Nahrung versorgt die Talgdrüsen der Haare und verleiht dem Fell gesunden Glanz. Gute Erfahrungen haben wir mit Distel- oder Leinsamenöl gemacht, von dem man pro Mahlzeit einen Teelöffel ins Futter gibt. Diese Öle haben einen hohen Anteil an ungesättigten Fettsäuren und rufen selten allergische Reaktionen hervor.

Viele Hunde neigen zu Koprophagie oder Kotfressen, eine Angewohnheit, die auf Mangelernährung hindeuten oder eine Unart sein kann. In diesem Fall müssen Sie die Entleerung des Hundes überwachen und ihn danach sofort hereinrufen. Entfernen Sie anschließend den Kot, besonders dann, wenn der Hund später Zugang zu der Stelle hat. Hunde, die in Zwingern ohne Auslauf leben und unbeaufsichtigt sind, werden oft aus Langeweile zu Kotfressern. Eine weitere Ursache kann aber auch sein, dass dem Organismus des Hundes ein Enzym fehlt und das Tier den Mangel durch Kotfressen auszugleichen sucht. Weil es so viele mögliche Ursachen gibt, sollten Sie zunächst einen Tierarzt zu Rate ziehen, um auszuschließen, dass es sich um etwas Ernstes handelt. Falls keine Mangelerscheinung vorliegt, sondern das Kotfressen Ihres Hundes lediglich eine schlechte Angewohnheit ist, sollten Sie etwas dagegen tun. Eine Mischung aus Essig und Tabascosoße, über den Kot geschüttet, verleidet dem Hund diese Unart erfahrungsgemäß so nachdrücklich, dass man sich weitere Maßnahmen ersparen kann.

Verhaltensprobleme und Ernährung

Verhaltensprobleme Ihres Hundes können eventuell durch eine Ernährungsumstellung gelöst werden. William E. Campbell hat in seinen Untersuchungen zur Ernährung von »Problemhunden« festgestellt, dass die allgemeine Tendenz zu höherer Protein- und verringerter Kohlehydratzufuhr in zweifacher Hinsicht wirkt. Zum einen prägen sich offenbar Befehle und Signale besser im Gedächtnis ein; zum anderen sind die Hunde weniger nervös und weniger leicht reizbar gegen Umwelteinflüsse wie vorbeifahrende Wagen, Fremde, bellende Hunde und laute Geräusche. Campbell rät daher, die Ernährung mit einem Produkt anzureichern, das Vitamine, Mineralien, Aminosäuren und

Enzyme enthält, sowie zwischen 100 und 500 mg Nicotinamid hinzuzufügen, um mögliche Thiamin- oder Niacinmängel auszugleichen, die oft Ursache für Hyperaktivität und Nervosität sind. Er bezeichnet die Hinzufügung als eine gute »Verhaltensvorsorge«. Unsere Arbeit mit Problemhunden bestätigt diese Feststellung. Menschen, die selbst Vitaminpräparate verwenden und bewusst gesund essen, zeigen sich überwiegend aufgeschlossen für diese Überlegung, während Familien mit vom gesundheitlichen Standpunkt her nachlässigen Essgewohnheiten häufig auch ihre Hunde falsch ernähren.

Bei Problemverhalten schlagen wir gewöhnlich vor, dass dem betreffenden Tier ab sofort keine Leckereien mehr gegeben und alle Nahrungsbestandteile, die rote Farbstoffe und/oder große Mengen Kohlehydrate enthalten, vorläufig abgesetzt werden. Wir empfehlen zwei Fütterungen am Tag, um Hungerspannungen zu vermeiden. Schließlich erklären wir unseren Kunden, wie man Etiketten und Packungen mit Hundenahrung richtig beurteilt und die Werbepsychologie der kommerziellen Hersteller durchschaut.

Wenn Sie wegen irgendwie gearteter Ernährungsprobleme einen Tierarzt konsultieren, empfiehlt es sich, den Speisezettel Ihres Hundes aus jüngster Zeit genau wiederzugeben. Nur so kann der Tierarzt sich ein zutreffendes Bild von dem machen, was Ihrem Hund fehlt.

12. Hundepflege

Vor einigen Jahren brachte uns eine Hundehalterin, immer wenn sie verreisen wollte, ihren Neufundländer. Sie bat uns jedes Mal, auch die Fellpflege zu übernehmen. Damals boten wir diesen Service noch an, daher konnten wir nicht ablehnen, aber wir erinnern uns immer noch gut daran, wie anstrengend und unangenehm diese Aufgabe war. Der Hund war nicht daran gewöhnt, angefasst zu werden; sein Fell war verfilzt und stumpf, und er war immer sehr verdreckt. Nachdem wir das einige Male gemacht hatten, fragten wir die Frau, warum sie ihren Hund nicht selbst regelmäßig pflegte, da ein sauberer Hund doch auch für sie sehr viel angenehmer sein müsste. Sie reagierte nahezu erstaunt. »Lieber Himmel, wie soll ich das denn machen? Curly ist zu groß und widerspenstig. Ich werde mit ihm einfach nicht fertig. Wenn ich ihn bürsten will, fängt er an zu winseln und weicht mir aus. Und die Krallen! Sogar unser Tierarzt muss ihn betäuben, um sie zu kürzen. Curly lässt sich das sonst nicht gefallen!«

Dieses Problem haben viele Hundehalter. Es entsteht, wenn der Hund nicht schon als Welpe an die Fellpflege gewöhnt wird. Es ist viel leichter, einen fröhlichen, neugierigen Welpen zu bändigen als einen unwilligen Koloss von Neufundländer oder jede andere Rasse. Die Gewöhnung eines jungen Hundes an regelmäßige Pflege ist für die Gesundheit des Tieres notwendig, und daher sollte ein Welpe schon frühzeitig lernen, den Kamm oder die Bürste zu genießen. Hier geht es nicht um kosmetischen Schnickschnack. Ein Hund, dessen Krallen nicht gekürzt werden, kann eine ganze Reihe von Gesundheitsprobleme bekommen – bis hin zu Rückenschmerzen, weil er mit eingewachsenen Nägeln nicht richtig laufen kann. Hundeohren, die nicht mindestens einmal wöchentlich gereinigt werden, können verstopfen, von

Pilz befallen werden oder sich entzünden. Hunde, die nicht gebürstet werden, riechen oft unangenehm, sind anfälliger für Ungeziefer aller Art und entwickeln schneller Hautprobleme. Augen, die nicht ausgewischt werden, können verkrusten, was gewöhnlich zu Bindehautentzündung führt. Um all diese Dinge kann ein Hund sich nicht selbst kümmern – dazu braucht er Sie. Und genau wie die Massage festigt regelmäßige Pflege die Beziehung zwischen Mensch und Hund, während sie Ihnen gleichzeitig Gelegenheit gibt, den allgemeinen Gesundheitszustand des Hundes zu überprüfen. Wer seinen Hund wöchentlich pflegt, merkt rasch, wenn etwas mit ihm nicht stimmt, und ertastet oder entdeckt Anomalien wie Hautveränderungen, Geschwulste oder Wunden. In Anbetracht der Tierarztkosten, die dann entstehen, wenn sich kleine Wehwehchen zu ernsthaften Gesundheitsproblemen auswachsen, ist die Fellpflege mehr als nur sinnvoll.

Welpenpflege

Wir beginnen schon sehr früh damit, den Welpen an die Fellpflege zu gewöhnen. Zum Beispiel ist es wichtig, Welpen schon in der zweiten Woche ihres Lebens die Nägel zu stutzen, so dass sie die Mutter beim Säugen nicht verletzten. Etwa zur gleichen Zeit streichen wir ganz sanft mit einer weichen Bürste über sein Fell, damit er das Gefühl kennenlernt. Wenn er etwas älter ist, untersuchen wir auch Ohren, Zähne und Gaumen. Für die meisten Welpen ist diese Gesundheitsvorsorge bald ganz normaler Bestandteil des Alltags. Hätte Curly als Welpe regelmäßige Fellpflege erfahren, hätte seine Besitzerin später keine Schwierigkeiten mit ihm gehabt und wohl mehr Freude an einem weniger schmutzigen und stinkenden Hund gehabt.

Wenn Sie einen Welpen bei einem Züchter kaufen, fragen Sie ihn, wie oft der Hund schon gepflegt wurde und auf welche Eigenheiten Sie achten müssen. Langhaarige, pflegeintensive Rassen wie Afghanen, Bobtails, Briards oder Shih-Tzu brauchen tägliche Pflege und verschiedene Pflegegeräte, während kurzhaarige Rassen wie Dobermann, Labrador und viele Jagdhunde nur einmal wöchentlich gebürstet werden müssen. Stockhaarige Tiere wie Schäferhunde oder Huskys haaren stark, daher sollten sie mindestens zweimal wöchentlich mit einer Zupfbürste und einem Trimmmesser gepflegt werden. Während des Fellwechsels im Frühling und Herbst muss es vielleicht sogar täglich sein. Fragen Sie den Züchter. Falls Sie einen Hund aus dem Tierheim oder einen älteren Hund von einem Nicht-Züchter haben, können Sie einen Termin bei einem Hundefriseur machen, wo man Ihnen zeigt, welche Pflege für Ihren Hund die beste ist.

Die Pflegeroutine

Wir haben die Erfahrung gemacht, dass ein Welpe schnell lernt, sich auf die Pflege zu freuen und sie zu genießen. Beginnen Sie mit sehr kurzen Einheiten in einer entspannten und gut gelaunten Atmosphäre. Sprechen Sie ruhig auf den Welpen ein, während Sie ihn bürsten. Lassen Sie der Pflege ein Spielchen oder einen Leckerbissen folgen. Manche Halter haben keine Probleme, den Welpen auf dem Boden zu bürsten, andere kommen damit nicht zurecht. Heben Sie den Hund, wenn es nötig ist, auf eine nicht rutschige Oberfläche – das kann ein Tisch, eine Waschmaschine oder eine niedrige Mauer mit einer Gummimatte als Unterlage sein – und denken Sie immer an seine Sicherheit. Halten Sie das Tier mit einer Hand fest, während Sie es so bürsten oder kämmen, wie sein Fell es erfordert. Dringen Sie bis zur Haut durch. Dadurch entfernen Sie abgestorbene Haare, verteilen das Hautfett gleichmäßig und regen die Durchblutung an. Gleichzeitig untersuchen Sie das Fell auf Ungeziefer, Zecken, Kratzer und Unebenheiten.

Ob Ihr Hund Flöhe hat, lässt sich nicht nur daran erkennen, dass er sich ständig kratzt (und Sie sich wahrscheinlich auch); legen Sie ein weißes Tuch unter den Hund und gehen Sie mit dem Kamm durch sein Fell. Sollten sich auf dem Tuch dunkle Krümel (Flohkot) zeigen, behandeln Sie Ihr Tier gegen Flöhe, selbst wenn Sie keine auf dem Fell hüpfen sehen. Auch wenn manche Menschen auf Hausmittel wie Zedernshampoo und Bierhefe schwören, sind manchmal drastischere Maßnahmen gefordert. Mit Flohhalsbändern oder Flohpuder haben wir bisher nicht viel Glück gehabt. Systemische Produkte haben sich als weit hilfreicher erwiesen. Auf jeden Fall empfehlen wir, nicht nur den Hund zu behandeln, sondern sein Umfeld gleich mit. Flohlarven brauchen drei bis sechs Wochen, um sich zu entwickeln, und sie befinden sich nicht nur im Hundefell, sondern auch in Ihrem Teppich und auf Kissen und Matten, auf denen Ihr Hund liegt. Wenn Sie die Umgebung nicht mitbehandeln, lassen Sie neunzig Prozent der kommenden Flohpopulation am Leben und werden bald neue Probleme bekommen. Saugen Sie Ihr Haus oder Ihre Wohnung jede Woche gründlich, vor allem dort, wo Ihr Hund gewöhnlich liegt. Außerdem sollten Sie alle Hundematten, -kissen oder -decken regelmäßig waschen oder im Trockner behandeln. Falls Sie Insektizide verwenden müssen, um Ihr Haus flohfrei zu bekommen, vergewissern Sie sich bei Ihrem Tierarzt, dass sich dieses Produkt mit dem Mittel, das Sie für Ihren Hund verwenden, verträgt.

Auch auf Zecken müssen Sie Ihren Hund regelmäßig untersuchen, besonders wenn Sie mit ihm oft durch den Wald oder über Wiesen gehen. Falls Sie eine Zecke in der Hundehaut finden, entfernen Sie sie mit der Zeckenzange. Dieses Gerät zieht den Kopf des Parasiten mit heraus, so dass die Infektionsgefahr verringert wird. Zecken können Borreliose übertragen.

Wenn Sie das Fell des Hundes (inklusive Bauch, Läufe und Rute) gebürstet haben, überprüfen Sie als Nächstes Ohren und Augen. Massieren Sie die Ohren zunächst sanft, dann untersuchen Sie sie auf Schmutz, Kratzer, Rötungen und Parasiten. Sollten Sie einen unangenehmen Geruch wahrnehmen, kann das ein Anzeichen einer Entzündung sein. Weil der Gehörgang sehr empfindlich ist, sprühen wir den Hunden eine Reinigungslösung aus Apfelessig und Wasser in die Ohren. Wenn sich der Hund geschüttelt hat, tupfen Sie den Rest mit einem Wattepad ab. Gehen Sie niemals mit einem Wattestäbchen weiter ins Ohr, als Sie sehen können. Als Nächstes schauen Sie sich die Augen an. Achten Sie auf Rötungen oder Reizungen. Sekret wischt man am besten mit warmem Wasser aus den Augenwinkeln, während man den Hund dafür lobt, dass er es mit sich geschehen lässt. Wenn Sie Watte benutzen, achten Sie darauf, nicht das Auge selbst zu berühren, denn sie kann Reizungen hervorrufen.

Vergessen Sie das Maul nicht. Irgendwann in seinem Leben steht jeder Hundehalter vor dem Problem, seinem Hund ein Medikament oral verabreichen zu müssen. Dies wird Ihnen leichter gelingen, wenn der Hund daran gewöhnt ist, dass Sie ihm ins Maul schauen. Fassen Sie den Hund mit einer Hand am Ober- mit der anderem am Unterkiefer und öffnen Sie sanft seine Schnauze, während Sie ihn ausgiebig loben und sich seine Zähne ansehen. Obwohl es einigen wahrscheinlich übertrieben vorkommen mag, empfehlen manche Tierärzte, dem Hund regelmäßig die Zähne zu putzen. Damit beugen Sie außerdem »Maulgeruch« vor. Falls Sie sich dazu entscheiden, gewöhnen Sie Ihren Welpen sehr langsam daran und benutzen Sie eine Hundezahncreme. Spezielle Bürsten machen es Ihnen und Ihrem Hund leichter.

Zum Schluss müssen Sie dem Tier die Krallen kürzen. Ob Sie es glauben oder nicht – dies muss keinesfalls zu einem ständigen Machtkampf ausarten. Wenn Sie sich direkt von Anfang an jeden Tag mit den Pfoten Ihres Welpen beschäftigen und es mit etwas kombinieren, das er angenehm findet (den Bauch rubbeln, zum Beispiel), dann wird er der Pfotenpflege entspannt entgegensehen. Wichtig ist vor allem, nicht nachzulassen. Benutzen Sie eine speziell für Hunde entwickelte Krallenschere oder -zange und kappen sie nur die Spitzen, damit Sie keine Blutgefäße verletzen.

Die Pflege des älteren Hundes

Wenn Sie einen älteren Hund haben, müssen Sie vielleicht langsamer vorgehen, um ihn an das Krallenschneiden zu gewöhnen. Setzen Sie sich zu ihm auf den Boden, nehmen Sie seine Pfote in die Hand und massieren Sie sie sanft. Wenn er sie nicht wegzieht, loben Sie ihn und geben Sie ihm ein Leckerchen. Bleiben Sie ein paar Tage dabei. Als Nächstes üben Sie ein wenig Druck auf die Kralle aus und loben ihn wieder, wenn er Sie gewähren lässt, ohne die Pfote wegzuziehen. Wenn ihr Hund sich daran gewöhnt hat, dass Sie die Krallen berühren, zeigen Sie ihm die Schere und lassen Sie ihn daran schnuppern. Halten Sie die Pfote in einer Hand und kürzen Sie mit der anderen nur die Krallenspitze. Loben Sie ihn und geben Sie ihm eine Belohnung. Wenn Ihr Hund noch entspannt wirkt, kürzen Sie auch die anderen Krallen der Pfote, wobei Sie ihn jedes Mals loben. Belassen Sie es zunächst bei einer Pfote und kürzen Sie die restlichen Nägel in den folgenden Tagen. Gewöhnlich lässt sich ein Hund auf diese Weise schnell ans Krallenschneiden gewöhnen, so dass Sie bald alle vier Pfoten auf einmal pflegen können.

In den vergangenen Jahren haben wir uns für unsere Zucht hin und wieder einen erwachsenen Hund aus Deutschland geholt. Die Anpassung an unser Programm ging in den meisten Fällen problemlos vonstatten, aber bei dem einen oder anderen Hund mussten wir feststellen, dass er sich mit der regelmäßigen Fellpflege schwertat. Doch auch ein älterer Hund lässt sich ebenso daran gewöhnen wie an das Krallenschneiden.

Zunächst versuchen wir festzulegen, wie empfindlich der Hund auf Berührung reagiert. Viele Hunde haben grundsätzlich nichts dagegen, angefasst zu werden, sofern bestimmte Stellen – meistens Ohren, Seiten, Pfoten und Hinterteil – ausgespart werden. Nehmen Sie den Hund an die Leine, streichen Sie behutsam über den Rücken und probieren Sie nacheinander andere Stellen aus. Wenn Sie erst einmal wissen, wo der Hund es gerne hat, konzentrieren Sie sich darauf, bis er sich entspannt. Berühren Sie sanft und flüchtig seine empfindlichen Stellen, kehren Sie aber sofort zu den unbedenklichen zurück. Loben und belohnen Sie den Hund. Bleiben Sie die ersten Tage bei diesem Vorgehen und steigern Sie die Dauer der Berührungen nur langsam. Sobald der Hund sie akzeptiert, können Sie anfangen, sein Fell zu bürsten.

Sorgen Sie unbedingt dafür, dass das Hundefell frei von Knoten und Verfilzungen ist. Denn natürlich verabscheuen erwachsene Hunde die Fellpflege in den meisten Fällen deshalb, weil ihre erste Erfahrung mit Schmerzen verbunden war. Wenn das Fell Ihres Hundes ernsthaft verfilzt ist, gehen Sie mit ihm zuerst zu einem Profi, bevor Sie sich selbst an die Arbeit machen. Beginnen Sie mit leichten Bürstenstrichen an unbedenklichen Stellen, unterbrechen Sie häufig und loben Sie. Planen Sie nicht, das gesamte Fell auf einmal zu bürsten. Nehmen Sie sich lieber mehrere Tage in Folge Zeit. Falls Ihr Hund ein Kämpfer ist, lassen Sie sich von einem Familienmitglied helfen. Sobald Ihr Hund sich das Bürsten ein paar Mal gefallen lassen hat, können Sie mit längeren Einheiten beginnen und ihn schließlich in einer einzigen Sitzung bürsten.

Baden oder nicht?

Vor Jahren, als Shampoos noch voller aggressiver Chemikalien waren, die die natürliche Fettschicht der Hundehaut zerstörten, waren professionelle Hundeausbilder sich einig, dass Hunde höchsten dann gebadet werden sollten, wenn es unbedingt nötig war. Heutzutage sind Shampoos milder und unschädlich für den pH-Wert der Haut, so dass man einen Hund sogar einmal wöchentlich baden kann, ohne dass Haut und Haar austrocknen. Bestimmen Sie die Badehäufigkeit nach dem Geruch Ihres Hundes. Wenn er »nach Hund« riecht, ist es eindeutig Zeit.

Es ist sinnvoll, den Hund vor dem Bad gründlich zu bürsten, so dass sich die abgestorbenen Haare und Knoten aus dem Fell lösen. Ob Sie die Badewanne oder die niedrigere Duschwanne verwenden, bleibt Ihnen überlassen; probieren Sie aus, wo sich der Hund leichter festhalten lässt. Manche Besitzer baden ihren Hund am liebsten unter freiem Himmel. Legen Sie Handtuch, Shampoo und Wattebällchen (für die Ohren des Hundes, damit kein Wasser hineinläuft) in Reichweite. Wenn Sie einen beweglichen Duschkopf haben, benutzen Sie diesen. Halten Sie den Hund am Halsband und duschen Sie ihn behutsam vom Hals abwärts ab. Reden Sie beruhigend auf ihn ein. Massieren Sie ihm das Shampoo ein, spülen Sie es aus und beginnen Sie von vorne. Wenn Sie den Kopf des Hundes waschen, sorgen Sie dafür, dass die Wattebällchen seine Ohren schützen und keine Seife in seine Augen läuft. Indem Sie sich dem Kopf zum Schluss widmen, verhindern Sie, dass der Hund sich frühzeitig schüttelt und Sie ebenfalls durchnässt. Spülen Sie das Shampoo gründlich aus und streichen Sie unterstützend mit der Hand durchs Fell. Dann halten Sie ein Handtuch vor den Hund (um sich selbst zu schützen), und lassen Sie ihn sich mehrmals schütteln. Rubbeln Sie den Hund komplett ab – Kopf, Fell, Pfoten und Rute. Trocken Sie ihn danach entweder mit einem speziellen Hundefön oder packen Sie ihn (bei kühlerem Wetter) an einen warmen Ort, bis er vollständig trocken ist.

13. Die innere Dimension der Ausbildung: Am Anfang steht die Beziehung

Hundeausbilder können entsetzlich streng sein; manche nehmen kein Blatt vor den Mund, wenn es darum geht, ihre Kunden auf Fehler hinzuweisen. Doch die meisten freuen sich, wenn Sie merken, dass ihre Arbeit Früchte trägt. Zu beobachten, wie sich die Beziehung zwischen Hund und Halter entwickelt, ist eine der befriedigendsten Erfahrungen, die ein Trainer machen kann. Einmal kam eine Hundehalterin mit ihrem Golden Retriever Jessie zu uns, der an unserem dreiwöchigen Grundkurs teilnehmen sollte, obwohl die beiden in ihrem täglichen Miteinander eigentlich keine Probleme hatten. Die Frau erklärte uns jedoch, sie habe das Gefühl, sie und ihr Hund hätten eine innigere Beziehung nötig, und um dieses Ziel zu erreichen, wollte sie gern einiges an Mühe und Zeit investieren.

Wir empfahlen ihr Bücher und Zeitungsartikel, die sie lesen sollte, während ihr Hund bei uns war, und versicherten ihr, dass wir am Schluss des Kurses auf viele Themen näher eingehen würden. Als wir uns dann zu dem letzten Gespräch trafen, war sie gut vorbereitet; sie hatte ihre Hausaufgaben gemacht und wusste recht genau, wie sie ihre Beziehung zu ihrem Hund vertiefen wollte. Während der Demonstration achtete sie genau auf den Mönch, der mit ihrer Jessie arbeitete, bat ihren Freund, es aufzunehmen, und war eindeutig überglücklich, ihren Hund wieder in Empfang nehmen zu können. Nachdem sie eine Weile mit dem Hund gespielt hatte, hielt sie plötzlich nachdenklich inne. »Wissen Sie, Bruder«, sagte sie zu dem Mönch, der ihr Tier ausgebildet hatte, »ich lerne seit langem Ballett, und die Art, wie Sie mit Jessie arbeiten, erinnert mich an das, was ich beim Tanzen erfahren habe. Es sieht aus, als seien Sie und der Hund ein Team, das mühelos miteinander arbeitet. Und sie wirkt so gelöst und munter! Mein Freund hat mich vor einer solchen Ausbildung gewarnt, aber anstatt gedrückt und gebrochen zu wirken, ist sie wirklich aus sich herausgekommen. Auf dieser Grundlage kann ich bestimmt wunderbar aufbauen.«

Natürlich freuten wir uns sehr über die Bemerkung, aber nicht nur, weil es ein Kompliment für uns war. Sie hatte begriffen, wie sie die Beziehung zu Jessie mit eindeutig spirituellen Anklängen vertiefen konnte. Die Parallele zum Ballett drückte ihr harmonisches Ideal der Zweierbeziehung aus: diszipliniert, aber voller Anmut, ausgeglichen und stets respektvoll. Es war uns eine wahre Freude, ein paar Monate später eine Karte von ihr zu bekommen, auf der sie uns schrieb, ihr Verhältnis zu Jessie sei »noch nicht ganz choreografiert, aber dennoch so viel reicher und inniger. Vielen Dank für Ihre Hilfe!«

Die sanfte Methode von New Skete legt das größte Gewicht auf die Beziehung zwischen Hund und Halter. Jedes Training, das wir durchführen, dient vor allem dazu, dieses Miteinander zu fördern. Eine gesunde Beziehung entsteht aus einer rücksichts- und respektvollen Haltung dem Hund gegenüber, aber die können wir uns nur aneignen, wenn wir uns die Mühe machen, den Hund zu verstehen. Ja, eine gute Technik ist wichtig, aber nicht um ihrer selbst willen. Wenn ein Hund Verständnis und Zuneigung erfährt, spielt es weniger eine Rolle, nach welcher Methode er trainiert wird. Nach unserer Erfahrung reagiert er mit einer natürlichen Bereitschaft zu lernen und entwickelt mit der Zeit eine tiefe Loyalität zu seinem Menschen.

Das mag einige Menschen überraschen. Wir legen heute so häufig den Schwerpunkt auf Techniken und Methoden, dass wir annehmen, alles wird schon gut, wenn wir nur lernen, im richtigen Moment an der Leine zu rucken und die Befehle im erforderlichen Tonfall auszusprechen. Aber Hundeerziehung bedeutet viel, viel mehr. Genauso wichtig ist es, mit dem Hund zu kommunizieren und am Miteinander zu arbeiten. Hundeerziehung ist eine Herausforderung, da zwei lebendige, eigenwillige Parteien – Sie und Ihr Hund – aufeinandertreffen. In unserer Erfahrung sind die meisten Hunde recht berechenbar, wir Menschen jedoch weit weniger. Wenn Sie sich nicht die Mühe machen, sich selbst zu überprüfen und vielleicht sogar zu analysieren, übertragen Sie eine mögliche negative Haltung auf das Training und behindern dadurch den Lernfortschritt Ihres Hundes. Dass Sie Ärger mit Ihrem Chef oder Partner oder einfach nur einen schlechten Tag haben, versteht der Hund nicht; er bezieht solche Launen auf sich selbst und ist davon überzeugt, dass Sie wütend auf ihn sind.

Ein guter Ausbilder muss sich seiner selbst so bewusst sein, dass er auf jede Situation prompt, objektiv und ohne emotionales Gepäck reagieren kann. Das erfordert eine schonungslose Ehrlichkeit mit sich selbst. Horchen Sie vor dem Training in sich hinein, so dass Sie sich mit persönlichen Problemen, die vielleicht den Umgang mit dem Hund stören, auseinandersetzen können. Wenn Sie so in das Training mit Ihrem Hund gehen, wird sich Erstaunliches tun. Sie werden sich nicht nur besser auf Ihren Hund konzentrieren (was dem Hund wiederum hilft, effizienter zu lernen), sondern diese Haltung auch in Ihre zwischenmenschlichen Beziehungen mit hinübernehmen. Diese beiden Bereiche hängen eng zusammen. Hier in New Skete sagen wir gern: Du kannst kein besserer Trainer werden, ohne ein besserer Mensch zu werden.

Aus dieser Perspektive kann man Hundeerziehung mit spiritueller Disziplin in Einklang bringen. Das Problem bei vielen Ausbildungsmethoden ist, dass sie sich ausschließlich auf den Hund konzentrieren und den Ausbilder vergessen. Dann zählen nur die Techniken und das Endergebnis. Aber damit kann man das Verhältnis zum Hund tiefgreifend stören. Der oft zitierte Spruch »Der Zweck heiligt die Mittel« rechtfertigt Trainingsmethoden, die bei näherem Hinsehen nicht nur einen eklatanten Mangel an Sensibilität aufweisen, sondern auch moralisch fragwürdig sind. Einen Hund beispielsweise am Halsband hochzuzerren, mag ja ein Resultat erzielen, aber zu welchem Preis? Wie sieht der Hund Sie nun? Als Tyrannen, den man fürchten muss. Ist es das wert?

Wir glauben, dass es eine bessere Methode gibt, aber wir sind uns bewusst, dass man sich diese Einstellung erarbeiten muss. Wir glauben nicht daran, dass manche Menschen einfach von Natur aus mit Hunden gut zurechtkommen, während andere es nie schaffen, wie sehr sie sich auch anstrengen mögen. Obwohl es sicher wahr ist, dass manche Menschen intuitiv zu wissen scheinen, was zu tun ist, kann jeder mit ein wenig gutem Willen und Innenschau seine Haltung und sein Ausbildungstalent verbessern.

Dies ist kein religiöses Buch, und wir haben auch keinerlei Bedürfnis, Tierpflege mit religiösen Inhalten zu durchsetzen. Andererseits wäre es ein Versäumnis, wenn wir nicht darauf hinwiesen, dass zwischen menschlichen und hündischen Wesen eine tiefe spirituelle Verbindung besteht, die man herausarbeiten und entwickeln kann, wenn man sich selbst zu einer gewissen geistigen Disziplin erzieht. Meditation zum Beispiel ist für jeden Menschen sinnvoll, da sie uns zur Ruhe bringt und das Bewusstsein für unsere wahren Gedanken und Gefühle schärft. Erfahrung und eingehende Kenntnis unserer eigenen Persönlichkeit lässt uns besser und effektiver kommunizieren und agieren. Im Zusammenhang mit Hundeerziehung ist das von allergrößter Wichtigkeit.

Hunde sind beispielsweise sehr empfänglich für menschliche Stimmungen und Gefühle; sie lesen Ihre Körpersprache. Es ist schwer, sich einem Hund gegenüber zu verstellen. Wenn wir wütend, weinerlich, ungeduldig oder lustlos sind, merkt der Hund es, und das Training leidet, wie talentiert Sie als Hundeausbilder auch sein mögen. Deswegen raten wir Ihnen unbedingt, Ihrem Hund gegenüber eine aufrichtig positive Haltung zu entwickeln.

Setzen Sie sich zunächst hin und schweigen Sie eine Weile. Atmen Sie tief ein und aus, um die innere Balance zu finden. Lassen Sie Sorgen und Ängste los und konzentrieren Sie Ihre Gedanken auf Ihren Hund. Horchen Sie in sich hinein, welche Themen in Bezug auf Ihren Hund Sie beschäftigen, und machen Sie diese zum Ausgangspunkt Ihrer Trainingsstunde. Sobald Sie sich ruhig, entspannt und konzentriert fühlen, versuchen Sie, das Kommende zu visualisieren. Erinnern Sie sich daran, welche Schwierigkeiten Sie bei dem vorigen Training hatten, und gehen Sie die Übungen eine nach der anderen durch, während Sie sich vorstellen, wie sie dieses Mal ausgehen könnten und wie Sie selbst darauf reagieren wollen.

Diese gedankliche Einstimmung bewirkt zweierlei: Zum einen lenkt es all Ihre Energien auf die bevorstehende Übungsstunde, drängt mögliche ablenkende Faktoren zurück und konzentriert Sie ganz auf den Hund und Ihre Arbeit mit ihm.

Zum anderen machen Sie sich schon vorher mit dem vertraut, was Sie tun wollen. Eine Übungsstunde ist sehr viel erfolgreicher, wenn Sie stets ganz bei der Sache sind, Lob und Korrekturen prompt ausführen und nicht ständig über ablenkende Gedanken stolpern. Genauso machen es viele Leistungssportler: Sie gehen mental durch, was sie zu erreichen versuchen, so dass ihr Körper ganz natürlich reagiert.

Denken Sie positiv, und der Hund wird positiv reagieren. Bis vor kurzem hat man angenommen, dass manch ein Hund zwar in Übungsstunden brav gehorcht, im Alltag aber nicht, weil er die Umgebung und das Szenario erkennt. Indem man ihm beim Training die Möglichkeit zum Ungehorsam nimmt (zum Beispiel durch die lange Schleppleine bei »Hier« aus der Ferne), weiß der Hund, dass Widerstand zwecklos ist, und gehorcht. Aber hier spielt noch ein ganz anderer Faktor eine Rolle, nämlich die entspannte Haltung des Besitzers, der genau weiß, dass der Hund ihm nicht weglaufen kann. Anders, wenn der Hund frei läuft. Der Halter ist unwillkürlich angespannt, wodurch der Hund, der es bemerkt, entsprechend ungebärdig reagiert. Das nötige Vertrauen in den Hund und die daraus resultierende Gelassenheit entspringen aber wiederum einer Beziehung, die natürlich und ausgeglichen ist.

Eine positive Grundhaltung bedeutet nicht, dass es keine Grenzen oder Disziplinarmaßnahmen für unkorrektes Verhalten geben darf. Die Beziehung zwischen Mensch und Hund ist genauso wenig eindimensional wie die zwischen Mensch und Mensch. Zu einer solchen Beziehung gehören Anleitung, Korrektur, Ausbildung und Spiel, Gemeinschaft und Phasen des Alleinseins. Sich diese Dimensionen bewusst zu machen, ist der erste Schritt, sie in die Beziehung zu integrieren. Sie spiegeln das Rudelleben in der Wildnis.

Wie bereits gesagt, sind solche Beziehungen in einem gesunden Respekt verankert. In unserem Klosterleben haben wir die Erfahrung gemacht, dass wahrer Gehorsam auf Gegenseitigkeit beruht. Hier geht es nicht einfach nur darum, dass der Hund pariert. Die Grundbedeutung des Wortes Gehorsam ist im Verb »hören« bzw. »Gehör schenken« verwurzelt. Wenn wir das auf die Ausbildungssituation übertragen, bedeutet das, dass wir auf den Hund hören, ihm *zu*hören, um herauszufinden, was er in der jeweiligen Situation benötigt. Es bedeutet eben auch, unsere Alltagssorgen beiseite zu schieben und uns ganz auf die Beziehung zu dem Hund einzulassen, so dass alles, was wir zu ihm sagen, klar, schlicht und frei von emotionalem Ballast ist.

Die Umwelt

14. Lebensräume des Hundes

In unserer durchstrukturierten Zivilisation gibt es vier von einander grundsätzlich verschiedene Umweltsituationen: Städte, Vororte, ländliche Gebiete und »unkultivierte« freie Natur. Jeder dieser Lebensräume prägt den Hund auf eine ganz spezifische Weise. Entgegen einem weit verbreiteten Vorurteil gibt es den idealen Lebensraum für Hunde nicht. Der Irrglaube, dass kein Hund in einer Großstadt glücklich leben könne, wird täglich von Tausenden fröhlicher Vierbeiner widerlegt, die durchaus harmonisch mit Verkehrslärm, Abgasen, hastenden Menschenmengen und Raummangel existieren können. Weder garantiert ein Leben auf dem Lande ideale Umweltbedingungen, noch muss ein Hund in der Großstadt automatisch seelisch verkrüppeln.

Es geht über den Rahmen dieses Buches hinaus, alle im jeweiligen Umfeld auftretenden Probleme zu erörtern; vielmehr wollen wir die wichtigsten Fragen klären, die es in den unterschiedlichen Situationen zu beantworten gilt. Manche Hunde verbringen ihr Leben abwechselnd in allen vier Lebensräumen, andere leben ausschließlich an einem Ort. Welcher Art die Umgebung auch sein mag, der kluge Hundehalter gibt sich nicht damit zufrieden, für etwaige Verhaltensstörungen ausschließlich den betreffenden Lebensraum verantwortlich zu machen. Zwar trifft es zu, dass verschiedene Umgebungen Neurosen auslösen können, doch wird es Ihnen mit einer vernünftigen Erziehung im Allgemeinen gelingen, Ihrem Hund bei deren Überwindung zu helfen.

Schrecken Sie nicht allein Ihres Wohnortes wegen vor der Anschaffung eines Hundes zurück. Hunde können fast überall zufrieden leben, wenn ihre Grundbedürfnisse befriedigt werden. Das enthebt den Hundehalter nicht der Verantwortung, sich mit der Umweltsituation seines Hundes auseinanderzusetzen und sie so gesund wie möglich zu gestalten. Die folgenden Kapitel sollen Ihnen dabei helfen.

15. Leben in der Stadt

Ist es unmöglich, in der Großstadt einen Hund zu halten? Offenbar lautet die Antwort nein, denn Zehntausende tun es. Sie besitzen Hunde aller Rassen und Größen, und nicht nur die typischen Schoßhunde. Die wachsende Kriminalität in den Ballungszentren veranlasst viele Menschen, sich große Hunde mit »Schutzimage« anzuschaffen. Deutsche Schäferhunde etwa und Dobermann-Pinscher erfreuen sich auch in Großstädten zunehmender Beliebtheit. Es ist in einer Großstadt durchaus möglich, einen glücklichen Hund zu haben, aber es erfordert Zeit, Hingabe und Geld.

Eines der wohl größten Probleme dabei ist die notwendige tägliche Bewegung für den Hund. Als Hundehalter in einer Großstadt sollten Sie sich an ein Bewegungsprogramm von mindestens zwei, vorzugsweise aber drei täglichen Spaziergängen gewöhnen. Hundehalter, die arbeiten, können ihren Hund durch Bekannte oder professionelle Hundesitter ausführen lassen. Die Länge des Spaziergangs wird dabei von der Rasse Ihres Hundes abhängen. In keinem Fall genügt es, dem Hund nur einige kurze Verdauungsspaziergänge zu gewähren. Er sollte Gelegenheit haben, seinen natürlichen Bewegungsdrang mehrmals täglich auszutoben. Da es in den meisten Großstädten strikte Vorschriften für das Anleinen von Hunden gibt, werden Sie Ihren Vierbeiner während des Spaziergangs sehr wahrscheinlich an der Leine führen müssen. Das Bewegungsbedürfnis Ihres Hundes ist wetterunabhängig. Er braucht seinen täglichen Auslauf im Sommer wie im Winter, bei schönem und bei schlechtem Wetter. Da Sie im hektischen Getriebe der Großstadt kaum die Möglichkeit haben werden, Ihren Hund einfach vor die Tür zu lassen, bleibt Ihnen die Pflicht, Ihrem Hund ausreichenden Auslauf zu verschaffen, nicht erspart. Diese Tatsache erschwert die

Hundehaltung in der Großstadt natürlich enorm. Dennoch sind derartige Schwierigkeiten überwindbar. Gleichgültig, wo ein Hund lebt, er benötigt überall die gleiche Bewegung. Nur muss der Großstadthund in der Regel mit Spaziergängen an der Leine vorliebnehmen.

Viele Leute lösen das Bewegungsproblem, indem sie Sportarten wählen, die der Hund mitmachen kann – sie gehen beispielsweise mit ihm laufen oder im Sommer schwimmen. Außerdem gibt es in einigen Großstädten Hundewiesen oder große eingezäunte Flächen, wo die Hunde spielen, trainieren und sich lösen können, während die Hundehalter gemütlich miteinander plaudern, Kaffee trinken oder lesen. Für einen Hund mit dem geeigneten Temperament ist das eine wunderbare Gelegenheit, ohne Leine herumzutollen. Stellen Sie aber vorher sicher, dass der Auslauf überwacht ist und die bereits spielenden Hunde keine aggressiven Beißer sind. Natürlich müssen auch Sie Ihren Hund im Auge behalten und dafür sorgen, dass er sich benimmt.

Für Hundehalter mit großen oder sehr aktiven Rassen empfiehlt sich das Fahrrad, am besten in Kombination mit einem Abstandshalter, der ein hohes Maß an Sicherheit gewährleistet. Stadtparks sind für ein solches Bewegungstraining besonders geeignet, da dort minimaler Verkehr herrscht. Natürlich können Sie Ihrem auch Hund beibringen, Sie beim Inlineskaten zu begleiten. Vergessen Sie nur nicht, dass beides für den Hund eine neue Situation bedeutet, an die er sich möglicherweise erst anpassen muss, also gehen Sie es langsam an. (Siehe Kapitel 26 »Fitness für Hunde«)

Als großstädtischer Hundehalter sollten Sie Ihrem vierbeinigen Begleiter eine der wichtigsten Lektionen beibringen: das Apportieren. Zehn Minuten Apportierarbeit verschaffen dem Hund eine Menge gesunder Bewegung und trainieren die Muskeln besser als einfaches Spazierengehen. Eine Apportierstunde sollte zum täglichen Programm des Großstadthundes gehören, aber verwenden Sie vorsichtshalber eine lange Nylonleine oder ein Seil, das hinter ihm herschleift, wenn er seiner Beute nachjagt. So haben Sie immer die Kontrolle über Ihr Tier, falls es aus Übermut beschließt, mit Ihnen »Fang mich doch« zu spielen.

Frisbees, Stöckchen oder ein alter Fußball ohne Luft sind Gegenstände, die der Hund leichter wiederfindet als einen gewöhnlichen Tennisball. Frisbees sind übrigens bei Hundehaltern sehr beliebt; es gibt inzwischen sogar Wettbewerbe im Frisbeefangen.

»Ich würde mir hier in der Stadt nie einen Hund zulegen – er würde ja niemals frische Luft bekommen!« Dieser oft geäußerte Einwand ist nicht ganz unberechtigt. Es gibt Großstädte, in denen die Luftverschmutzung beängstigende Ausmaße erreicht hat und wo die Luft in der Wohnung gewöhnlich reiner ist als die im Freien. Versuchen Sie für Ihren Hund die gleichen Vorsichtsmaßregeln zu treffen wie für sich selbst. Setzen Sie den Hund nicht unnötig giftigen Autoabgasen aus. Denken Sie auch daran, dass Ihr Hund gerade in diesem Punkt benachteiligt ist, weil seine Nase sich meist auf einer Ebene mit den Auspuffrohren der Fahrzeuge befindet und er allein dadurch den Abgasen stärker ausgesetzt ist als Sie. Versuchen Sie Ihren Hund wenigstens einmal am Tag weg von Asphalt und Pflaster auf Erde und Gras zu führen, und wenn es nur ein kleiner grüner Flecken ist. Raucher sollten darauf achten, ihrem Hund niemals Tabakrauch ins Gesicht zu blasen, auch nicht im Scherz.

Gegen Lärmbelästigung sind Hunde noch empfindlicher als gegen Luftverschmutzung. Autohupen, Sirenen, startende Flugzeuge, der Überschallknall von Militärmaschinen, das stete Dröhnen des Straßenverkehrs, der Lärm von Menschenmengen – unter all dem leidet der Großstadthund noch stärker als der Mensch. Treffen Sie deshalb auch hier dieselben Vorkehrungen für Ihren Hund wie für sich selbst. Meiden Sie nach Möglichkeit Baustellen, weil der unvermittelt loshämmernde Lärm von Pressluftbohrern, Dieselmotoren und anderen Maschinen selbst den am besten ausgebildeten Hund so erschrecken

Professionelles Hundesitting in der Großstadt

In Großstädten wird zunehmend ein Service angeboten, bei dem professionelle Tiersitter, manchmal in Begleitung eines Assistenten, ganze Rudel ausführen. Diese Rudel bestehen manchmal aus einem Dutzend Hunde. Obwohl wir die Idee, Hunde ausführen zu lassen, unbedingt unterstützen, sind wir der Meinung, dass die Anzahl der Hunde vier nicht übersteigen sollte, es sei denn, sie stammen aus demselben Haushalt und sind gut ausgebildet. Der Einzige, der von einer größeren Anzahl von Hunden profitiert, ist der Hundesitter: Er bekommt mehr Geld für weniger Zeitaufwand. Das geht jedoch zu Lasten Ihres Hundes:

- Je mehr Hunde gleichzeitig unterwegs sind, umso größer die Gefahr, dass Ihrer verloren geht. Der professionelle Tiersitter kann nicht hinterherlaufen, da er die anderen nicht alleinlassen darf.
- Die Rudeldynamik kann aggressives Verhalten fördern. Je größer die Hundegruppe, umso größer auch die Gefahr, dass es zu Beißereien kommt. Und das sowohl innerhalb des Rudels als auch mit anderen Hunden, die zufällig auf die Truppe stoßen.
- Wenn der Tiersitter den nächsten Hund holt, bindet er die, die er bereits abgeholt hat, oft draußen an und lässt sie allein.
- In solchen Rudeln werden häufig Hunde ganz verschiedener Größen zusammengefasst. Kleine oder junge Hunde könnten Probleme damit haben, Schritt zu halten, was zu Überlastung und Stress führt.

Wenn man von diesen Punkten absieht, ist ein verlässlicher Tiersitter für jeden von unschätzbarem Wert, der in der Großstadt einen gesunden Hund halten will. Der größte Vorteil: Ihr Hund kann in seinem vertrauten Umfeld bleiben, was wesentlich zu seinem Wohlbefinden beiträgt.

Lassen Sie sich von Ihrem gesunden Menschenverstand leiten, wenn Sie einen Tiersitter suchen. Holen Sie sich Referenzen von verlässlichen Quellen ein – Tierarzt, Tierheim oder Nachbarn, die einen solchen Dienst bereits in Anspruch nehmen. Fragen Sie die ausgewählte Person, was sie schon gemacht hat und wie viele Hunde sie gleichzeitig ausführen wird. Wenn Sie eine Person über eine Dienstleistungsgesellschaft engagieren, fragen Sie nach, ob sie registriert und versichert ist. Achten Sie während des Gesprächs darauf, welche Fragen die Person Ihnen stellt und wie sie sich Ihnen und Ihrem Tier gegenüber verhält. Wie reagiert Ihr Hund auf sie? Ist diese Person wirklich an Ihrem Hund interessiert oder nur daran, sich selbst zu verkaufen? Klären Sie, was Sie von der Person erwarten (zum Beispiel, wie lange der Hund spazieren gehen sollte) und natürlich wie viel es kosten wird. Erkundigen Sie sich auch, was die Person im Notfall tun, welche Maßnahmen sie ergreifen und wen sie anrufen würde. Vereinbaren Sie eine Probezeit, damit Sie eine Vorstellung davon bekommen, wie Ihr Hund und die Person miteinander auskommen. Und zum Schluss sollten Sie mit Hund und Sitter einen Spaziergang machen, um herauszufinden, wie er mit Ihrem Tier umgeht.

Sollten Sie mit dem Service einverstanden sein, geben Sie der Person einen Schlüssel, der sich nicht nachmachen lässt, aber hängen Sie kein Namens- und Adressschildchen daran. Heften Sie außerdem nahe der Eingangstür einen Zettel mit Notfallnummern (Tierarzt, Ihre Nummer im Büro, die eines Nachbarn etc.) an die Wand.

kann, dass er panikartig die Flucht ergreift. Brian Kilcommons hat eine interessante Methode erprobt, die sich bei Welpen und ängstlichen Hunden bewährt hat: Spielen Sie in Ihrer Wohnung Bänder oder CDs mit lauten Geräuschen (zum Beispiel Gewitter oder Großstadtlärm) ab, während Ihr Hund frisst. Indem Sie mit geringer Lautstärke beginnen, können Sie Ihren Hund schrittweise daran gewöhnen, eine solche Geräuschkulisse hinzunehmen.

Bedenken Sie, dass nicht alle Hunde das Nervenkostüm der Blindenhunde haben, die imstande sind, mit dem Stress des Großstadtlebens fertig zu werden, weil sie durch sorgfältige Ausbildung darauf vorbereitet wurden. Müssen Sie ein Gebiet durchqueren, wo der Lärm die Grenze des Erträglichen zu überschreiten droht, halten Sie den Hund an der kurzen Leine neben sich und legen Sie ihm eine Hand an den Hals, bis der Lärm nachlässt oder bis Sie die Lärmzone hinter sich haben. Dieser beruhigende Körperkontakt kann dem Hund helfen, den Lärm leichter zu ertragen.

In manchen Parkanlagen ist das Freilaufenlassen von Hunden nicht gestattet, aber auch dort, wo kein Verbot besteht, sollten Sie Ihren Hund nur frei laufen lassen, wenn er absolut gehorsam ist. Auch überlaufene städtische Parks und Grünanlagen können beim Hund Stress auslösen und seltsame Verhaltensweisen provozieren. Erlauben Sie dem Hund niemals, in einer Gruppe fremder Kinder frei herumzulaufen. Lassen Sie nicht zu, dass lärmende Kinder Ihren Hund umdrängen. Gruppen von durcheinanderschreienden Kindern haben schon oft zu Beißunfällen geführt oder verspielte Hunde zum Hochspringen ermutigt. Ein Kind, das spielerisch angesprungen wird, hinfällt und schreit, kann von einem Hund plötzlich als Beute angesehen werden, mit zuweilen tragischen Folgen.

Der Großstadthund muss jeden Tag eine große Menge fremdartiger Eindrücke verkraften. Die meisten Großstadtbewohner haben gelernt, ihre Sinneswahrnehmungen im Straßenverkehr weitgehend zu reduzieren und sich durch ein Menschengewühl zu arbeiten, ohne einzelne Gesichter zu unterscheiden. Hunde dagegen bleiben praktisch an jedem und allem interessiert, das ihnen begegnet. Auch müssen sie mit den verschiedenartigsten Reaktionen von Passanten fertig werden, Reaktionen, die von überschwänglicher Zärtlichkeit über Gleichgültigkeit und Furcht bis zu offenem Abscheu oder Feindseligkeit reichen. Daher ist es sinnvoll, Ihren Hund in der Ausbildung auf die Hektik vorzubereiten, die ihn erwartet. Gewöhnen Sie Ihren Hund an unbefangene Annäherungen und Liebkosungen wohlmeinender Zeitgenossen ebenso wie an Abweisung und Angstreaktionen.

Eine unangefochtene Führungsposition des Halters und Übung im Bei-Fuß-Gehen können den Hund zu einem zuverlässigen Begleiter machen, aber bedenken Sie, dass Bei-Fuß-Gehen in der Stadt immer schwieriger ist als auf Wegen im freien Gelände: Das Tier ist einfach stärker abgelenkt, und seine Nerven sind oft einer regelrechten Zerreißprobe unterworfen. Wenn Sie die in diesem Buch beschriebenen Ausbildungsmethoden zum Bei-Fuß-Gehen befolgen und in die Übungsstunden systematische Gewöhnung an Verkehr, andere Hunde, Menschenansammlungen einplanen, sollte es gelingen, Ihren Hund verkehrs- und straßensicher zu machen.

Auch die Benutzung von Fahrstühlen will trainiert sein. Gewöhnen Sie Ihren Hund zuerst daran, im leeren Aufzug zu fahren, ehe Sie ihm den Aufenthalt in einem vollen zumuten. Neigt Ihr Hund zu aggressiven Reaktionen oder zu einer Art Klaustrophobie, wenn er in ein Menschengedränge gerät, sollten Sie ihm derartige Erlebnisse ersparen. In unvermeidlichen Fällen halten Sie ihn am besten mit einer Hand an der kurzen Leine und fassen mit der anderen das Halsband, um ihn sicherer zu beherrschen und damit er Sie spürt. Allmähliche Gewöhnung an diese Situationen verbessert häufig die Anpassungsfähigkeit des Hundes.

Kein Hundehalter sollte so töricht sein, seinen vierbeinigen Weggenossen in städtischer Umgebung frei laufen zu lassen. Die Überlebenschance eines Hundes, der sich im Zivilisationsdickicht der Stadt verirrt, ist gering. Streunende Straßenhunde sind ständig in Gefahr, unter die Räder zu geraten oder von Hundefängern gejagt zu werden. Für sie wird das Leben bald zu einer Art Guerrillakrieg, zu einem täglichen Überlebenskampf gegen die Unbill des Molochs Großstadt. Untersuchungen an streunenden, herrenlosen Großstadthunden zeigen, dass diese Tiere in bemerkenswert kurzer Zeit verwildern und eine erstaunliche Geschicklichkeit entwickeln, wenn es gilt, sich den Verfolgungen und Nachstellungen professioneller Hundefänger zu entziehen.

Ebenso verantwortungslos ist es, mit einem unangeleinten Hund in der Stadt spazieren zu gehen. In New York begegneten wir einmal einem Mann, der ohne Leine mit seinem Dobermann unterwegs war. Die Haltung des Mannes verriet, wie stolz er auf seinen Hund war, und das Tier war eindeutig hervorragend ausgebildet. Dennoch konnten wir über so viel Dummheit nur den Kopf schütteln. Schon ein kleiner Vorfall – eine Katze oder plötzlicher Lärm, der dem Hund einen Schrecken einjagt – kann zu einer Katastrophe führen. Es ist keine Schande, einen Hund an der Leine zu führen.

Die vielfältigen Beschränkungen, die ein Großstadthund seinem Besitzer zwangsläufig auferlegt, bringen es häufig mit sich, dass das Tier allein zu Hause bleiben muss. Es ist einfach nicht möglich, den Hund überallhin mitzunehmen. Selbst wenn der Hund bequem im Wagen bleiben könnte, ziehen viele Halter es vor, ihn in der Wohnung zurückzulassen; denn nicht zuletzt werden sehr viele Großstadthunde auch zu Schutz- und Sicherheitszwecken gehalten. Nicht jeder Hund jedoch verkraftet eine derartige Isolierung und zeigt daher schon bald die typischen hysterischen Reaktionen: dauerhaftes Bellen, zerstörerisches Kauen oder krankhafte Hyperaktivität. In solchen Fällen ist der Streit mit den Nachbarn programmiert, da ständiges Bellen oder Winseln auch den überzeugtesten Tierfreund zur Verzweiflung treiben kann. Ein Hund, der fortwährend Möbel und andere teure Gegenstände anknabbert, wird für den Besitzer bald zur kostspieligen Last.

Überlegen Sie daher, in welchen Räumen sich der Hund während Ihrer Abwesenheit aufhalten darf.

Manche Halter müssen ihren Hund so erziehen, dass er zunächst auf Zeitungspapier in der Küche koten darf, und bringen ihm dann später schrittweise bei, es draußen zu tun. Wir empfehlen, während dieser Zeit den Hund zum Beispiel mit einem Treppengitter für Kinder in die Küche zu sperren, bis er vollkommen stubenrein ist. Falls der Hund am Mittag einen ausgedehnten Spaziergang gehabt hat, ist das keine Quälerei. Wir würden in der Regel dem Hund erst mit eineinhalb bis zwei Jahren erlauben, sich frei in der Wohnung oder im Haus zu bewegen.

Heizungsrohre, Wasserleitungen und Entlüftungsschächte durchziehen ein Etagenhaus vom Keller bis zum Dach. Ein Hund, der in der Küche bellt, mit dem Schwanz gegen die Heizung schlägt oder im Wohnzimmer jault, wird wahrscheinlich mehrere Mitbewohner stören. Balkon oder Terrasse sind keine Aufenthaltsorte für einen unbeaufsichtigten Hund. Manche Hundehalter erziehen ihre Tiere zu regelmäßiger Entleerung auf Balkon oder Terrasse, ohne sich um die Belästigung der Nachbarn zu scheren.

Aus all dem wird mehr als deutlich, dass ein Hund auf das Leben in der Großstadt sorgfältig vorbereitet werden muss, weil die teilweise widernatürliche Umgebung dem Hund große Flexibilität abverlangt. Eine Gehorsamsausbildung, die zumindest die Lektionen des Bei-Fuß-Gehens, Sitzens, Liegens und Kommens auf Befehl einschließt, ist also unbedingt erforderlich. Bemühungen um eine bessere Isolierung der Wohnung gegen den Verkehrslärm kommen nicht nur den menschlichen Bewohnern zugute, und wenn man den Hund tagsüber allein lässt, ist es manchmal hilfreich, das Radio anzulassen. Der Langeweile und Einsamkeit des Hundes kann man durch ein Programm von Spaziergängen, Übungen, Massage, Pflege und geeignete Diät entgegentreten, wie es in verschiedenen Abschnitten dieses Buches beschrieben wird. Zu erwägen wäre auch die Möglichkeit, dem Hund einen

Gefährten zu geben. Denken Sie dabei nicht automatisch an einen weiteren Hund – eine Katze kann eine durchaus passable Alternative sein, vorausgesetzt, die beiden vertragen sich.

Hunde, die lange Zeit allein zubringen müssen, sollten ruhig begrüßt und verabschiedet werden. Vermeiden Sie dramatische oder ausgedehnte Abschiedsszenen und – ohnehin nutzlose Bitten, der Hund solle nicht bellen oder Gegenstände zerkauen. Bei der Rückkehr sollte man den Hund einfach, aber zärtlich begrüßen. Übermäßig gefühlvolle Begrüßungs- und Abschiedsszenen lassen den Hund in einem Zustand emotionaler Spannung zurück. Nach dem Weggang der Bezugsperson ist der Hund noch aufgeregt, weil er gestreichelt und liebkost und möglicherweise gebeten wurde, »brav« zu sein. Der Besitzer oder die Besitzerin mag beruhigt fortgehen, während der Hund mit einem emotionalen Stau zurückbleibt. Begrüßungs- und Abschiedsszenen dürfen nicht die Höhepunkte im Verhältnis zwischen Hund und Halter sein. Wenn Sie abends, beladen mit besonderen Leckerbissen, hereingestürmt kommen, um den Hund überschwänglich zu begrüßen, mag das zwar zum Abbau Ihrer Schuldgefühle beitragen, dem Hund tun Sie damit jedoch keinen Gefallen. Der psychologische Wecker des Hundes sagt ihm, wann er mit der Rückkehr seiner Bezugsperson rechnen kann. Er bringt sich für den glücklichen Augenblick, die Leckerbissen, das Spielen in Stimmung. Verspätet sich die Bezugsperson, kann die erwartungsvolle Vorfreude des Hundes in Frustration umschlagen, die sich dann in Winseln, Jaulen oder Bellen äußert.

Wenn Sie in einer Großstadt leben und mit Problemen dieser Art konfrontiert sind, beginnen Sie sofort mit der Umstellung Ihrer Begrüßungs- und Abschiedsszenen. Eine Gehorsamsausbildung wird Ihnen helfen, Ihre Führungsrolle gegenüber dem Hund zu behaupten.

Für welchen Hund entscheidet man sich in der Stadt?

Denken Sie daran, einen jungen oder älteren Hund für das Leben in der Stadt zu erwerben, so sollten Sie sich ernsthaft mit den Charaktereigenschaften verschiedener Rassen beschäftigen. Es mag bei oberflächlicher Betrachtung so scheinen, als eigne sich zum Beispiel ein Deutscher Schäferhund für das Stadtleben weniger als ein Pudel. Aber das muss nicht unbedingt stimmen. Ob ein Hund ein glückliches Leben auch in der Großstadt führen kann, hängt von den unmittelbaren Lebensbedingungen ab, aber auch vom Hund selbst. Viele Züchter sind sich des wachsenden Bedarfs an Schutz- und Begleithunden in den städtischen Regionen bewusst, und es gibt bereits welche, die selektiv Hunde züchten, die widerstandsfähig gegen Lärm und Unruhe sind und sich der städtischen Umwelt anpassen können. Beispielsweise sind Deutsche Schäferhunde aus bestimmten Zuchtlinien durch ihre große Anpassungsfähigkeit gut für das Stadtleben geeignet, während anderen diese Anpassungsfähigkeit völlig fehlt. Gleiches gilt für Pudel und andere Rassen. Es empfiehlt sich, diese Fragen mit einem erfahrenen Züchter zu erörtern. Ein guter Begleithund für die Stadt muss ausgeglichen sein, eine hohe Lärmtoleranz und gute Lernfähigkeit besitzen.

Andererseits sind die genetischen Manipulationsmöglichkeiten der Hundezüchter begrenzt, da die charakteristischen Merkmale einer Rasse erhalten werden müssen. Barsois sind Laufhunde, also werden sie immer eine Gelegenheit zu freiem Lauf benötigen, die in einer Großstadt schwierig zu finden ist. Malamutes, Huskys und andere Polarhunde werden sich niemals an die stickige Sommerhitze in einer Großstadt gewöhnen oder der Versuchung widerstehen können, gelegentlich ein kühlendes Loch zu graben. Während einzelne Individuen innerhalb einer Rasse gute Anpassungsfähigkeit zeigen mögen, sollten dennoch die Charakteristika der jeweiligen Rasse bei ihrer Wahl berücksichtigt werden. Lassen Sie sich von der Größe nicht täuschen.

Obwohl der Dobermann ein kraftvoller Hund ist, bringen die meisten Dobermann-Zuchtlinien ausgezeichnete Stadthunde hervor. Der Welsh Corgi, eigentlich ein Wachhund und Viehtreiber, hat mit rund 30 cm Schulterhöhe und einem Gewicht von 8 bis 10 kg »Wohnungsgröße«, ist aber außerordentlich aktiv und braucht sehr viel Bewegung.

Um den richtigen Stadthund auszuwählen, bedarf es vor allem einer objektiven Beurteilung der jeweils rassetypischen Merkmale. Versuchen Sie auch jemanden zu finden, der in Ihrer Stadt einen Hund dieser Rasse besitzt. Dies mag mit einem Anruf beim örtlichen Rassehundverein getan sein oder etwas mehr Mühe kosten, es lohnt sich aber in jedem Fall. Sollte es an Ihrem Wohnort keinen Verein für die Rasse geben, die Sie ins Auge gefasst haben, so erbitten Sie beim Verband für das Deutsche Hundewesen (VDH) die Anschrift des betreffenden Rassehundvereins oder der Zuchtbuchstelle für das Bundesgebiet. Dort wird man Ihnen gern die Anschriften von Züchtern oder auch von Haltern der gewünschten Rasse in Ihrer Stadt vermitteln.

Auch in der Großstadt ist es möglich, einen gesunden, harmonischen Hund zu haben – aber es erfordert doppelt so viel Einsatz und Zuwendung. Es ist falsch und gefährlich, einen Hund ausschließlich nach den Diensten zu beurteilen, die er seinem Herrn leistet. Ob dieser Dienst Schutz, Gesellschaft oder Statussymbol ist, die Funktion, in der ein Hund dient, sollte stets hinter der Qualität der Beziehung zwischen Hund und Halter zurückstehen. Der Hund sollte seinen Besitzer als Helfer und Führer begreifen. Der Hundehalter sollte im Leben des Hundes die Alpha-Figur sein. Ist das Verhältnis des Halters zu seinem Hund gekennzeichnet von Rücksicht, Verständnis und Liebe, so wird der Hund ihn (oder sie) mit unwandelbarer Treue, Standfestigkeit, Respekt und Freundschaft belohnen – gleich, wo er lebt.

16. Leben im Vorort

Vielleicht sind die Vororte die besten aller denkbaren Hundewelten, aber auch diese Umgebung stellt eigene Anforderungen. Während Vororthunde im Allgemeinen nicht so eingeschränkt, isoliert und kontrolliert leben müssen, wie ihre Artgenossen in den Städten es tun, stellt gerade die größere Freiheit den im Vorort lebenden Hundehalter vor Herausforderungen eigener Art.

Zwar herrscht in den Vororten zahlreicher Städte Leinenzwang, doch wird er von den Bewohnern nicht immer befolgt. Auch wird die Übertretung dieser Vorschrift in den Außenbezirken recht lax geahndet. Auf Spaziergängen wird man hier häufig Hunde beobachten können, die frei im näheren oder weiteren Umkreis ihres Zuhauses umherstreifen, aber immer wieder von selbst heimkehren. Manche Hundehalter halten dies für eine ausreichende »Beaufsichtigung« des Hundes.

Die einzig zufriedenstellende Lösung für das Problem freilaufender Hunde ist die Beschränkung ihrer Bewegungsfreiheit auf das eigene Grundstück, wenn sie nicht an der Leine ausgeführt werden. Denn genau dort gehören Hunde hin. Wenn man davon ausgeht, dass sich der Hund mindestens fünfzig Prozent der Zeit im Haus befindet und gut ausgebildet ist, so dass er auf Zuruf kommt, wird er das Grundstück mit größter Wahrscheinlichkeit nicht verlassen. Um kein Risiko einzugehen, empfiehlt es sich, den Garten einzuzäunen . Dennoch darf die Zeit an der frischen Luft immer nur ein Zusatz zum täglichen Gassigehen mit dem Besitzer sein. Ein weit verbreiteter Irrtum vieler Hundehalter in der Vorstadt ist der Glaube, der Hund bekomme im eingezäunten Garten genug Bewegung. »Aber er ist doch den ganzen Tag draußen«, wenden viele Besitzer ein, wenn wir zusätzliche Spaziergänge empfehlen. Aber Hunde, die allein im Garten sind, schlafen oft oder liegen nur gelangweilt herum.

Manche Vorortbewohner versteifen sich darauf, dass ihre Umgebung Freiraum genug bietet, um den vierbeinigen Hausgenossen einfach herumstromern zu lassen. Leider sind heute auch schon sogenannte »stille« Wohngegenden mit erheblichem Verkehr belastet, eine Tatsache, die jeden verantwortungsbewussten Hundehalter davon abhalten sollte, seinen Hund streunen zu lassen.

Auch im Vorortbereich kann es Schwierigkeiten geben, wenn Hunde tagsüber allein gelassen werden, während die Eigentümer arbeiten. Diese Tiere werden oft entweder im Haus oder im Garten eingesperrt, wo sie ihrer Frustration dann in der bereits erwähnten Weise Ausdruck verleihen. Häufig werden sie von anderen Hunden, die außerhalb des Grundstücks frei herumlaufen, zu allen möglichen Unarten angeregt. Ein Rüde wird immer bellend am Zaun hin- und herrennen und daran hochspringen, um seinen Herrschaftsanspruch zu demonstrieren, wenn draußen fremde Hunde vorbeiparadieren. Es kommt auch vor, dass ein Hund von seinem Grundstück aus durch den Zaun den Garten des Nachbarhundes einsehen kann. Oft müssen die Anwohner dann eine ganztägige Bellorgie mit zwei oder mehr Teilnehmern ertragen. Auch ohne Stimuli von außen neigen eingesperrte Hunde dazu, fortwährend zu kläffen.

Eine eigens für den Hund eingebaute Tür, die ihm freien Zugang sowohl zum Inneren des Hauses wie zum eingezäunten Garten gewährt, kann dieses Problem meist lösen. Ist der Einbau einer Hundetür nicht möglich, so versuchen Sie wenigstens, den Hund gegen die Reizflut der Außenwelt, etwa andere Hunde, Verkehr oder Passanten, abzuschirmen. Ein gut erzogener Hund sollte in der Lage sein, sich im Haus oder im Garten aufzuhalten, ohne bei jedem neuen Anblick oder Geräusch in wildes Gebell auszubrechen.

Viele Hundehalter sind verblüfft, wenn wir den Einbau einer solchen Hundetür empfehlen. Sie fragen, ob ein derartiger Durchlass nicht geeignet sei, Einbrecher zu ermutigen. Das ist nicht auszuschließen, aber auch ein Fenster oder eine gewöhnliche Haustür können Einbrecher locken. Eine kleine Öffnung, die offensichtlich für einen Hund bestimmt ist, wird von den meisten Einbrechern sicherlich nicht als Anreiz empfunden. Sie nehmen sich aus gutem Grund vor Haushalten mit Hunden in Acht, und die Hundetür zeigt an, dass Ihr Besitz bewacht wird. Ist eine Hundetür eingebaut, so kann der Hund den inneren wie den äußeren Bereich verteidigen.

Das Anketten eines Hundes ist verboten, es darf immer nur eine kurzzeitige Notlösung darstellen. Die ideale Vorortsituation, gleich ob die Besitzer zu Hause sind oder nicht, ist ein hinlänglich hoch und durchschlupfsicher eingezäunter Garten, mit dem Inneren des Hauses verbunden durch die erwähnte Hundetür. Sind diese Möglichkeiten nicht gegeben, so tut es auch ein kleiner Zwinger oder eine andere Art umzäunter Auslauf am Haus, vorzugsweise wiederum durch eine Hundetür mit dem Inneren des Hauses verbunden. Der Boden der Auslauffläche sollte aus Kies oder Rasen bestehen. Von einem betonierten Hof als Hundeauslauf ist abzuraten, denn Beton schadet den Hundepfoten. Seien Sie kreativ in der Gestaltung des Außenbereichs (siehe Kapitel 27 »Vermeiden Sie Gefängnissituationen«).

Häufig gibt es in der Vorstadt Schwierigkeiten zwischen dem eigenen Hund und den Tieren, die in unmittelbarer Nachbarschaft leben. Sehr sinnvoll ist es in solch einem Fall, gemeinsam eine Hundeschule zu besuchen. Auf diese Weise lernen die Hunde einer Gegend, miteinander umzugehen und die jeweiligen Halter als Alpha-Tiere zu respektieren. Falls Sie die anderen Hundehalter nicht für ein solches Projekt gewinnen können, reden Sie wenigstens mit ihnen und bitten Sie sie, ihre Hunde im Auge zu behalten. Aber seien Sie taktvoll – Hundehalter reagieren empfindlich, wenn man ihrem Tier Problemverhalten vorwirft.

Die Vorortumgebung kann einem Hund optimale Lebensbedingungen bieten. Aber der Hundehalter muss sich darüber klar sein, dass in Vororten, gerade im Verhältnis zur Bevölkerungszahl, die meisten Hunde leben. Wo aber viele Hunde leben, sind Ruhestörungen und Konflikte zwischen Hunden, aber auch zwischen Hundehaltern, nicht immer zu vermeiden. Die Vororte sind eben mit ländlicher Umgebung nicht zu vergleichen.

17. Leben auf dem Land

Zweifellos fühlen Hunde sich auf dem Lande außerordentlich wohl. Jedes Jahr sind Tausende von Menschen mit ihren Hunden im Urlaub. Sie reisen ans Meer, in die Mittelgebirge oder in die Alpen. Viele Kunden, die das Jahr über in der Stadt leben, haben uns von der erstaunlichen Wandlung berichtet, die ihr Hund durchmacht, sobald er sich am Urlaubsort eingewöhnt hat. Frische Luft, unverbaute Landschaft und Freiheit in sonst nicht gekanntem Ausmaß können bei einem Hund wahre Wunder wirken. Tiere, die das ganze Jahr auf dem Lande leben, erfreuen sich einer Umwelt, die dem Lebensraum ihrer wölfischen Vorfahren noch am ehesten ähnelt. Dennoch gibt es auch in dieser, ansonsten idealen Umgebung, einige Dinge zu bedenken, die gerade aus der relativen Freiheit des ländlichen Lebens herrühren. Sieht man einmal von dem Kettenhund ab, der manchmal auf dem Land noch anzutreffen ist, so geht die Vorstellung vom Hund auf dem Lande dahin, dass er sich nahezu ungezwungen überall dort bewegen kann, wo er möchte. Dies mag auf einige wenige Glücksfälle auch zutreffen, spiegelt aber gewöhnlich die menschliche Vorstellung von Hundefreiheit wider, die von der realen oft abweicht. Und manchmal handelt es sich bloß um Verantwortungslosigkeit. Unser Kloster befindet sich in einer ländlichen Gegend, in der wir vielen freilaufenden Hunden begegnen, und immer wieder hören wir Geschichten von Tieren, die angefahren wurden oder einen anderen schweren Unfall hatten. Landhunde sind in mancher Hinsicht gefährdeter als die, die in der Stadt leben, da viele Halter offenbar der Meinung sind, dass die Hunde auf sich selbst aufpassen könnten.

Ob Sie nun in der Stadt leben oder auf dem Land: Verbringen Sie Zeit mit Ihrem Hund. Und das nicht nur, weil Sie die Verantwortung für ihn tragen, sondern auch, um ihm zu geben, was er wirklich braucht: Ihre Gesellschaft. Dies sollte immer Priorität haben.

Wir haben viele sorgenvolle Hundehalter aus Stadt oder Vorort sagen hören: »Was unser Hund braucht, ist eine Familie auf dem Lande, die ihn aufnehmen würde – dann könnte er den ganzen Tag herumrennen.« Das Dumme ist nur, dass der Hund selbst auf dem Lande nicht »den ganzen Tag herumrennen« kann, ohne in Schwierigkeiten dieser oder jener Art zu geraten.

William, ein fünfjähriger Labrador Retriever, und Duffy, sein einjähriger Sohn, gehörten einer Familie, die im Hügelland von Vermont lebte. Die Frau bat uns um Hilfe, nachdem beide Hunde auf dem Gelände einer etwa fünf Kilometer von ihrem Heim entfernten Farm gemeinsam ein Schwein getötet hatten. William war nicht gerade ungeübt darin, derart über die Stränge zu schlagen. Er hatte schon mehrere Haustiere getötet, darunter viele Gänse. Duffy hingegen war ein Neuling auf diesem Gebiet, dafür verfolgte er Autos mit Leidenschaft. Beide Hunde wurden am Morgen hinausgelassen und um ungefähr siebzehn Uhr ins Haus gerufen. Die Versuche, sie zurückzuholen, blieben jedoch in dem Maße erfolglos, wie es den beiden Hunden gelang, sich ihre Abendmahlzeit selbst zu besorgen. Ihre Touren wurden immer ausgedehnter. Schließlich zigeunerten sie so lange herum, dass sie meist völlig erschöpft heimkehrten. Bei ihrer Ankunft pflegten beide Hunde sofort zu dem Baum zu gehen, an dem sie gewöhnlich zur Bestrafung angekettet wurden. Dort blieben sie dann den Tag über bis zum Abend an der Kette festgelegt; am Abend wurden sie wieder freigelassen, und das »Spiel« konnte von vorn beginnen. Auf die Frage, warum sie diese Prozedur hinnähmen, erklärte die Frau: »Na ja, wir wohnen auf dem Land, und ich dachte, hier könnten sie nicht viel Schaden anrichten.«

Nachdem sie ins Haus durften, veränderte sich das Verhalten von William und Duffy auf bemerkenswerte Weise. William ließ davon ab, Duffy zu unangenehmen Eskapaden zu verleiten, und beide Hunde verbrachten einen großen Teil des Tages schlafend. Um ihnen Bewegung zu verschaffen, musste man sie jedoch an die Leine nehmen, da die Hunde sich während ihrer Abenteuer eine bestimmte Route eingeprägt hatten und gelegentlich versuchten, ihre alten Jagdgründe aufzusuchen. Nach einigen Wochen Gehorsamsausbildung konnten die Hunde wieder auf den Hof gelassen werden und kamen ins Haus zurück, wenn man sie rief.

Sarah, eine elf Monate alte norwegische Elchhündin, lebte ebenfalls auf dem Lande. Das Grundstück ihres Eigentümers grenzte an eine Müllkippe. Sarah entdeckte diesen wunderbaren Spielplatz, als sie vier Monate alt war. In diesem Alter werden die meisten Junghunde allmählich selbständig und gehen im weiteren Umkreis ihres Heims auf Abenteuer aus – wenn man es ihnen erlaubt. Sarah liebte die Müllkippe und wurde von Autofahrern beobachtet, wie sie Essensreste fraß und leere Konservendosen ausleckte. Zwar wussten die Halter, wo sie sich aufhielt, es schien sie jedoch nicht zu stören, denn, wie die Besitzerin es ausdrückte: »Ich möchte, dass sie sich frei fühlt!« Sarahs »Freiheit« trug ihr bald sowohl Räude als auch eine Flohplage ein. Doch all das bewog ihre Besitzer nicht, sie von der Müllhalde fernzuhalten. Später begann sie, andere Hunde zu bedrohen, die »ihre« Müllkippe besuchten, und knurrte Autofahrer an, die ihre Wagen verließen, um Müll auszuleeren. Drohende Anrufe vom Aufseher der Müllkippe überzeugten die Hundehalter schließlich davon, dass sie die Hündin unter Kontrolle halten mussten, aber wann immer sie der Überwachung entgehen konnte, strebte Sarah der Müllkippe zu.

Beide Fälle zeigen, wie sehr Hundehalter auf dem Land das »Freiheitsbedürfnis« ihrer Tiere missverstehen. Die falsche Vorstellung, dass Hunde auf dem Land irgendwie ein Recht auf freies Umherstreifen hätten, ist kaum auszurotten. Oft hat dieses Missverständnis verhängnisvolle Folgen. William und Duffy konnte nur durch eine grundlegende Gehorsamsausbildung ihr zigeunerhaftes Treiben abgewöhnt werden. Sarahs Besitzer mussten die Hündin systematisch disziplinieren, um ihr aggressives Verhalten zu korrigieren.

In beiden Fällen dauerte das einige Zeit, denn verwilderte Hunde neigen stärker dazu, ihr Revier zu markieren, und fühlen sich von den eigenen Duftmarken immer aufs Neue animiert. Der Urin enthält Pheromone. Diese chemischen Substanzen werden von zahlreichen Tieren ausgeschieden, nicht nur von Hunden, und als Visitenkarten zur Kommunikation mit Angehörigen derselben Spezies gebraucht. Sie sind im Urin, im Kot und möglicherweise auch im Atem enthalten. Obwohl bei Rüden weit häufiger, löst Pheromon gelegentlich auch bei Hündinnen Aggressionen aus. William und Duffy hatten mit ihren Duftnoten erfolgreich ein Territorium mit einem Radius von fünf Kilometern »abgesteckt«. Sie betrachteten das Vieh in diesem Gebiet als ihr Eigentum. Sarah begriff die Müllkippe ohne Zweifel als eine Erweiterung ihres eigenen Hofes, und als sie ausgewachsen war, begann sie die Müllhalde zu verteidigen.

Es ist notwendig, dass Hunde, die auf dem Land leben, ihr Urinieren und Defäkieren auf das Gebiet unmittelbar um ihr Heim beschränken, wie sie es gewöhnlich auch in den Vororten tun. In der Stadt wird der Kot entweder entfernt oder an bestimmten Stellen abgesetzt, die meist von mehreren Hundehaltern der Umgebung aufgesucht werden, während die im Urin enthaltenen Pheromone an Bäumen, Hausecken, Lichtmasten und dergleichen durch Überlagerung von denjenigen anderer Hunde verwischt und ihre kennzeichnenden Eigenschaften zerstört werden. Dies eliminiert wahrscheinlich ein beträchtliches Maß von Aggression zwischen Stadthunden, die überdies meist angeleint und unter der Kontrolle ihrer Besitzer sind. Auf dem Land aber kann ein Hund von einem großen Revier Besitz ergreifen und sich dann gezwungen fühlen, es täglich zu durchstreifen und gegen wirkliche oder vermeintliche Eindringlinge zu schützen.

Gelingt es dem Halter nicht, das Leben seines Hundes so zu lenken, dass er seine Visitenkarten nur innerhalb des Hofbereichs hinterlässt, besteht kaum eine Chance, dem Streunen, der Aggression oder der Wilderei ein Ende zu setzen. Als hochwirksames Mittel hat sich der »unsichtbare Zaun« erwiesen, der in den letzten Jahren immer häufiger zum Einsatz kommt. Dabei wird ein Kabel am Rand Ihres Grundstücks (oder an der Begrenzung des Gebietes, das Sie »einzäunen« wollen) in die Erde oder auf den Boden gelegt. Ein verborgener Sender gibt ein Signal ab, das von einem Empfänger am Halsband des Hundes aufgefangen wird und dem Tier mit einem Ton anzeigt, sobald es sich der unsichtbaren Grenze nähert. Die meisten Hersteller bieten eine Schulung für Hund und Halter an, die es ihnen einfacher macht, das System zu begreifen und damit zu arbeiten. Für die meisten Hunde funktioniert dieses System sehr gut, aber es eignet sich hauptsächlich für ländliche Gegenden, da es Ihren Hund zwar innerhalb der festgelegten Grenzen halten kann, nicht aber fremde Hunde draußen. Dennoch ist es in unseren Augen ein wirksames und humanes Mittel, um Hunde vom Streunen abzuhalten.

Gewöhnlich haben Streuner ein bestimmtes Ziel, mögen sie unterwegs auch verschiedene Umwege gehen. Die Anziehungskraft dieses Zieles besteht mit ziemlicher Sicherheit in Nahrung, einer Gelegenheit, mit anderen Hunden zu kämpfen oder zu spielen, oder, für Rüden, eine Hündin aufzusuchen. Gelegentlich kommt es vor, dass ein wohlmeinender Zeitgenosse aus fehlgeleiteter Tierliebe Hunde um sich versammelt, indem er Futter auslegt oder verteilt. Ein Telefonanruf kann das unterbinden. Anderen Attraktionen ist dagegen schwieriger entgegenzutreten. Ein streunender Hund kann nur durch energische Disziplinierung auf die häusliche Umgebung umorientiert werden. Dazu gehört etwa, das Tier nur an der Leine auszuführen, wenn es sein Geschäft erledigen soll. Aber möglicherweise reicht das nicht aus. Streunende Hunde erkennen die Führungsrolle des Halters häufig nicht an, so dass man zunächst dieses Problem angehen muss. Das Gehorsamstraining fördert die Bindung zwischen Mensch und Hund. Außerdem sollten Sie in Erwägung ziehen, Ihren Hund kastrieren zu lassen. Studien haben ergeben, dass kastrierte Rüden sehr viel weniger streunen, da sie nicht mehr auf den Geruch einer läufigen Hündin reagieren.

Wenn Ihr Hund den Hühnern, Enten oder Lämmern der umliegenden Bauernhöfe nachstellt oder Rehe, Feldhasen und Fasanen wildert, müssen Sie dieselben Maßnahmen ergreifen. Wilderei ist oft schwer festzustellen, insbesondere dann, wenn der Hund außerhalb des eigenen Territoriums jagt. Er mag zu einer Meute wildernder Hunde gehören, in der zwei oder drei Tiere das Wild reißen und die anderen an der Mahlzeit teilnehmen. Wurde Ihr Hund in der Nähe eines gerissenen Tieres gesehen, so folgt daraus noch nicht schlüssig, dass er das Wild selbst gerissen hat, aber Sie sollten den Hund auf jeden Fall sofort und wirksam im häuslichen Bereich festhalten. Kein Jagdaufseher wird zögern, einen wildernden Hund abzuschießen. In den von Wildtollwut gefährdeten Bezirken kann sogar jeder freilaufende Hund erschossen werden. Es liegt auf der Hand, dass Hunde, die Weidevieh anfallen oder in Gatter eindringen, um Lämmer oder Geflügel zu reißen, höchst gefährdet sind.

Der Hund ist ein Raubtier und wird sich in vielen Fällen auch entsprechend verhalten. Eine komplizierte Situation: Hundehalter, die »friedliche Koexistenz« von freilaufenden Hunden und Hühnern wünschen, verlangen viel. Die meisten Hunde fühlen sich vom gackernden und flügelschlagenden Federvieh unwiderstehlich zu einer Verfolgungsjagd provoziert.

Dass es äußerst schwierig ist, einem Hund das Wildern abzugewöhnen, wenn er erst einmal »Blut geleckt« hat, scheint zu stimmen. Die Korrektur wildernder Hunde erfordert große Mühe und lässt sich am besten mit der sogenannten Doppelblindsituation lösen, in der der Hund nicht weiß, dass er beobachtet wird. Das erfordert die Geschicklichkeit und Geistesgegenwart eines fähigen Ausbilders. Wenn Ihr Hund chronisch wildert, sollten Sie so bald wie möglich einen erfahrenen Ausbilder aufsuchen und mit ihm entsprechende Gegenmaßnahmen besprechen. Hat Ihr Hund diese Gewohnheit jedoch erst vor kurzem angenommen, sind inszenierte Situationen und Diszipliniermaßnahmen, die noch während der Jagd greifen, die beste Lösung.

Eine Gehorsamsschulung mindestens bis zur Ebene des Kommens, Sitzens und Liegens auf Befehl ist unabdingbar, um die Führungsposition des Hundehalters, allen Widerständen zum Trotz, deutlich zu machen. Manche Ausbilder geben an, mit Erfolg Brechmittel verwendet zu haben, indem sie rohes Wildfleisch als »Jagdbeute« auslegten, das mit Brechmittel präpariert war, aber wir haben mit dieser Methode nicht viel Erfolg gesehen. Elektroschock-Halsbänder, die per Funk dem Hund bei unerwünschtem Verhalten einen Elektroschock verpassen, sind nach dem Tierschutzgesetz weitgehend verboten. In den letzten Jahren sind elektronische Mittel für den Einsatz in der Hundeerziehung immer ausgefeilter geworden, aber sie sind keine Lösung für Verhaltensprobleme. Besonderes Geschick und ein umfangreiches Wissen sind nötig, um solche Apparate einsetzen zu können, ohne dass es Tierquälerei ist. Holen Sie sich Hilfe bei einem professionellen Ausbilder, der sich mit dieser Art von Training auskennt und Sie bei der Lösung Ihres spezifischen Problems unterstützen kann.

Die meisten Hunde mit stark ausgeprägtem Raubtierverhalten verstehen sich selbst als Rudelführer, ein Charakterzug, der rasch berichtigt werden muss. Die Beziehung zwischen Besitzer und Hund bedarf einer wirksamen Neuordnung mit dem Menschen als Führer und der Beschränkung der Freiheit des Hundes auf sein unmittelbares Territorium. Im Fall von Raubtierverhalten auf dem eigenen Hof ist die Bestrafung durch einen Schlag unter die Kinnlade oder durch Anheben und Schütteln gewöhnlich erfolgreich, wenn ihr eine arrangierte Situation folgt, in dem der Hund die Chance erhält, der Versuchung zu widerstehen. Ein Hund zum Beispiel, der gerne hinter Katzen oder Eichhörnchen herjagt, kann für eine solche Situation mit einem zwanzig Meter langem Strick »präpariert« werden. Halten Sie sich mit Ihrem Hund zu der Zeit, zu der Sie eine solche Verlockung erwarten, auf dem Hof oder im Garten auf. Tragen Sie zur Sicherheit Handschuhe und beobachten Sie Ihren Hund. Lassen Sie ihn auf dem Grundstück umherlaufen und das Seil hinter sich her ziehen. In dem Augenblick, in dem er das

Tier sieht und zum Jagen ansetzt, schnappen Sie sich das Seil und laufen in die entgegengesetzte Richtung. Diese Korrektur wird eine starke Wirkung auf ihn haben und den Lernprozess, Jagdbeute zu ignorieren, einleiten. Dennoch ist Prävention die beste Methode. Sorgen Sie dafür, dass Sie immer wissen, wo Ihr Hund sich gerade aufhält.

Die Mithilfe von Nachbarn sollte erbeten werden, Fortlaufen, Streunen und Raubtierverhalten sind vermeidbar, wenn der ländliche Hundehalter einfach sein Tier in der Nähe behält.

Eine oft erfolgreiche und praktische Lösung derartiger Probleme besteht in der Verwendung des Hundes zur Arbeit. Hunde vieler Rassen können als Hütehunde abgerichtet werden. Die Zahl der Rassen, die als Jagdhunde brauchbar und anerkannt sind, ist größer, als viele Leute meinen. Haben Sie keinen Bauernhof, so gibt es trotzdem kleine Aufgaben, die Ihr Hund übernehmen kann. Schlittenhunde können angeschirrt und gelehrt werden, Kinder herumzuziehen. Zughunde wie Rottweiler können an Leiterwagen gespannt werden und Lasten ziehen. Die Bewachung von Kleinkindern und der Schutz des Hauses sind Aufgaben, die die meisten Hunde gern ausführen.

Der Stadthund muss lernen, bei Fuß zu gehen, Lärm und Gestank zu ertragen und sich friedlich unter Fremden zu bewegen; der Vororthund muss Befehlen folgen und seinen Platz als Familienmitglied einnehmen, und auch der Landhund hat seine besondere Rolle. Der Umstand, dass er auf dem Land lebt, bedeutet nicht, dass er immerwährende Freiheit genießt, ohne Beschränkungen und Pflichten. Er braucht Zuneigung, Aufgaben und das Bewusstsein, dass er erwünscht ist und dazugehört. Mit einem Wort, der Hund muss sich einbezogen fühlen, nicht ausgeschlossen, ob er am Kurfürstendamm lebt oder auf einem Einödhof.

18. Leben im Freien

In den vorausgegangenen Kapiteln wurde wiederholt angeregt, dass Hunde mit Verhaltensproblemen sofort ins Haus genommen werden sollen. Wir sind ferner der Meinung, dass Hundehalter, die ihre Beziehung zu ihrem Hund vertiefen möchten, das Tier so vollständig wie möglich in ihr Privatleben einbeziehen sollten. Die Abschnitte über Schlafgewohnheiten des Hundes, über Unarten wie Graben, Kauen, Aggression und andere Verhaltensstörungen machen deutlich, dass der Hund als integraler Teil des »Rudels« (Familie) in die »Höhle« (Haus oder Wohnung) des Besitzers gehört, wo er unter der Überwachung des Rudelführers oder »Alpha-Typs« steht (verkörpert durch den oder die Besitzer).

Wie steht es mit dem Hund, der sein Leben im Freien verbringt? Die erste Frage, die wir dazu stellen, lautet: »Warum soll der Hund außerhalb des Hauses leben?« Wenn wir Hundehalter, die über Verhaltensstörungen ihrer Tiere klagen, diese Frage vorlegen, sind ihre Antworten häufig knapp und dogmatisch:

Weil ich ihn draußen haben will, deshalb. Ihm gefällt es draußen.

Ein Hund gehört nicht ins Haus.

Wenn er drinnen ist, beschmutzt er das Haus.

Er kaut (oder scharrt, springt hoch, gehorcht nicht), wenn er drinnen ist.

Ich will nicht überall im Haus Hundehaare haben. Er stört die Gäste, und wir haben viel Besuch.

Er braucht frische Luft und Bewegung.

Wir haben es schon mit unserem alten Hund so gehalten, und es klappte.

Gelegentlich mag es stichhaltige Gründe geben, dass man einen Hund außerhalb des Hauses hält. Es mag eine Allergie in der Familie geben oder eine ältere oder behinderte Person im Haus leben. Wie jeder Hundehalter weiß, müssen bestimmte Opfer gebracht werden, wenn man einen Hund besitzen möchte. Haar auf dem Teppich und an Möbeln gehört zum Leben mit einem Hund, ebenso wie gelegentliche unangenehme Zwischenfälle. Es müsste eine höchst seltene Art von Hund sein, die vierundzwanzig Stunden hindurch frische Luft und Bewegung braucht.

Wenn Ihr Hund aus diesem oder jenem zwingenden Grund im Freien leben muss, dann geben Sie ihm einen großen Auslauf und eine gute Hundehütte. Diese sollte aus Holz, im Sommer hell und im Winter dunkel gestrichen sein. Die Farbe der Hundehütte hat einen nicht unwesentlichen Einfluss auf ihre Innentemperatur. Die Hundehütte sollte isoliert werden. Holzwolle und Stroh sind – in ausreichender Menge – gut für Wärme. Im Freien lebende Hunde benötigen mehr Fett in ihren Mahlzeiten, sobald die Temperatur unter zehn Grad sinkt. Geben Sie ihm täglich einen Esslöffel Pflanzenöl ins Futter.

Am häufigsten aber lebt ein Hund aus einem von zwei Gründen im Freien: Seine Besitzer ziehen es so vor und sehen keine Veranlassung, den Lebensraum des Hundes zu verändern, oder der Hund ist versuchsweise ins Haus aufgenommen worden und hat sich als zu ungebärdig erwiesen. Ist der letztere Grund zutreffend, so hoffen wir, dass dieses Buch Ihnen bei der Bewältigung von Verhaltensstörungen helfen und dem Hund die Möglichkeit eröffnen wird, in Ihren Lebensbereich zurückzukehren. Wenn Sie einfach vorziehen oder verlangen, dass der Hund draußen bleibt, werden Sie sich wahrscheinlich nicht umstimmen lassen.

Unser Rat an Hundehalter, die sich Verhaltensproblemen gegenübersehen, ist, einen Versuch zu machen und den Hund für eine Woche ins Haus zu nehmen. Rechnen Sie damit, dass die ersten paar Tage hektisch sein werden. Lassen Sie den Hund in Ihrem Schlafzimmer schlafen. Wenn dies absolut nicht in Frage kommt, schlagen wir ein begrenztes Programm von Gehorsamsschulung im Freien vor. Bedenken Sie aber, dass für die Änderung eines Verhaltens, das auf soziale Isolierung zurückgeht, nicht garantiert werden kann, es sei denn, der Hund bliebe nicht länger aus dem Haus verbannt. Eigentümer, die absolut unerbittlich sind, wenn es darum geht, den Hund ins Haus zu lassen, selbst in begrenztem Umfang, würden vielleicht gut daran tun, den Hund wegzugeben und ein Haustier anzuschaffen, das sich dem Leben im Freien leichter anpasst – wie etwa ein Pferd, eine Kuh oder ein Schwein.

Sensitivitätstraining

19. Hunde können einsam sein

Man hört heute viel über verzärtelte und verwöhnte Luxushunde, aber solche Tiere sind eine Minderheit. Dr. Benjamin Hart, Professor für Veterinärmedizin an der Universität von Davis in Kalifornien, meinte, dass neunundneunzig Prozent der Hunde nicht verzogen werden. Und er fügte hinzu: »Wenn Ihr Hund Vorhänge, Teppiche und Polstermöbel zerreißt, könnte er einsam sein oder mehr Bewegung nötig haben.«

Können Hunde Einsamkeit empfinden?

Die stammesgeschichtlich alten Teile des Gehirns (Stammhirn), in denen sich die Zentren der primären Reizverarbeitung (Thalamus) und des Affektgeschehens (Hypothalamus) befinden, sind bei den höheren Säugetieren und dem Menschen sehr ähnlich. Alle vergleichenden Untersuchungen lassen den Schluss zu, dass es zwischen dem Gefühlsleben des Menschen und dem der übrigen höheren Säugetiere keinen qualitativen Unterschied gibt. Bei seinen Forschungsarbeiten über menschliche Einsamkeit führte der Psychologe James L. Lynch auch eine Serie von Tierexperimenten durch. Sie zeigten unter anderem, dass ein Streicheln oder Kraulen deutliche Auswirkungen auf die Herztätigkeit (Pulsbeschleunigung) von Hunden hat.

Noch interessanter vielleicht die Untersuchungen von Rupert Sheldrake (*Der siebte Sinn der Tiere*), die nahelegen, dass es zwischen Hund und Hundehalter eine telepathische Verbindung gibt. In seiner bemerkenswerten, in wissenschaftlichen Erkenntnissen wurzelnden Darstellung zeigt Sheldrake, dass manche Hunde tatsächlich zu wissen scheinen, wann ihr Besitzer nach längerer Abwesenheit zurückkehrt. Seine Versuche führte er durch, indem er Herr und Hund gleichzeitig videoüberwachte und den Besitzer anwies, zu unterschiedlichen Zeiten nach Hause zu kommen. Nach Auswertung der erstaunlichen

Ergebnisse kam Sheldrake zu dem Schluss, dass Telepathie die wahrscheinlichste Erklärung war. Wenn Tiere also tatsächlich emotional mit ihren Besitzern in Verbindung stehen, selbst wenn diese nicht in der Nähe sind, würde das außerdem beweisen, dass sie auch Einsamkeit empfinden können.

Diese Untersuchung bestätigt das, was Leute, die mit Hunden arbeiten, schon lange wissen. Eines der größten Hindernisse für eine gesunde Beziehung zwischen Hund und Halter ist die Einsamkeit. Hundehalter, die in ihren eigenen Aktivitäten aufgehen, ahnen häufig nicht einmal, dass ihr vierbeiniger Freund unter Isolierung leidet. Ein Beispiel dafür ist Sassy, ein Airedale Terrier. Die Hündin verbrachte die Stunden zwischen acht und siebzehn Uhr allein zu Hause. Ihre Besitzer waren berufstätig, und es gab keine Kinder in der Familie. Sassy wurde im Alter von vier Monaten gekauft. Ihre Besitzer befürchteten, ein jüngerer Hund würde nicht in der Lage sein, sich an lange Wartezeiten zu gewöhnen. »Jetzt verstehen wir, dass wir einen noch älteren, ausgebildeten Hund hätten kaufen sollen, der es gewohnt ist, sich allein zu unterhalten«, bekannte die aufgeregte Frau. Das anschließende Gespräch konzentrierte sich auf das Alter der Hündin und weshalb dieses für die Zerstörungen verantwortlich zu machen sei, die der Hund in Abwesenheit der Besitzer anrichtete.

Aber nach einer Woche Beobachtung bemerkten wir, dass Sassy auf vier- bis fünfstündige Perioden der Isolation gut reagierte, sich mit Spielzeugen unterhielt, schlief und aus dem Fenster schaute. Sie war weder angespannt noch ängstlich, wurde es aber nach sechs bis sieben Stunden. Wir konnten die Hündin durch ein Einwegfenster beobachten. Während ihre Besitzer über Sassys Mangel an Energie und Lebhaftigkeit geklagt hatten, zeigte sie sich bei uns übermütig und verspielt. In unserem nächsten Gespräch mit Sassys Besitzern forschten wir weiter. Sassy verließ selten das Haus. Zweimal war sie in einem Wagen gefahren, das erste Mal, als sie vom Zwinger des Züchters nach Haus gebracht wurde, und das zweite Mal zu einem Besuch beim Tierarzt. Die Besitzer empfingen sehr selten Gäste, waren aber gesellschaftlich aktiv und gingen häufig abends aus, so dass Sassy wiederum allein blieb. Fragen über Spielzeiten, Gehorsamsausbildung, Apportierspielen und Balgereien beantworteten die Besitzer mit verdutzten Blicken. Die Situation wurde klar: Sassy war einsam und machte gegen Ende der langen Wartezeiten ihrer Frustration Luft. Weil man sie daran gewöhnt hatte, weder Spielzeiten noch besondere Aufmerksamkeit zu erwarten, waren ihr Eigensinn und ihre Antriebsschwäche zu Merkmalen ihres Allgemeinzustands geworden.

Wir rieten dem Ehepaar zu einer täglichen Spielzeit mit dem Hund. Zwar sprachen wir uns gegen überschwängliche Begrüßungs- und Abschiedsszenen aus, empfahlen aber eine Mahlzeit ungefähr eine halbe Stunde nach der Heimkehr. Um Sassy mit mehr Menschen in Berührung zu bringen, rieten wir zum Besuch einer Hundeschule, damit Sassy an Einkaufsfahrten, Ausflügen und Geselligkeiten teilnehmen könne.

Sassy erholte sich rasch, und die Zerstörungen hörten auf. Wochen später berichteten die Besitzer, dass sie nun während der Mittagspause abwechselnd nach Hause kämen, um den Hund auszuführen. Sie hätten aufgehört, sich der Karriere des Mannes zuliebe gesellschaftlich zu überanstrengen, und reservierten jetzt zwei Abende in der Woche für sich selbst, um sie mit dem Hund zu Haus zu verbringen. Damit nicht genug, machten sie eine Gehorsamsausbildung mit Sassy, lehrten sie ein paar kleine Kunststücke und führten sie ihren Freunden vor, die sie nun häufiger zu sich einluden. Sie hörten auf, den Hund aus ihrem Leben auszuschließen, und integrierten ihn in ihren Tagesplan.

Hunde sind gesellige Tiere und brauchen die Zugehörigkeit zu einem Rudel. Da wir sie ihres naturgemäßen Rudels – Tieren ihrer eigenen Art – und der Freiheit beraubt haben, eigene Sozialstrukturen herzustellen, müssen wir sie in unser Rudel aufnehmen und ihnen bei der Anpassung an menschliche Sozialstrukturen helfen. Weil so viele von uns das Bewusstsein von unserer eigenen Tierhaftigkeit verloren

Mit dem Besitzer zu spielen, ist ein wichtiger Faktor im Leben eines Hundes.

und in unserer Entfremdung von der natürlichen Welt keine Berührung mit dem Tierreich haben, geht unsere ursprüngliche Reaktion dahin, Tieren den Zugang zu unserer menschlichen Welt zu verwehren. Die unheilvollen alten Dichotomien von Gut und Böse, Körper und Geist, Tier und Mensch werden in den Beziehungen zwischen Hund und Halter noch immer dramatisch ausgespielt.

Viele Hundehalter sind der Meinung, ihre Schützlinge wären unfähig, sich menschlicher Gesellschaft zu erfreuen. Oft werden Hunde isoliert, statt sie einzubeziehen. Hunde sind aus vielen Geschäften, Supermärkten und Restaurants verbannt, wo sie als »Gesundheitsrisiko« betrachtet werden. In mehreren Ländern geht man bereits dazu über, Hunden den Zugang zu städtischen Parks zu verwehren, gleichgültig, ob sie an der Leine geführt werden oder nicht. Die soziale Situation unserer Vierbeiner verspricht, schlechter zu werden, nicht besser. Reykjavik, die Hauptstadt Islands, und Roosevelt Island in New York, um nur zwei Bereiche zu nennen, verbieten jetzt das Halten von Hunden. Die Isolation und Verbannung von Hunden aus öffentlichen Bereichen wird zunehmen, solange die Hundepopulation zunimmt und Hundehalter mit ihren Tieren unverantwortlich umgehen. Vom Standpunkt des Hundes gesehen, läuft alles das auf mehr Isolation, mehr Langeweile und mehr Einsamkeit hinaus. Und dies bei einem Tier, das seiner genetischen Prägung nach ein Rudeltier ist.

Es gibt viele Möglichkeiten, Ihrem Hund ein Gemeinschaftsleben zu bieten, das alle bereichert. Vor allem, lassen Sie Ihren Hund nicht allein, wenn Sie es verhindern können. Es gibt eine verbreitete, nicht einmal böswillige Praxis, den Hund daheim zu lassen. Aber halten Sie ein und überlegen Sie: Kann ich den Hund mitnehmen? Sie könnten dazu in der Lage sein. Wir haben einen Freund, der seine Hündin Jennie jeden Tag mit zum Büro nimmt. Sie hat gelernt, sich im Auto einwandfrei zu benehmen, und er parkt stets im Schatten und sorgt dafür, dass sie genügend frische Luft und Wasser hat. In den Kaffeepausen geht er zu ihr, und am Mittag machen sie einen ausgedehnten Spaziergang. Das Zusammenleben auch im Arbeitsalltag hat ihre Beziehung sehr viel inniger gemacht. Ja, selbst »Bürohunde« sind keine Seltenheit mehr, Angestellte bringen ihren Hund zur Arbeit mit, und alle profitieren, auch das Unternehmen, weil die Stimmung im Büro entspannter ist.

Zweitens, verschaffen Sie Ihrem Hund Umgang mit verschiedenen Menschen. Machen Sie eine Gehorsamsausbildung mit ihm und gehen Sie dazu über, ihn auf belebten Straßen, in Fußgängerzonen und anderen Gegenden auszuführen, wo Ihr Hund Menschen in Bewegung sehen, Passanten anschauen und im Allgemeinen ein Gefühl dafür bekommen kann, wie es ist, inmitten vieler Menschen zu sein. Wenn möglich, lassen Sie ihn bei Familientreffen, Gartenfesten und anderen Anlässen dabei sein.

Lassen Sie Ihren Hund möglichst wenig allein

In New Skete bemühen wir uns, die Hunde so selten wie möglich allein zu lassen. Die meisten jungen Hunde haben eine natürliche Neigung, dem Menschen zu folgen, und wir versuchen, diese Neigung zu nutzen. Der Junghund sollte jeden Tag fünfzehn Minuten systematisch üben, seinem Herrn zu folgen. Am besten trainiert man das nur an der Leine, wechselt häufiger die Schrittfolge, biegt um Ecken, beschreibt Bögen etc. Dieses einfache Verfahren bereitet den Hund gut für die Lektion »Kommen auf Befehl« vor. Wer, wie wir in New Skete, häufig beide Hände zum Arbeiten braucht, kann die Leine des Junghundes am Gürtel oder an einer Schlaufe befestigen. So lernt der Hund frühzeitig, bei seinem Herrn zu bleiben.

Ältere Hunde können in gleicher Weise dazu gebracht werden, ihrer Bezugsperson zu folgen und in der Nähe zu bleiben. Je älter das Tier, desto mehr. Training an der Leine ist erforderlich, um dem Hund begreiflich zu machen, dass die Nähe des Menschen angenehm ist. Hundehalter, die sich beklagen, dass sie ihre Hunde nicht bei sich halten oder zu Ausflügen mitnehmen können, weil sie ihnen bei der ersten Gelegenheit davonlaufen, sollten ein paar Tage versuchen, die Leine als eine Art Nabelschnur zu verwenden. Es versteht sich, dass die Besitzer-Hund-Beziehung harmonisch sein muss, wenn der Hund

Die meisten Hunde lassen sich problemlos in Ihren Alltag integrieren.
Es reicht ihnen, dabei zu sein.

lernen soll, die Gesellschaft seines Hundehalters anderen Aktivitäten vorzuziehen.

Um Ihnen eine Vorstellung zu geben, wie erfolgreich ein Hund in einen Tagesplan integriert werden kann, wollen wir uns zwei durchschnittliche Tagesprogramme ansehen. Das erste ist das Programm eines Mönchs in New Skete, das zweite der Tagesplan einer vielbeschäftigten Hausfrau, die wir Frau Meier nennen wollen.

Gut erzogene Hunde können auch bei Mahlzeiten anwesend sein, ohne ein Ärgernis darzustellen.

Tagesprogramm der Mönche

5.00 – 6.30 Uhr
Der Mönch von New Skete steht auf, widmet sich der Körperpflege und bereitet sich auf den Morgengottesdienst vor, während der Hund zur Entleerung hinausgelassen und dann in ein Zimmer oder den Zwinger gebracht wird.

7.15 Uhr
Morgengottesdienst. Der Bruder geht zur Kirche, sein Hund wartet in einem Zimmer oder im Zwinger. Der Hund wird gefüttert und in Ruhe gelassen, um zu fressen. Das hilft ihm, die Zeit bis zur Rückkehr des Mönches zu verbringen.

8.00 Uhr.
Der Bruder frühstückt im Speisesaal des Klosters. Die Hunde legen sich entlang der Wände nieder. Danach gehen Bruder und Hund vielleicht spazieren.

9.00 Uhr
Arbeit. Der Bruder nimmt den Hund mit sich, wo immer er an diesem Tag arbeitet. Wenn das nicht geht, bleibt der Hund mit einem Spielgefährten in einem umzäunten Auslauf. Brüder, die kochen oder Hausarbeit verrichten, legen ihren Hund ab und sorgen dafür, dass er auf seinem Platz bleibt. Der Bruder erlaubt kein willkürliches Umherlaufen. Arbeit in der Kirche kann verrichtet werden, während der Hund in der Sakristei liegt.

12.00 Uhr
Die Mönche essen zu Mittag. Während der Essenszeit liegen die Hunde wie beim Frühstück im Speisesaal. Betteln oder An-den-Tisch-Kommen ist nicht erlaubt.

13.00 Uhr
Nachmittagsarbeit. Verläuft für Mönche und Hunde wie die Arbeitsperiode am Vormittag.

15.00 Uhr
Manche Brüder setzen die Arbeit fort, während andere mit ihren Hunden spazieren gehen, Gehorsamsübungen durchführen oder die Tiere einfach ruhen lassen.

17.00 Uhr
Vesper. Der Bruder geht in die Kirche, der Hund wartet im Zimmer. Manche Hunde bekommen ihre zweite Mahlzeit.

18.00 Uhr
Abendessen in Anwesenheit der Hunde.

19.00 Uhr
Die Brüder verbringen ihre Freizeit zusammen, die Hunde liegen entspannt dabei.

Zwischen 20.00 und 21.00 Uhr
Die Brüder und ihre Hunde ziehen sich in ihre Räume zurück. Sonntags mischen die Hunde sich unter die zahlreichen Besucher, die zum Gottesdienst nach New Skete kommen oder Nachmittagsbesuche machen.

Tagesprogramm Frau Meier

7.00 Uhr

Frau Meier steht auf, bereitet Frühstück für die Kinder, lässt den Hund aus ihrem Schlafzimmer in den Garten oder eingezäunten Hof, wo er sich erleichtern kann.

7.45 Uhr

Der Hund begleitet die Kinder zur nahegelegenen Bushaltestelle. Frau Meier ruft den Hund sofort nach Abfahrt des Busses zum Haus zurück. Der Hund wird gefüttert.

9.00 Uhr

Der Hund leistet Frau Meier Gesellschaft, während sie ihre Hausarbeit erledigt.

11.00 Uhr

Einkaufsfahrt. Frau Meier setzt ihre zwei Vorschulkinder und den Hund in den Wagen. Der Hund bleibt im Wagen, während sie ihre Besorgungen macht.

12.00 Uhr

Der Hund liegt in der Küche, während Frau Meier das Mittagessen bereitet.

13.00 Uhr

Die kleinen Kinder schlafen. Hund schläft im gleichen Zimmer. Frau Meier macht ein Nickerchen, bügelt oder erledigt andere Hausarbeiten.

15.00 Uhr
Die zwei großen Kinder kommen von der Schule. Der Hund geht instinktiv zur Tür, um zum Bus zu laufen.

15.15 Uhr
Die Schulkinder kommen mit dem Hund zurück. Sie essen eine Kleinigkeit. Dann spielen sie mit dem Hund im Garten. Der Hund wird eine halbe Stunde später hereingerufen.

Die Kinder spielen im Garten oder Hof mit dem Hund. Nach einer halben Stunde wird der Hund hereingerufen und gefüttert.

16.30 Uhr
Frau Meier geht mit dem Hund in den Garten oder Hof und macht im Beisein der Kinder fünfzehn Minuten Gehorsamsübungen mit dem Hund.

16.45 Uhr
Frau Meier bügelt, bereitet das Abendessen vor oder liest die Zeitung, während der Hund bei ihr liegt.

17.30 Uhr
Herr Meier kommt nach Haus, zieht sich um und nimmt den Hund mit zu seinem täglichen Dauerlauf.

18.30 Uhr
Die Familie isst, der Hund liegt unweit vom Tisch am Boden.

19.30 Uhr
Der Hund ist mit der Familie im Wohnzimmer und nimmt teil an ihrer Abendunterhaltung.

22.45 Uhr
Der Hund wird hinausgelassen, um sich zu entleeren.

23.00 Uhr
Herr und Frau Meier gehen zur Nachtruhe ins Schlafzimmer, der Hund folgt ihnen und legt sich neben dem Bett nieder.

Es wird deutlich, dass beide Tagesprogramme den Hund in der Nähe seiner Bezugspersonen lassen. Der Hund ist ganz selbstverständlich einbezogen, nicht etwa ausgeschlossen. Fast immer ist das Tier mit Menschen zusammen, aber er es gibt ebenso Phasen, in denen der Hund zur Ruhe kommen kann, und in beiden Fällen frisst er allein. Der Hund wird als Gefährte und als Familienmitglied integriert. Andererseits werden die Hunde nach diesen Programmen nicht mit unreflektierter Liebe überschüttet, wie es häufig bei Rentnerehepaaren vorkommt, die einen Hund zu sich genommen haben. Weil sie gewöhnlich mehr Freizeit haben als jüngere Menschen, ist der Hund ständig mit ihnen zusammen und hat kaum eine Möglichkeit, sich zurückzuziehen. Das kann zu einer Abhängigkeit führen, die eine eventuell notwendige Trennungsphase für den Hund zu einem traumatischen Erlebnis macht. Sorgen Sie dafür, dass der Hund jeden Tag eine Weile für sich sein kann. Außerdem wissen Hundehalter, die ihren Hund ganz selbstverständlich in ihren Tagesablauf einbeziehen, dass Hunde keinesfalls achtzig Prozent des Tages frei herumlaufen müssen.

Lassen Sie den Hund an Ihrem Tagesablauf teilhaben, um Einsamkeit und möglicherweise hysterischem Verhalten vorzubeugen. Nehmen Sie sich Zeit, Ihren Tagesplan auszuarbeiten, sehen Sie zu, wie Sie den Hund darin einbeziehen können. Gehen Sie nicht von vornherein davon aus, dass Ihr Hund bestimmte Aktivitäten nicht mitmachen kann oder zu manchen Orten keinen Zutritt hat – fragen Sie nach, denken Sie um, üben Sie mit Ihrem Hund. Manche Halter dürfen ihren Hund mit zur Arbeit nehmen, sofern das Tier gut erzogen und ruhig ist. In guten Mensch-Hund-Beziehungen ist Einsamkeit die Ausnahme.

20. Wo verbringt Ihr Hund die Nacht?

Lautet Ihre Antwort auf diese Frage: »Im Schlafzimmer auf dem Fußboden«, dann haben Sie das wesentliche Anliegen dieses Kapitels bereits verstanden. Lautet Ihre Antwort dagegen: »Im Keller«, »angebunden in der Küche«, oder »bei mir im Bett«, dann lesen Sie weiter. Wir möchten hier den Wert der »Schlaftherapie« – und wie dabei zu verfahren ist –, für Sie und Ihren Hund erörtern.

Viele Menschen empfinden die Anwesenheit eines Hundes im Schlafzimmer als peinlich. Eine Kundin schildert das Problem wie folgt: »Ich binde sie abends in der Küche an. Dort schläft sie immer. Manchmal kaut sie nachts. Bis ich eine Stahlkette besorgte, kaute sie regelmäßig das Leder der Leine durch, um freizukommen. Dann lief sie ins Schlafzimmer. Sie schlich hinein, und ich entdeckte sie dann am nächsten Morgen. Also fing ich an, die Küchentür zu schließen. Aber sie lernte, die Klinke niederzudrücken. Dann schloss ich die Schlafzimmertür. Darauf begann sie, an der Schlafzimmertür zu kratzen. Wie hört sich das für Sie an?«

»Das hört sich an, als versuche sie, in Ihr Schlafzimmer zu gelangen«, antworteten wir. »Haben Sie schon mal daran gedacht, ihr das zu erlauben?«

Eine andere Stellungnahme zum Aufenthalt des Hundes im Schlafzimmer lautete: »Lieber Himmel, nein! Mein Mann würde das nie erlauben. Sie könnte uns ja schließlich bei irgendwelchen Intimitäten ertappen! (Frau räuspert sich.) Es schickt sich einfach nicht. Aber wie soll ich ihr beibringen, dass sie in die Küche gehört?«

Es ist eine Frage der Unbefangenheit, ob man seinen Hund im Schlafzimmer duldet oder nicht. Wer sich nicht dazu entschließen kann, muss unbedingt für eine entsprechende Alternative sorgen, die dem Tier genügend Geborgenheit vermittelt. Eine bequem ausgepolsterte Zimmernische etwa eignet sich hervorragend. Besser jedoch wäre es, wenn Sie ihre Bedenken überwinden könnten. Ihr Hund beobachtet Sie keineswegs. Er ist nur zufrieden, wenn er in Ihrer Nähe schlafen darf.

Verhaltensregeln im Schlafzimmer

Ihr Hund ist im Zimmer, und Sie wollen sich schlafen legen. Am besten ist es, Sie haben Ihren Hund im Voraus das Liegen auf Befehl gelehrt, doch haben wir die Erfahrung gemacht, dass selbst die lebhaftesten und unruhigsten Hunde sich von selbst niederlegen, sobald das Licht gelöscht wird. Falls Ihr Hund umherläuft oder zu oft wieder aufsteht, sollten Sie ihm vorher beibringen, liegen zu bleiben, und ihn dann anfangs am Fußende des Bettes festbinden. Am besten beginnen Sie das Schlaftraining am Tag, wenn Sie ein Nickerchen machen (oder so tun, als ob). So können Sie ihm immer wieder befehlen, sich zu legen, ohne kostbare Schlafenszeit zu verlieren. Beginnen Sie damit, ihn neben Ihrem Bett abzulegen. Legen auch Sie sich hin und entspannen Sie sich. Häufig spürt der Hund, dass Sie abzuschalten beginnen, und entspannt ebenfalls, aber falls nicht, können Sie ihn rasch und problemlos wieder zum Hinlegen bringen. Bleiben Sie hartnäckig. Üben Sie anfangs nur eine kurze Zeit mit dem Hund und verlängern Sie die Übungsphase in den folgenden Tagen. Schon nach kurzer Zeit werden Sie einen Hund haben, der ganz friedlich neben ihrem Bett schlummert. Erlauben Sie kein Hinaufspringen auf das Bett. Bestrafen Sie solches Verhalten, indem Sie den Hund ohne Federlesens vom Bett entfernen und mit einem scharfen »Nein!« auf den Boden setzen.

Stellen Sie dem Hund einen Schlafplatz mit einem kleinen Teppich oder einer Decke zur Verfügung. Futter und Wasser werden über Nacht nicht benötigt. Die beste Strategie ist, den Hund niederliegen zu las-

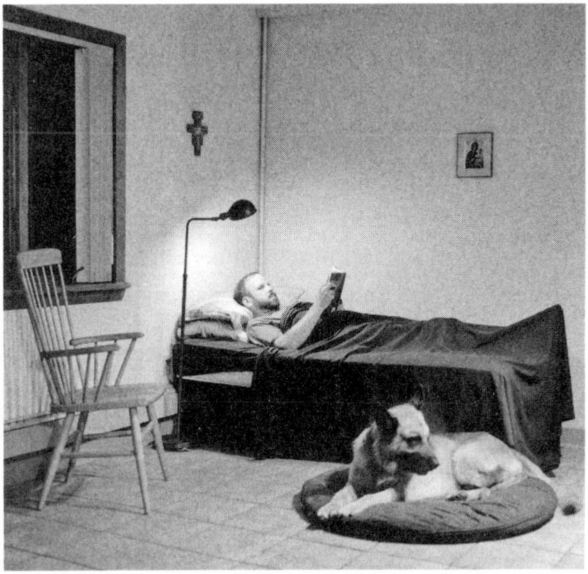

Der Hund, der im Schlafzimmer schlafen darf, baut leichter eine Beziehung zu seinem Mensch auf.

sen, ihn nicht weiter zu beachten und die eigenen Vorbereitungen zum Schlafengehen zu treffen. Beachten Sie den Hund möglichst wenig. Er muss eindeutig verstehen lernen, dass er sich ruhig zu verhalten hat. Die meisten Hunde werden den Schutz dieser »Höhle« genießen, sich einen Platz suchen und schlafen. Solange es Ihnen keine Unannehmlichkeiten bereitet, lassen Sie den Hund die Stelle auswählen. Zwingen Sie ihn nicht, irgendwo zu liegen. Legt der Hund sich an einen Platz, wo Sie ihn nicht haben wollen, blockieren Sie die Stelle mit irgendeinem Gegenstand.

Die meisten Hunde drehen sich auf ihrem Platz ein paar Mal um sich selbst, bevor sie sich fallen lassen und zur Ruhe kommen.

Aufstehen

Das Privileg des Hundes, in der »Höhle« seiner Besitzer zu schlafen, sollte von ihm auch als solches empfunden werden. Erlauben Sie Ihrem Hund nicht, es zu missbrauchen. Belästigt er Sie während der Nacht, so geben Sie ihm einen Klaps unter die Kinnlade und den Befehl, sich niederzulegen. Scharren am Bett oder Hinaufspringen sollte mit Schlägen auf die Pfoten und einem energischen Stoß bestraft werden. So gut es im Allgemeinen ist, den Hund im Schlafzimmer zu lassen, im Bett hat er nichts zu suchen.

Wenn Ihr Hund Sie in den frühen Morgenstunden belästigt, gehorcht er im Regelfall nur seinem psychologischen und physiologischen Wecker, der ihn zur Entleerung drängt. Viele Hunde erledigen ihr Geschäft nach einem feststehenden Rhythmus, den Sie dann wohl oder übel respektieren müssen. Viele Hundebesitzer lernen schnell, samstags morgens im Halbschlaf zur Tür zu taumeln, den Hund hinauszulassen und wieder zurück ins Bett zu plumpsen. Respekt vor dem Hund bedeutet auch, seinen natürlichen Rhythmus zu berücksichtigen. Aber je älter der Hund wird, umso mehr Kontrolle erhält er über seine Körperfunktionen. Im Laufe der Zeit gewöhnt sich der Hund daran, länger zu schlafen, so dass Sie das auch tun können. Allerdings nutzen manche Tiere diese Nachgiebigkeit aus und tyrannisieren ihre Besitzer, einfach, um Aufmerksamkeit zu erregen. Sofern Sie ausschließen können, dass Ihr Hund nicht nur aus überschüssiger Energie rastlos ist – weil er tagsüber vielleicht zu wenig Bewegung erhält –, sollten Sie dieses Verhalten möglichst schon im Keim ersticken. Stehen Sie keinesfalls auf, sobald der Hund es fordert. Einem erwachsenen Hund genügt es, wenn Sie ihn vor dem Schlafengehen hinauslassen und ihm genug Zeit geben, sich zu entleeren. Winselt ihr Hund nachts, bringen Sie ihn mit einem knappen »Nein« oder »Aus« zum Verstummen. Welpen sollten auch in der Nacht noch einmal hinausgelassen werden (ungefähr bis zu dem Zeitpunkt, in dem sie auf zwei Mahlzeiten pro

Tag umsteigen), aber ältere Hund können »einhalten«. Regen Sie den Hund vor dem Schlafengehen nicht mehr durch Spielen oder Ähnliches auf, da er sich sonst möglicherweise nachts übergibt.

Vom Wert des gemeinsamen Schlafraums

Von allen Übungen, die in diesem Buch beschrieben sind, ist »Schlaftherapie« die einfachste. Sie brauchen nicht mehr zu tun, als den Hund ins Schlafzimmer ein- und wieder hinauszulassen und dafür zu sorgen, dass er sich in Ihrem Schlafraum so unauffällig und leise wie möglich verhält. Für den Hund ist dieses nächtliche Beisammensein eine wichtige sinnliche Erfahrung: Er erfreut sich während einer ausgedehnten Zeitspanne Ihres Geruchs. Das Schlafzimmer enthält die intensivsten Gerüche. Sie konzentrieren sich auf das Bett selbst, insbesondere auf die Mitte des Bettes. Darum ziehen wir es vor, den Hund nicht auf das Bett zu lassen.

Erlauben die Halter dem Hund, auf das Bett zu springen oder es sich gar darin bequem zu machen, so kann es geschehen, dass sie eines Tages die Mitte der Matratze zerkaut und aufgerissen vorfinden. Ein gewisser Kontakt mit dem Geruch des Besitzers ist vorteilhaft, zu viel Kontakt bewirkt eher das Gegenteil. Das Schlafzimmer vermittelt dem Nasentier Hund viele Eindrücke:

Der Schrank beherbergt Schuhe und Strümpfe, auf dem Teppich wird barfuß gegangen, Vorhänge und Bettzeug werden ständig angefasst. Für Ihren Hund ist daher der Aufenthalt im Schlafzimmer mit vielen Reizen verbunden.

Die von allen Umwelteinflüssen gelöste Atmosphäre der Nachtruhe trägt zu einer allgemein entspannten Beziehung zwischen Herr und Hund bei. Infolgedessen kann der gemeinsame Schlafraum eine große Hilfe sein, wenn ihr Hund unter übergroßer Unruhe, sozialer Isolation, mangelndem Gehorsam, kurzum, ausgeprägtem Problemverhalten leidet. Für Besitzer, die nicht viel Zeit für ihren Hund erübrigen können oder wollen, kann es eine Gelegenheit zur Kontaktpflege sein, dem Hund aber bedeutet es sehr viel mehr.

Von den Hunderten von »Problemhunden«, mit denen wir in New Skete gearbeitet haben, schliefen achtzig Prozent der betreffenden Tiere außerhalb des Schlafzimmers, gewöhnlich im Wohnzimmer, im Keller, im Freien oder – bezeichnenderweise – vor der Schlafzimmertür.

Alle Mönche in New Skete behalten die ihnen zugewiesenen Hunde während der Nacht bei sich in ihren Räumen. Die Schlafräume liegen in dem Teil unseres Klosters, für den unsere Ordensregeln Schweigen und Stille gebieten. Unsere Hunde folgen uns in den Raum; dann geben wir mit einem Handzeichen den Befehl zum Liegen und bereiten uns zum Schlafengehen vor. Gewöhnlich schlafen unsere Hunde eher ein als wir.

Ein gutes Beispiel für die Wirkung des Schlafens im selben Raum ist immer dann zu beobachten, wenn ein aus Deutschland importierter Hund bei uns eintrifft. Da wir bemüht sind, die besten Abstammungslinien in unser Zuchtprogramm aufzunehmen, führen wir Hunde aus Deutschland ein. Bei ihrer Ankunft sind die Hunde schon deshalb stark desorientiert, weil sie unsere Sprache nicht verstehen. Aber nachdem sie eine Woche mit einem der Mönche im selben Raum geschlafen haben, fassen sie Vertrauen, folgen dem betreffenden Bruder wie ein Schatten, ein Beweis dafür, wie beruhigend es auf den Hund wirkt, wenn er im selben Raum schlafen darf wie sein Herr.

Der träumende Hund

Hunde träumen wie wir. Häufig geben sie dabei ihren Gemütsbewegungen Ausdruck, stöhnen und knurren und kläffen im Traum. Manche Eigentümer meinen dann, es sei am besten, den Hund zu wecken und so den vermeintlichen »Alptraum« zu beenden. Doch hier gilt das alte Sprichwort: Schlafende Hunde soll man nicht wecken. Wenn der in der Traumphase mit raschen Augenbewegungen des Hundes einhergehende Schlaf allzu oft gestört wird, können Unruhe und Widerspenstigkeit bei Tag die Folge sein. Läuft der Traum allzu geräuschvoll ab, so versuchen Sie ihn durch Zusammenknüllen eines Papiers oder Klopfen auf den Boden zu beenden. Derartige Störungen ändern oder beenden den Traum, ohne den Hund zu wecken.

Es ist von Bedeutung, wo Ihr Hund schläft. Der beste Platz ist in Ihrem Schlafzimmer, in Ihrer »Höhle«. Es bedarf kaum der Erwähnung, dass der Hund so auch seiner Schutzfunktion besser gerecht werden kann, da er in der Lage ist, seine Besitzer sofort vor jeder Gefahr zu warnen. Wenn der Hund Zugang zu Ihrem Schlafzimmer hat, haben Sie gewissermaßen eine lebendige Alarmanlage bei sich.

21. Schlüssel zum Erfolg

Der russische Experimentalpsychologe Iwan Pawlow (1849 bis 1936) verwendete für seine Versuche mit dem konditionierten Reflex fast ausschließlich Hunde. Obgleich er sich nicht speziell mit Hundeausbildung befasste, gewann er im Verlauf seiner Arbeiten Einsichten, die für Züchter, Ausbilder und Hundehalter von großem Wert sein können. Dieses Kapitel erhebt nicht den Anspruch, Pawlows Arbeiten nachzugehen oder gar im Einzelnen zu würdigen. Gleichwohl können und werden wir eine Technik zur Sozialisierung und Ausbildung von Hunden erklären, die sich in ihrem Stil eng an Pawlow anlehnt.

Ein einfacher Schlüsselbund kann Ihnen helfen, Ihre Beziehung zu Ihrem Hund zu vertiefen und viele Formen von Verhaltensstörungen zu lindern. Hunden mit »Rückrufproblemen«, einer Neigung zum Zerkauen von Gegenständen, zum Graben oder anderen destruktiven Tätigkeiten, aber auch Tieren, die unter Appetitlosigkeit leiden, kann mit einer einfachen Form von Geräuschkonditionierung erfolgreich geholfen werden. Dazu benötigt man vier oder fünf Schlüssel an einem Ring oder an einer Kette. Jeder zweite Schlüssel sollte aus Messing sein, die übrigen aus anderem Metall, jedoch nicht Aluminium. Messing und Stahl erzeugen einen helleren Klang, und vier oder fünf Schlüssel kann das empfindsame Hundeohr besser ertragen als zehn oder zwanzig. Die Grundidee hinter dieser Geräuschkonditionierung ist das Auslösen gewünschten Verhaltens durch ein bestimmtes Geräusch. Hier werden Schlüssel verwendet, da sie einen kräftigen, hellen Klang erzeugen, der eine unwiderstehliche Wirkung auf den Hund hat, sobald er gelernt hat, sich auf die Geräusche einzustellen. Händeklatschen, Pfeifen und Rufen werden – da offensichtlich personenbestimmt – vom Hund anders aufgenommen. Der Hund versteht

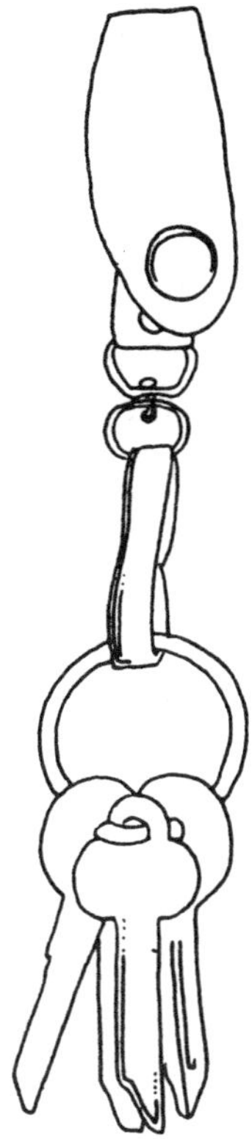

Ein simpler Schlüsselbund kann einige Probleme lösen.

sehr genau, Stimmungsschwankungen aus menschlichen Äußerungen herauszuhören. Schlüsselklappern oder Pfeifgeräusche sind neutral und daher wirksamer. Unsere Erfahrung zeigte, dass Schlüssel an einer Kette oder einem Ring das wirksamste geräuscherzeugende Mittel sind.

Nehmen wir ein Beispiel. Ihr Hund kommt nicht, wenn Sie ihn rufen. Haben Sie einen Welpen oder einen Hund von weniger als zwei Jahren, so sind Ihre Chancen für eine wirksame Geräuschkonditionierung zur Berichtigung des »Rückrufproblems« besser als bei einem älteren Hund, der gewohnt ist, in die andere Richtung zu gehen, wenn er gerufen wird. Dennoch ist es nie zu spät, diese Ausbildungstechnik zu versuchen. Um den größtmöglichen Erfolg zu erzielen, müssen Sie Ihren Hund zweimal täglich zu festgelegten Zeiten füttern, und er muss seine Mahlzeit in ungefähr fünfzehn bis zwanzig Minuten beenden. Falls Sie Ihren Hund an mehrere kleine Mahlzeiten gewöhnt haben, werden Sie ihn auf regelmäßige Fütterungszeiten umstellen und das Futter entfernen müssen, wenn es nicht aufgefressen wurde. (Wir empfehlen diese Methode für jede Art von Fütterung.) Bevor Sie die Schüssel in seine Reichweite stellen und ihn fressen lassen, gewinnen Sie die Aufmerksamkeit Ihres Hundes und klingeln zwei oder drei Sekunden mit dem Schlüsselbund. Dann, während er sich über sein Futter hermacht, gehen Sie Ihren eigenen Angelegenheiten nach. Machen Sie keine Schau daraus und lassen Sie Ihren Hund möglichst nicht sehen, dass

Sie mit den Schlüsseln klimpern. Wiederholen Sie diese Prozedur bei der zweiten Mahlzeit und fahren Sie in dieser Weise für zwei oder drei Wochen fort. Gebrauchen Sie die Schlüssel in der Nähe Ihres Hundes für keinen anderen Zweck, bis Sie diese Konditionierungstechnik einige Zeit angewandt haben.

Eine weitere positive Verstärkung des Effekts kann erreicht werden, indem Sie die Schlüssel jedes Mal verwenden, wenn Sie von der Arbeit heimkehren oder den Hund zu einem Ausflug mit dem Wagen mitnehmen: Schalten Sie die Zündung aus, öffnen Sie die Tür (beides für sich genommen unverkennbare Geräusche), klingeln Sie mit dem Schlüsselbund und rufen Sie den Namen des Hundes mit freundlicher, deutlich hörbarer Stimme.

Nach zwei oder drei Wochen beginnen Sie mit einer täglichen Übung, bei der Sie Ihren Hund rufen, mit den Schlüsseln klimpern und ihn verschwenderisch loben, wenn er sofort gehorcht. Hocken oder kauern Sie dabei nieder, lächeln Sie dem Hund zu und breiten Sie die Arme aus, um den Hund zu sich hin zu lenken, und übertreiben Sie das Schlüsselgeklingel nicht. Es kommt allein darauf an, dass der Hund das konditionierende Geräusch der Schlüssel hört.

Dann kehren Sie die Prozedur um, indem Sie zuerst mit den Schlüsseln klimpern und dann Ihren Hund beim Namen rufen.

Versuchen Sie es zuletzt mit den Schlüsseln allein. Belohnen Sie Ihren Hund mit verbalem und körperlichen Lob, wenn er zu Ihnen kommt. Es gibt kaum einen Augenblick in der Ausbildung, der des Lobes mehr bedarf als der erfolgreiche Rückruf.

Zur Erinnerung: Rufen Sie niemals einen Hund zu sich, um ihn dann zu bestrafen. Wenn Sie etwas anderes als einen freundlichen Empfang für Ihren Hund geplant haben, dann lassen Sie ihn nicht kommen, sondern gehen Sie und holen Sie den Hund selbst. Wichtig ist, dass auf das Schlüsselgeklingel immer eine angenehme Erfahrung folgt … Die Schlüsseltechnik ist auch auf Gruppenarbeit anwendbar.

Welpen sind häufig geräuschkonditioniert, weil der Züchter es vorzieht, die Namensgebung dem künftigen Besitzer zu überlassen. Nachdem diese Technik sich bei Welpen und Junghunden ausgezeichnet bewährt hat, kann man mittels des Schlüsselgeklimpers Junghunde und Welpen herbeirufen, einen Wurf beisammenhalten und von Straßenverkehr und anderen Gefahren ablenken. Eine Züchterin lockte mit dem Schlüsseltrick einen Wurf von neun Welpen von einer stark befahrenen Fernstraße herunter. In unserem Kloster setzen wir die Schlüssel schon seit langem mit großem Erfolg ein. Indem wir zur Fressenzeit mit der Konditionierung beginnen, reagieren Welpen schon bald auf das Geräusch, wodurch das spätere Rückruftraining zu einem Kinderspiel wird. Wenn ein Rudel Welpen draußen im Hof spielt, reicht ein simples Klingeln mit dem Schlüssel, und der gesamte Wurf rennt augenblicklich auf die Quelle der Geräuschs zu, um mit überschwänglichem Lob empfangen zu werden.

Sogar Hunde, die unter Appetitlosigkeit leiden, sind mit dem Schlüsselgeklimper gewissermaßen therapierbar. Pawlows Hunde sonderten beim Klang einer Glocke Speichel ab. Auch wir machen uns diese Methode bei anhaltender Futterverweigerung zunutze. Appetitlosigkeit kann viele Ursachen haben (siehe Kapitel 11 über Ernährung), also muss man sich vergewissern, dass man mit der Schlüsseltechnik nicht einfach Symptome bekämpft, ohne zuvor die grundlegende Störung zu beheben.

Hunde, die graben und die Hauseinrichtung beschädigen, können bisweilen durch geschickte Geräuschtherapie von ihren zerstörerischen Aktivitäten abgelenkt werden. Verbale oder körperliche Bestrafung ist die übliche Korrekturmaßnahme für derartiges Verhalten, aber ein Hund, der auf diese Methoden nicht reagiert, mag auf Geräuschablenkungen ansprechen. Schlüssel, Pfeifen und andere geräuscherzeugende Mittel sind besonders hilfreich bei Hunden, die kauen oder wühlen, wenn der Eigentümer abwesend ist.

Hier ist ein solcher Fall:

Thunder, ein zweijähriger Malamute, verbrachte seine Tage damit, Löcher im Garten zu graben. Wenn die Besitzer nach Hause kamen, wurde der Hund in der Regel verprügelt und dann eingesperrt. Thunders Grabwut wurde davon jedoch nur noch schlimmer. Die Besitzer konsultierten endlich ratlos ihren Tierarzt, der sie an uns verwies. Thunder schien ein normaler, gesunder Rüde zu sein, aufmerksam und aktiv, zeigte jedoch noch typische Verhaltensweisen eines Welpen. Wir kombinierten eine grundlegende Gehorsamsausbildung mit einigen Veränderungen der Diät und einer Geräuschkonditionierung. Später, als Thunder uns verließ, begannen die Besitzer den Hund mit dem Geklimper eines Schlüsselbundes zu den Mahlzeiten am frühen Morgen und Abend zu rufen. Die Ehefrau nahm sich einen Tag frei und verbrachte ihn in einem Nachbarhaus mit Blick auf den eigenen Garten. Wenn sie sah, dass der Hund sich anschickte zu graben, klimperte sie mit dem Schlüsselbund, eine Prozedur, die sie an diesem Nachmittag mehrmals wiederholen musste. Außerdem hatte sie für Ablenkung gesorgt. Bälle, Stöcke und anderes Spielzeug hatten Thunder bisher nicht von seinem leidenschaftlichen Gewühl abhalten können. Die Konstruktion einer einfachen »Hindernisbahn« aus alten Reifen, Brettern und ein paar großen Ästen erfüllte diesmal jedoch ihren Zweck. Als die Frau am nächsten Tag wieder zur Arbeit ging, überließ sie den Schlüsselbund ihrer Nachbarin, die sich bereit erklärte, den Hund genau zu beobachten. Diese hilfsbereite Nachbarin klingelte mit den Schlüsseln, wenn der Hund im Begriff war zu graben oder wenn sie ihn auf frischer Tat ertappte. Nach Ablauf von zwei Wochen hatte das Graben unter der gemeinsamen Einwirkung der verschiedenen Faktoren unseres Programms vollständig aufgehört. Die Besitzerin erwog nun den Einbau einer Hundetür, um dem Tier die Wahl zu lassen, ob es sich im Haus oder draußen aufhalten wollte. Früher war sie gegen eine solche Lösung gewesen, da sie Zerstörungen im Haus mehr fürchtete als das Aufwühlen der Blumenbeete. Später berichtete sie uns, ihre Nachbarn hätten beobachtet, dass der Hund ungefähr die Hälfte der

Zeit im Hause verbringe. Sie fügte hinzu, dass er keinerlei Zerstörung mehr anrichte, weder im Haus noch im Garten.

Ein anderer Fall mit einem weit weniger dramatischen Problem war die zweijährige Schäferhündin Abbey, ein wunderschönes Tier, das auf eine Ausstellung vorbereitet werden sollte. Abbey hatte bereits mehrere Begleithundeprüfungen bestanden und erledigte das, was von ihr verlangt wurde, stets mit Bravour. Dennoch gab es ein kleines Problem. Sobald jemand eine Kamera zückte, um ein Foto von ihr zu machen, stellte sie die Ohren zur Seite, zog den Schwanz ein und blickte stumpf und traurig in den Sucher. Auch hier schafften wir es mit Geräuschkonditionierung. Bei den nächsten Fotosessions stellte sich eine Person außerhalb des Bildes vor sie und »lockte« sie mit den Schlüsseln, bis Abbeys Haltung sich veränderte und dem Fotografen schließlich wunderbare Bilder eines lebhaften, wachen Hundes gelangen.

Dennoch sind Schlüssel kein Patentrezept zur Lösung von Verhaltensproblemen. In der ursprünglichen Version dieses Buches erzählten wir die Geschichte von Shana, einer einjährigen Colliemischlingshündin, die in Abwesenheit der Besitzer unaufhörlich bellte und mit Hilfe der Schlüssel neu konditioniert werden konnte. Doch genau wie im Fall von Thunder erforderte diese Problembehebung einige zusätzliche Maßnahmen (unter anderem die Hilfe von Nachbarn), und nicht immer kann ein solcher Aufwand betrieben werden. Wir wissen von Fällen, in denen diese Methode ohne nennenswerten Erfolg ausprobiert wurde. Aus diesen Gründen würden wir Shanas Problem heute anders angehen. Neben den üblichen Empfehlungen, das grundlegende Gehorsamtraining zu absolvieren, dem Hund genügend Bewegung und Abwechslung zu verschaffen und die Abschieds- und Begrüßungszeremonien unaufgeregter zu gestalten, würden wir heute zu einem Antibellhalsband raten. Diese Halsbänder sind inzwischen sehr human und funktionieren ausgesprochen gut; nahezu jeder Hund begreift sehr schnell den Zusammenhang zwischen Bellen und dem darauf erfolgenden für ihn unangenehmen Ultraschallgeräusch. Ein weiterer Vorteil ist die beständige und prompte Korrektur. Hierbei ist kein exaktes Timing erforderlich, und der Hund verbindet die Korrektur nicht mit dem Hundehalter, was in diesem Fall nur hilfreich sein kann.

Clickertraining

Es wäre ein Versäumnis, wenn wir nicht auf eine relativ neue Art von Hundeausbildung hinwiesen, die ebenfalls mit Geräuschen arbeitet: Das Clickertraining. Diese Ausbildungsvariante basiert allein auf positiver Verstärkung und folgt den Grundsätzen operanter Konditionierung, die eine der Hauptvertreterinnen dieser Methode, Karen Pryor als »eine Reihe von wissenschaftlichen Prinzipien« bezeichnet, »die die Verhaltensentwicklung beschreibt, in der das Tier auf die Umgebung ‚einwirkt' und nicht umgekehrt«. Für den Laien übersetzt bedeutet das, ein bestimmtes Verhalten zu belohnen, so dass das Tier dieses Verhalten wiederholt, sobald der Ausbilder es verlangt. Bevor man das Clickertraining auf die Hundeausbildung übertrug, wurde die Methode durch den Einsatz bei Delfinen berühmt. Delfine kann man nicht disziplinieren, aber die Trainer fanden rasch heraus, dass das ohnehin nicht nötig war: Die positive Verstärkung reichte aus, um das Verhalten der Tiere zu beeinflussen, und man brauchte dazu nicht mehr als eine Pfeife und einen Eimer mit Fisch.

Natürlich besteht ein großer Unterschied zwischen Hunden und Delfinen. Hunde leben mit dem Menschen in einer viel engeren und komplexeren Beziehung als Delfine. Dennoch sind die Vertreter dieser Methode der Ansicht, dass sich dieselben positiven Prinzipien auch auf die Hundeausbildung übertragen lassen, wodurch jede Anwendung von Gewalt oder Zwang überflüssig wird. Und genau dies ist es, weshalb die Methode so umstritten ist: Da alles auf positiver Verstärkung beruht, findet im Lernprozess keinerlei Korrektur oder Bestrafung statt. Clickertrainer sind der festen Ansicht, dass auch Hunde allein mit dieser Methode ausgebildet werden können.

Inzwischen gibt es eine ganze Menge Bücher, die sich ausschließlich mit Clickertraining befassen. Ohne die Methode zu vereinfacht darstellen zu wollen, hier ein kurzer Abriss der Funktionsweise: Clickertraining basiert auf der Annahme, dass der Hund grundsätzlich gerne und ausdauernd mitarbeitet, solange er die Aufgabe sowohl begreift als auch genügend Motivation für die Ausführung erhält. Gewöhnlich wird als Haupttriebfeder oder »Verstärker« Futter eingesetzt, aber theoretisch kann es alles sein, was der Hund liebt. Clickertraining ist nach einem kleinen Kinderspielzeug – dem Knackfrosch – benannt worden, mit dem der Trainer ein kurzes, scharfes Klick-Geräusch machen kann. Das Geräusch selbst ist für den Hund nicht besonders faszinierend. Es wird aber zu einem »konditionierten Verstärker«, das der Hund recht schnell mit einer Belohnung (zum Beispiel einem Leckerbissen, einem Primärverstärker) verbindet, die er erhält, sobald er erwünschtes Verhalten gezeigt hat. Geklickt wird in genau dem Moment, in dem der Hund den Befehl befolgt, die Belohnung erhält er einige Sekunden später.

Das erwünschte Verhalten kann nun schrittweise verfeinert und »geformt« (oder »geshapt« von »Shaping«) werden, denn der Hund will sich die Belohnung verdienen. Wenn er das Klicken hört, weiß er, dass die Belohnung kommen wird. Auf diese Weise wird schon das Geräusch zu einem positiven Verstärker: Der Hund assoziiert das Klicken (und einen verbalen Hinweis) mit einem bestimmten Verhalten. Indem der Trainer dem Hund die grundlegenden Kommandos geduldig beibringt, kann er »fluencies« aufbauen. Wie Sie inzwischen gemerkt haben, hat das Clickertraining ein eigenes Vokabular, das auf der Sprache der operanten Konditionierung basiert. Das mag den einen oder anderen vielleicht abschrecken, aber Clickertrainer sind der Überzeugung, dass es sinnvoll ist, sich an Begriffe zu halten, die wissenschaftliche Wurzeln und daher präzise Definitionen haben. Und so wird »fluency« in Morgan Spectors *Clicker Training for Obedience* mit einem »grundlegenden, erlernten Verhalten« erklärt, das »man in komplexere Verhaltensweisen und Verhaltensketten einfügen kann«. Zum Training wird ein Targetstab benutzt, der Hund ist niemals angeleint. Indem man immer auf bereits gelernten Verhaltensweisen aufbaut, kann man in den Augen der Clickertrainer dem Hund so gut wie alles beibringen.

Clickertraining wird unter professionellen Hundeausbildern kontrovers und heftig diskutiert: Gegner und Befürworter schrecken nicht einmal vor gegenseitiger Beschimpfung zurück. Traditionelle Ausbilder werden als gewaltbereite Tyrannen bezeichnet, Clickertrainer dagegen als sentimentale Träumer, die sich vor allem politisch korrekt verhalten wollen. Aber wer hat nun recht?

Das Clickertraining ist nicht die Methode, auf die wir uns spezialisiert haben, und obwohl wir sie nicht uneingeschränkt befürworten, sind wir durchaus der Meinung, dass manch ein Hundehalter seinen Hund mit dieser Technik erfolgreich ausbilden kann. Tatsächlich gibt es einige hochqualifizierte Hundetrainer, die das Clickertraining befürworten und lehren.

Die Behauptung aber, dass das Training ausschließlich auf positiver Verstärkung beruhen *muss*, um human zu sein, und dass Korrekturen in moderner Hundeerziehung nichts zu suchen haben, halten wir für schlichtweg falsch. Hunde lernen mit Hilfe von zeitlich richtig eingesetzten Disziplinarmaßnahmen in einem grundsätzlich positiven Erziehungsprogramm sehr schnell. Sie verstehen durchaus, dass bestimmte Verhaltensweisen negative Konsequenzen nach sich ziehen, und dieses Begreifen verankert Gelerntes gründlich und nachhaltig. Die vielen, vielen gesunden, gut gelaunten Hunde, die mit dieser Methode erzogen wurden, sind Beweis dafür.

Und obwohl wir überzeugt sind, dass Hundeausbildung auf einer positiven Grundhaltung basieren muss, halten wir es weder für fair noch hilfreich, Disziplinarmaßnahmen grundsätzlich zu verteufeln. Im heutigen Ausbildungsklima führt das dazu, dass viele Hundebesitzer sich aus einem schlechten Gewissen heraus nicht mehr trauen, ihren Hund in irgendeiner Weise zu disziplinieren, was viele verzogene Hunde hervorbringt. Mag man uns auch als Traditionalisten bezeichnen: In unseren Augen ist weder Hund noch Halter damit gedient, wenn man Disziplinierungen mit einem Tabu belegt.

Allen, die sich für das Clickertraining interessieren, empfehlen wir, sich nicht an der hitzigen Ethikdiskussion zu beteiligen. Versuchen Sie lieber herauszufinden, ob diese Methode für Ihren Hund geeignet ist. Im Allgemeinen reagieren sensible Hunde sehr gut darauf. Falls Sie beschließen, der Sache eine Chance zu geben, hören Sie sich um, ob in Ihrer Nähe ein Seminar angeboten wird, bei dem Sie mehr darüber erfahren. Anschließend können Sie diese Methode mit den traditionellen vergleichen. Falls Sie sich für das Clickertraining entscheiden, finden Sie in Ihrer Buchhandlung eine Menge Bücher, mit deren Hilfe Sie arbeiten können.

Pawlows Entdeckungen lassen sich also erfolgreich bei Verhaltenskorrekturen anwenden. Wenn Sie Fragen bezüglich der Geräuschkonditionierung für Hunde haben, wird es am besten sein, einen mit diesen Methoden vertrauten Ausbilder zu konsultieren. Pawlows Vorlesungen über den konditionierten Reflex sind eine interessante, wenn auch nicht gerade einfache Lektüre. Vielleicht sollten Sie sich diese Mühe dennoch machen, um die grundlegenden Prinzipien der Geräuschkonditionierung zu verstehen und richtig anzuwenden.

22. Ihr Hund braucht Ruhe

Tiere sind Geschöpfe, die Stille in die Welt des Menschen und der Sprache bringen und immer Stille vor dem Menschen niederlegen. Viele Dinge, die von den Worten der Menschen in Unordnung gebracht wurden, werden durch die Stille der Tiere wieder beruhigt. Tiere bewegen sich wie eine Karawane der Stille durch die Welt.

Eine ganze Welt, die Welt der Natur und der Tiere, ist voll Stille. Natur und Tiere scheinen Erhöhungen der Stille gleich. Die Stille der Tiere und die Stille der Natur würde nicht so groß und erhaben sein, wäre sie lediglich Sprachlosigkeit. Stille ist den Tieren und der Natur als etwas anvertraut worden, das um seiner selbst willen geschaffen wurde.

Max Picard, Die Welt der Stille

Vor einiger Zeit wurde ein Irischer Setter zu uns gebracht, eine Hündin namens Queenie, die am ganzen Körper wie Espenlaub zitterte. Die geplagte Hausfrau wollte sie zur Beobachtung bei uns lassen. »So zittert sie immer«, klagte sie. »Ich weiß nicht, ob sie vielleicht unsere Lebensweise nicht ertragen kann.« Diese Bemerkung hatte ein Gespräch über die Lebensgewohnheiten der Familie zur Folge. Die Frau schilderte ihre Familie als »aktiv« und »robust«, und, wie sie hinzufügte, »sehr geräuschvoll«. Unterdessen warteten draußen auf dem Parkplatz drei Vorschulkinder im Wagen, die abwechselnd lachten, kreischten und weinten. Als wir sie fragten, ob sie wünsche, dass die Kinder hereinkämen, um bei unserem Gespräch dabei zu sein, erklärte sie erschrocken: »Ach nein, sie sind zu laut! Wenn die Kinder in der Nähe sind, zittert Queenie noch mehr!«

Als wir die Familiensituation näher ausforschten, wurde klar, dass dieser Hund kaum zur Ruhe kommen konnte. Bis auf eine Zeitspanne von fünf Stunden, während der sie schlief, lebte die arme Hündin unter einem unaufhörlichen Trommelfeuer von Geräuschen und Lärm. Befehle und Fragen, ob an den Hund gerichtet oder an andere Familienmitglieder, wurden in dieser Familie gebrüllt oder geschrien. Der Fernseher war gewissermaßen der Pulsschlag des Hauses und fast vierundzwanzig Stunden in Betrieb, selbst wenn niemand zusah. Ging die Familie irgendwohin, ließ sie Fernseher und Radio mit voller Lautstärke weiterschmettern, weil sie fürchtete, Queenie könnte sich einsam fühlen und in eine Zerstörungsorgie verfallen. Zu allem Überfluss lag das Haus an einer verkehrsreichen Hauptstraße, deren Getöse den von der Familie erzeugten Lärm manchmal noch übertönte. Queenies Zittern hatte jedoch erst angefangen, als sie sechs Monate alt gewesen war. Die Familie hatte den Hund im Alter von zwei Monaten erworben, von denen sich das Tier vier Monate völlig normal verhielt. Doch dann setzte das Zittern ein und hörte nicht mehr auf. Seit Queenie in dieser Familie lebte, war sie nur wenige Augenblicke allein gewesen.

Nach zwei Tagen in unserer relativ stillen Umgebung hörte die Hündin auf zu zittern. Die Symptome schienen weder ererbt zu sein, noch von irgendeiner durch Überzüchtung bedingten Nervosität herzurühren. Während der Ausbildung in der Gehorsamschule reagierte sie auf normal gesprochene Befehle und sogar auf geflüsterte Anweisungen. Bei uns schien sie sich von Grund auf ihres Lebens zu freuen. Als die Besitzer kamen, um sie abzuholen, waren sie voll ungläubigen Staunens über die Verwandlung ihres Hundes.

Nachdem wir einige Änderungen der Futterzusammensetzung und eine Untersuchung beim Tierarzt vorgeschlagen hatten, diskutierten wir noch einmal die häuslichen Bedingungen, unter denen Queenie hatte leben müssen. Wir schlugen tägliche Gehorsamsübungen, Spielstunden und vor allem etwas ungestörte Ruhezeit für Queenie vor. Gegen Ende unseres Gesprächs waren die Besitzer sehr nachdenklich geworden und wollten nicht mehr allein dem Hund die Schuld geben, der einfach nicht in der Lage war, die Hektik »auszuhalten«.

Gerade die Kinder (diesmal am Gespräch beteiligt) zeigten sich einfühlsam und besorgt. Ein Fünfjähriger erklärte, er habe oft den ganzen Tag Kopfschmerzen. Auf den Hund deutend sagte er: »Vielleicht hat Queenie das auch.«

Hunde brauchen also Ruhe, ein gewisses Mindestmaß an Ungestörtheit, wenn sie auch von ihrem Erbe her gesellige Rudeltiere sind, und es ist an uns, diese Ruhe zu gewährleisten. Sie brauchen kein schlechtes Gewissen zu haben, dass Ihr Hund jeden Tag eine gewisse Zeit allein ist, solange diese Phase nicht zu lang wird. Selbst wenn Sie mit dem Hund zusammen sind, tut gelegentliche Stille der Beziehung gut. Zwar sollten die Gehorsamsübungen möglichst lebhaft und munter verlaufen, voll von Ermutigung, Lob und Aufmunterung, doch ist es eine gute Idee, gelegentlich eine stille Übungsstunde einzuschieben, die Befehle zu flüstern, sich leicht zu bewegen, vielleicht sogar die ganze Übung in einer bewaldeten Gegend oder einem Park abzuhalten.

Machen Sie öfter längere Spaziergänge im Wald oder in einer stillen Gegend. Selbst wenn Ihr Hund nicht ohne Leine laufen kann, können Sie ihm mit einer Flexi-Leine mehr Bewegungsfreiheit verschaffen.

Schon viele Hundehalter haben uns bestätigt, dass solche Ausflüge dem Hund gut tun und ihn beruhigen. Blickkontakt und Ruhe wirken als wesentliche Faktoren jeder harmonischen Mensch-Hund-Beziehung oft Wunder. Es ist eine gute Übung, einmal am Tag innezuhalten, die Aufmerksamkeit des Hundes zu gewinnen und ihn einfach anzusehen. Man sollte ihn jedoch keineswegs anstarren. Bleiben Sie einfach stehen und schauen Sie das Tier lächelnd an, ohne etwas zu sagen. Dann beenden Sie diesen Augenblick mit einem zärtlichen Tätscheln oder einem freundlichen Wort. Unverwandtes Anstarren, hart und durchdringend, kann als Bedrohung aufgefasst werden.

Die Art von stummem Blickkontakt, um die es uns hier geht, ist freundlich, ruhig und von einiger Dauer.

Manche Menschen vertreten die Ansicht, dass jede Art von Gehorsamsausbildung in einer geräuschvollen Umgebung stattfinden sollte,

Lange Waldspaziergänge mit dem Hund sind entspannend.
Die Ruhe tut auch Ihrem Hund gut.

die dem »alltäglichen Leben« möglichst nahe zu kommen habe. Tatsächlich spricht einiges dafür, denn Ablenkungen und Geräusche helfen dem Hund, sich Befehle besonders gründlich einzuprägen. Doch sollte man gerade zu Beginn der Ausbildung eine ruhige Übungsstunde einplanen. Wirkliche Stille ist so selten geworden, dass wir sie bewusst herbeiführen müssen, um in ihren Genuss zu kommen. Machen Sie Stille zu einem Bestandteil in Ihrem und Ihres Hundes Leben.

Manche Stadtbewohner mögen fragen: »Aber wohin soll ich gehen, um jeden Tag einen ruhigen Ort aufzusuchen?« Mit ein wenig kreativem Denken gibt es Lösungen. Ein Großstadtbewohner beispielsweise nimmt seinen in der Gehorsamsschule ausgebildeten Mastiff mit in die örtliche Zweigstelle der Stadtbibliothek. Er erklärte seine Situation der Bibliotheksleiterin und bat um die Genehmigung eines Versuchs. Eine Frau in einer dichtbesiedelten Vorortgegend geht jeden Tag für zehn

Es spricht nichts dagegen, den Hund mit in die Kirche zu nehmen – sofern es erlaubt ist.

Minuten in eine nahegelegene Kirche und lässt ihren Retriever neben der Kirchenbank liegend warten, während sie ihr Gebet verrichtet. Ein anderer Hundehalter schließt seine Fenster gegen den Verkehrslärm, zieht die Vorhänge zu, entzündet eine Kerze und führt Yogaübungen aus, während sein Hund nahebei liegt.

Bei uns im Kloster haben wir ähnliche Momente. Wenn ein Hund gelernt hat, für eine längere Zeit ruhig liegen zu bleiben, kann er an solchen stillen, intimen Momenten teilhaben. Auch der Hund kommt so zur Ruhe und entspannt sich.

Das Wesentliche ist klar: Wenn es in Ihrem Leben bereits stille, nachdenkliche Augenblicke gibt, dann ist es leicht, Ihren Hund daran teilnehmen zu lassen.

Wenn Sie auf der anderen Seite niemals eine stille Stunde für sich allein haben, um sich zurückzuziehen und zu besinnen, sollten Sie

Ein gut erzogener Hund stört nicht beim Arbeiten und kann sogar mit in eine Bücherei.

vielleicht über Mittel und Wege nachdenken, einige solcher Augenblicke in Ihr Leben einzugliedern und sie mit Ihrem Hund zu teilen.

23. Musik als Erziehungshilfe

Ein Radio mag in unserer Kollektion von Ausbildungsgerät recht fremdartig erscheinen. Tatsächlich aber ist es eine Ausbildungshilfe für Ihren Hund. Sie brauchen nur einen Sender einzuschalten.

Radiomusik als Sozialisierungstechnik für einen Wurf von Welpen ist eine altbewährte Züchtermethode. Einige unter uns wenden sie hier in New Skete für unsere Welpen an. Da die meisten unserer Hunde in Familien kommen, finden wir es wichtig, dass sie viele verschiedene Stimmen hören – männliche, weibliche und Kinderstimmen. National Public Radio's *All Things Considered* haben schon viele unserer Welpen gehört. Tagsüber lauschen sie Nachrichtensendungen, Talkshows, dem Kinderprogramm und viel Musik. Sendungen, in denen häufig Anrufer zu Wort kommen, bieten eine ständig wechselnde Vielfalt von Stimmen. Aber hüten Sie sich vor »Streitgesprächen«, in denen Meinungen oft temperamentvoll aufeinanderprallen.

Manche Leute sagen, Rock sei die beste Sozialisierungsmusik für Welpen, und andere schwören auf klassische Musik. Die günstigen Auswirkungen von Beethovens Musik auf die Produktionsleistung von Milchkühen sind unter Landwirten wohlbekannt, und der sogenannte »Mozart-Effekt« auf Menschen ist bewiesen. In dem Film »Einer flog über das Kuckucksnest« werden psychisch kranke Patienten durch ständige Berieselung mit einer angenehmen sanften Musik in Trägheit und Untätigkeit gelullt. Soweit uns bekannt ist, wurden über die Wirkung verschiedener Arten von Musik auf Hunde keine spezifischen Untersuchungen geführt, doch hat unsere Erfahrung gezeigt, dass Musik für Hunde von Wert sein kann.

Aber bombardieren Sie den Hund nicht mit Geräuschen, sondern gebrauchen Sie das Radio maßvoll, insbesondere in Problemsituationen. Das Radio kann einem Hund helfen, längere Zeitspannen allein zu verbringen. Ein Beispiel: Clancy, ein zweijähriger Irischer Setter, blieb nur äußerst ungern allein. Sein Missfallen tat er mit unaufhörlichem Bellen kund. Die verzweifelte Besitzerin brachte den Hund zur Ausbildung, nachdem ihre Nachbarn gedroht hatten, die Kündigung ihres Mietvertrages durchzusetzen. Clancy kam sofort in die Hundeschule und beherrschte sehr bald das Bei-Fuß-Gehen, Sitzen, Liegen und Kommen auf Befehl. Während einer Übungsstunde bemerkte die Besitzerin, dass Clancy eine Vorliebe für Popmusik hatte. »Wenn ich nach Hause komme, lege ich als Erstes einen Stapel Platten auf, um die Anspannung loszuwerden und zu mir zu kommen. Clancy hat das gern. Er setzt sich vor die Lautsprecherboxen der Stereoanlage und lauscht, beinahe wie der berühmte Hund auf den Plattenetiketten von RCA.«

Dieser Hinweis brachte uns auf eine zusätzliche Taktik, mit deren Hilfe man dem Hund das Bellen abgewöhnen konnte. Wir rieten der Hundehalterin, eine halbe Stunde vor ihrem Weggang das Radio einzuschalten und ein Programm zu wählen, in dem viel Popmusik gespielt wird. Auch sollte sie das Radio nach ihrer Rückkehr weiterspielen lassen, und Begrüßungs- und Abschiedsworte sollten mit gedämpfter Stimme gesprochen werden. Verbunden mit der Gehorsamsausbildung schien die Radiomusik ihren Teil dazu beizutragen, dass der Setter ruhig blieb. Die Musik überdeckte Verkehrslärm und Straßengeräusche, die den Hund vorher möglicherweise zum Bellen verleitet hatten.

Als wir rückblickend unsere Erfahrungen mit Clancy auswerteten, wurde uns bewusst, dass viele Züchter und Inhaber von Hundepensionen mit Musikübertragungen arbeiten, weil sie den Eindruck gewonnen haben, dass diese Geräuschkulisse bellende und jaulende Hunde beruhigt. Dennoch kann die »Radiotherapie« niemals die einzige Strategie sein, um dem Hund das Bellen abzugewöhnen. Man sollte sie in ein wirksames Schulungsprogramm integrieren. Bedenken Sie auch, dass zu viel Lärm die gegenteilige Wirkung haben kann, wie die Geschichte Queenies im vorigen Kapitel zeigt.

24. Massage für Hunde

Wenn Sie beginnen, mit einem Tier zu arbeiten, konzentrieren Sie sich ganz auf das, was Sie tun, anstatt zu versuchen, eine Verbindung herzustellen. Sich zu angestrengt um einen innigeren Kontakt zu bemühen oder darauf zu warten, stört nicht nur Ihr eigenes Erleben, sondern wird Ihr Tier auch nervös und gehemmt machen.

Linda Tellington-Jones

Jede Kultur wirkt prägend auf die Einstellung ihrer Mitglieder zum Haustier und entwickelt charakteristische Formen des Umgangs mit ihm. In manchen islamischen Ländern führen die Hunde wirklich ein »Hundeleben« und werden so gut wie nie gestreichelt oder liebkost. Wir haben bemerkt, dass einige der Deutschen Schäferhunde, die wir importieren, unsere »amerikanische« Art des Streichelns nicht zu mögen scheinen. Als wir uns bei den deutschen Züchtern erkundigten, erfuhren wir, dass man in Deutschland mit Hunden ein wenig anders umgeht als bei uns. Man streichelt und liebkost sie in anderer Weise und an anderen Stellen, als es in Amerika üblich ist.

Weil der Hund in unserem Kulturkreis überwiegend als Freund und Gefährte des Menschen gesehen wird und immer häufiger auch eine fehlende Bezugsperson ersetzen muss, spielt die Liebkosung eine große Rolle. Die meisten Leute streicheln oder tätscheln Hunde am Kopf und um die Schultern und lassen es damit bewenden. Es gibt jedoch auch andere, derbere Naturen, die ihre Hunde buchstäblich durchwalken, ihnen die Flanken klopfen, dass es dröhnt, und ihnen das Fell zerzausen.

Solche handgreiflichen Beweise menschlicher Zuneigung haben meist wenig Sinn. Vom Hund wird erwartet, dass er es aushält, ob es nun die Art von körperlicher Aufmerksamkeit ist, die ihm zusagt, oder nicht. Wenige Hundehalter bemühen sich, trotz aller Zuneigung, die Bedürfnisse ihres Hundes zu erforschen. Täten sie es, würde mancher Hundehalter erfahren, dass das Tier seine Art von Freundschaftsbezeugungen nicht mag – gerade wenn sie aus derbem Klopfen, Stoßen und Zausen bestehen. Nicht anders als die meisten Menschen finden Hunde großen Gefallen an einer eher weitreichenderen Form des Körperkontakts – einer Massage.

Wie die meisten von uns aus Erfahrung wissen, kann Massage eine segensreiche Methode sein, wenn sie als Entspannungshilfe und zur Entkrampfung der Muskeln gebraucht wird. Aber es gibt noch andere Gründe, den Hund früh an die sanfte Berührung des ganzen Körpers zu gewöhnen. Tierärzte und Hundefriseure arbeiten gefahrloser mit einem Hund, der auf tastende Finger entspannt reagiert – ein großer Vorteil, da die Wahrscheinlichkeit, dass ein Hund sich im Laufe seines Lebens verletzt, recht groß ist. Hunde, die Schmerzen haben, beißen oft aus einem Reflex heraus, wenn man sie anfasst, und dieses Risiko wird minimiert, wenn der Hund daran gewöhnt ist, durch Berührungen beruhigt zu werden. In vielen Fällen kann man dem Tier sogar den Maulkorb und manchmal sogar eine Betäubung ersparen.

Genau wie die Fellpflege hilft Ihnen die Massage, über den allgemeinen Gesundheitszustand Ihres Hundes auf dem Laufenden zu bleiben. Sie können Tumore, wunde Stellen, Schwellungen und Ungeziefer ertasten, während Sie gleichzeitig Ihre Beziehung zu dem Hund vertiefen.

Hunde erleben Stress genau wie Menschen, und die Berührung einer sanften Hand lindert diese Anspannung ebenso wie ganz unterschiedliche Schmerzen. Außerdem erfährt Ihr Hund Ihre Zuneigung auf dem direkten – körperlichen – Weg. Und schließlich werden Sie feststellen, dass die Tiermassage auch Sie entspannt. Indem Sie Ihren Hund beruhigen und sich an seine tiefe Atmung anpassen, wird auch von Ihnen der Druck des Alltags abfallen.

Wollen Sie Ihrem Hund eine Massage zukommen lassen, so müssen Sie sich klarmachen, dass der Hund nicht nur aus Kopf und Schultern besteht. Behutsamer Kontakt ist mit beinahe allen Körperteilen des Hundes möglich. Erfahrene Tierärzte wissen dies von der Behandlung widerspenstiger vierbeiniger Patienten. Sie müssen sich oft neue Methoden ausdenken, um ein unnahbares Tier auf den Behandlungstisch zu heben oder Verletzungen verschiedener Körperteile zu behandeln.

Als Hundehalter werden Sie wissen, welche Art des Körperkontaktes Ihr Hund bevorzugt und auf welche er empfindlich, verschreckt oder abweisend reagiert. Beginnen Sie die erste Massage dort, wo sie dem Hund gefällt, beziehen Sie aber eine Körperregion der zweiten Kategorie mit ein. Nach und nach können Sie dann mehr von diesen empfindlichen Regionen mit in die Massage aufnehmen. Hundemassage findet am besten auf dem Boden statt, vorzugsweise auf einem Teppich. Viele Hunde werden eine spontane Neigung zum Spiel zeigen. Machen Sie die Massage nicht zu einem strengen Ritual. Wenn der Hund spielen möchte, lassen Sie ihn. Am besten beginnt man beim Kopf und massiert mit sanften Bewegungen Kinnbacken, Schnauze und Augenregion. Achten Sie darauf, dass während der ganzen Massage eine Hand immer in Kontakt mit dem Hund bleibt. Es empfiehlt sich, den Hund in sitzender Position vor sich zu haben. Vom Kopf massieren Sie abwärts, hinunter zum Hals und zur Brustmuskulatur. Manche Hunde werden von sich aus die Pfote geben, die Sie annehmen, aber behutsam niedersetzen sollten, sobald der Hund das Gleichgewicht zu verlieren droht.

Vergessen Sie nicht, dass es keine strikten Regeln bei der Massage gibt – Hauptsache, Ihrem Hund gefällt es.

Massieren Sie die Beine sehr sanft aufwärts und abwärts. Legt der Hund sich nieder, können Sie die Hinterbeine besser erreichen, aber vermeiden Sie es, den Hund zum Niederlegen zu zwingen. Hat er das Liegen auf Befehl gelernt, so können Sie bei der Massage Gebrauch

Im Uhrzeigersinn:

Der Hund liegt entspannt.
Beginnen Sie die Massage am Hals und an den Seiten.

Massieren Sie jeden Lauf, dann Rücken und Brust.
Zupfen, Kneifen oder Klapsen sollten Sie vermeiden.

Halsmuskeln, Kopf und Gesicht zu massieren, kann für Hund und Halter ein Genuss sein.

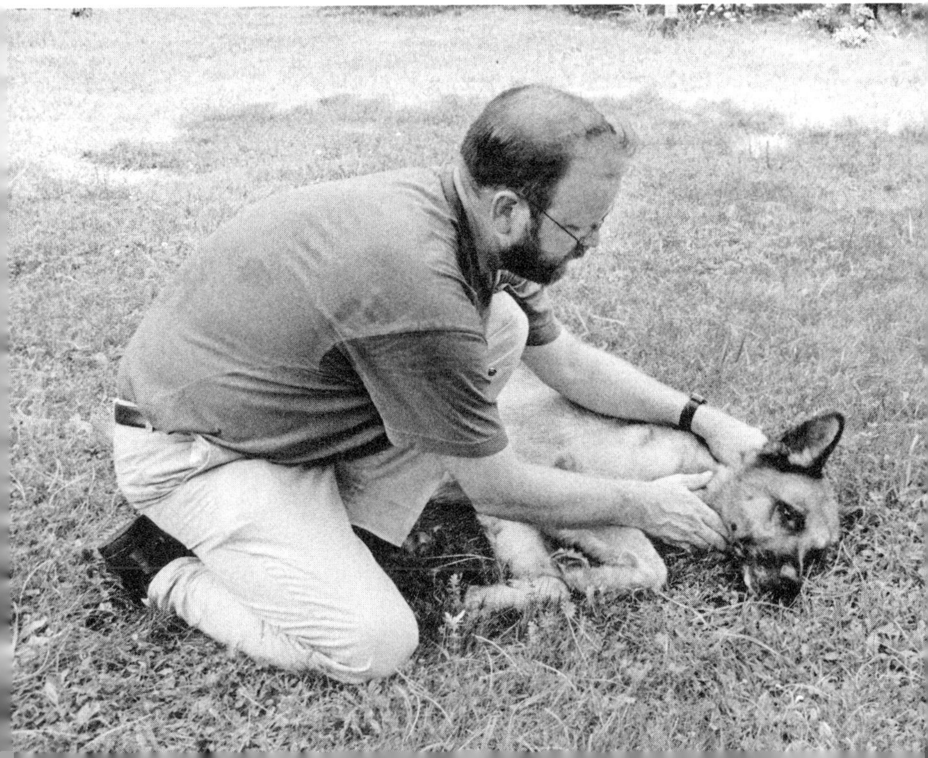

davon machen. Arbeiten Sie mit langen und festen, aber einfühlsamen Strichen. Versuchen Sie einen Unterschied zwischen Massage und gewöhnlichem Streicheln zu machen. Die Massage sollte ausgedehnter, systematischer und in ihren Bewegungen zugleich geschmeidiger und fester sein als das lobende Streicheln. Vermeiden Sie alle groben Bewegungen; sie verhindern die zur Massage wichtige Entspannung.

Die meisten Hunde geben deutlich zu verstehen, was sie schätzen und was nicht. Für den Hundehalter, der niemals solch intensiven Kontakt mit seinem Tier hatte, mag es eine Weile dauern, bis sich Unbefangenheit einstellt. Versuchen Sie, Verlegenheit und Gefühle der Peinlichkeit zu überwinden. Wenn Sie während der Massage nervös sind, wird Ihr Hund es spüren und seine Muskeln zusammenziehen.

Die Massage hat viele Vorteile. Linda Tellington-Jones, eine bekannte Tiertrainerin, hat eine auf Berührung basierende Ausbildungsmethode entwickelt, die sich bei vielen Tieren, auch Hunden, anwenden lässt. Ein komplettes Programm in Berührungen wurzeln zu lassen, scheint vielleicht ein wenig überzogen. Aber Tellington-Jones argumentiert glaubhaft, und Tierärzte setzen auch Massagen ein, um die Heilung nach Brüchen und Verrenkungen zu beschleunigen und den Muskeltonus wiederherzustellen. Sie können Kenntnisse über die Anatomie des Hundes vermitteln und sind für den vielbeschäftigten Hundehalter eine Möglichkeit, im Kontakt mit dem Tier zu Ruhe und Entspannung zu finden. Für Hunde ist sie eine willkommene Unterbrechung bei Gehorsamsübungen, und für Vorführhunde ist Massage ein ausgezeichnetes Beruhigungsmittel vor dem Auftreten in einer Zuchtschau, wo ein feines Gleichgewicht zwischen Entspannung und Lebhaftigkeit aufrechterhalten werden muss, wenn der Hund sich von seiner besten Seite zeigen soll.

Eine Technik zur Beruhigung eines nervösen und angespannten Hundes ist das Auflegen der flachen Hand unter den Bauch des Tieres. Bei Hündinnen liegt die richtige Stelle unter dem Magen, bei Rüden vor der Genitalzone. Diese Bauchregionen nämlich dienen dem traditionellen Begrüßungsritual zwischen Hunden. Indem sie einander dort mit der Schnauze leicht anstoßen, geben sie sich zu verstehen, dass alles in Ordnung ist. Wenn Sie an dieser Stelle leicht die Hand auflegen, hat das auf den Hund die gleiche Wirkung wie ein um die Schulter gelegter Arm oder ein Händedruck für sorgengeplagte Mitmenschen. Probieren Sie diese Technik aus, wenn Ihr Hund beim Tierarzt unruhig wird, wenn Sie ihn pflegen und die Krallen schneiden, oder zu jeder anderen Zeit, zu der Ihr Hund nervöse Spannung zeigt.

Im Fall einer belasteten, verkrampften oder gefühlsarmen Besitzer-Hund-Beziehung raten wir oft zur Massage. Sehr häufig sind Kinder auf diesem Gebiet besonders einfühlsam und verständig, sobald sie begriffen haben, worum es geht. Oft kann diese Art des Kontaktes Kindern das lästige Herumjagen, am Schwanz ziehen und ständige sinnlose Kommandieren ersetzen. Wenn Ihr Kind es versuchen will, bleiben Sie die ersten Male dabei, bis Kind und Hund sich daran gewöhnt haben. Der Hundebesitzer, dem es schwerfällt, zu seinem Hund auf verbaler Ebene durchzudringen, kann das Tier häufig mit einer Massage ausreichend beruhigen, dass es Befehle lernt und behält. Auch bei übernervösen, zwanghaft aktiven Hunden hatten wir oft Erfolg, wenn wir eine fünf- oder zehnminütige Massage vor den Beginn der regulären Gehorsamsübungen legten.

25. Der Rundum-Rückruf

Hunden, die das Kommen auf Befehl verweigern oder die man an Gehorsam gegenüber allen Familienmitgliedern gewöhnen möchte, kann man mit einem einfachen Spiel helfen, an dem die ganze Familie teilnimmt. Man benötigt dazu eine sechs bis sieben Meter lange Leine mit einem leichten Gewicht an einem Ende. Der Hund sollte ein Übungshalsband tragen und bereits die Gehorsamsübungen bis zur Ebene des Kommens, Sitzens und Liegens auf Befehl beherrschen, ehe man die Arbeit mit dem Rundum-Rückruf in Angriff nimmt.

Beginnen Sie, indem Sie einen kleinen Kreis von vier oder fünf Personen bilden. Ziel der Übung ist es, den Hund zu rufen, vor sich sitzen zu lassen, zu loben und das Seil mit dem Gewicht am Ende dem nächsten Familienmitglied im Kreis zuzuwerfen. Dieses ruft den Hund dann zu sich und wiederholt den Vorgang. Das vorausgeworfene Seil bewirkt, dass der Hund die Befehle auch befolgt. Gehorcht er auf den zweiten Ruf noch nicht, geben Sie der Leine einen kurzen Ruck und rufen Sie gleichzeitig den Hund. Sobald der Hund jedoch einem Familienmitglied gehorcht, sollte dieses den Hund sitzen lassen und dann verschwenderisch loben. Geben Sie ihm ruhig einen Leckerbissen zur Belohnung, sobald er sitzt.

Alle Teilnehmer sollten dafür sorgen, dass dieses Spiel entspannt und fröhlich bleibt. Es stellt keine ernsthafte Übungsstunde dar. Halten Sie den Hund durch ermutigende Worte bei Laune. Schon wenn er gerufen wird und sich dem Rufer zuwendet, sollte dieser anfangen, den Hund zu ermutigen. Missachtet er jedoch den Befehl zum Kommen, oder versucht er in eine andere Richtung zu gehen, müssen Sie mit einem Ruck an der Leine ziehen und den Hund zugleich rufen.

Üben Sie diese Lektion zweimal wöchentlich, wenn Sie erreichen wollen, dass der Hund allen Familienmitgliedern gehorcht. Allmählich können Sie den Kreis erweitern. Es sollten jedoch nur Familienmitglieder an dieser Runde teilnehmen. Machen Sie sich klar, dass der Hund anhand dieser Übung lernt, auch anderen Menschen als nur dem von ihm anerkannten »Rudelführer« zu gehorchen, was zur Folge haben kann, dass er später auch die Befehle Fremder befolgt. Schon unter diesem Gesichtspunkt sollten andere Personen außer den eigentlichen Familienmitgliedern nur dann in den Kreis aufgenommen werden, wenn aggressive Verhaltensstörungen des Hundes korrigiert werden müssen.

Wie Sie diese Übung einsetzen können

Oft sind Hunde so stark auf ein Mitglied der Familie hin orientiert, dass sie die anderen ignorieren oder sich weigern, ihnen zu gehorchen. Regelmäßige Rundum-Rückruf – Übungen helfen dem Hund in solchen Fällen, seine Orientierung auf andere Familienmitglieder zu erweitern. Mitunter empfiehlt es sich, den vom Hund anerkannten »Rudelführer« anfangs von der Übung auszuschließen. Der oder die Betreffende muss dann außer Sicht bleiben, wodurch der Hund gezwungen ist, sich mit den anderen Personen abzugeben.

Nehmen Sie es nicht persönlich, wenn der Hund nicht sofort oder nur langsam und widerwillig zu Ihnen kommt. Dafür haben Sie die Leine und Ihre Stimme. Animieren und ermutigen Sie den Hund und geben Sie einen Ruck an der Leine, sollte dies notwendig sein. Loben Sie den Hund, wenn er gehorcht hat und vor Ihnen sitzt. Lassen Sie keine Übung länger als zehn bis maximal zwanzig Minuten dauern und beenden Sie die Lektion mit einer Spielerei. Bei Gehorsams- und Aggressionsproblemen haben wir mit dieser, zweimal wöchentlich angewendeten Methode erstaunliche Verbesserungen erzielt.

Unsere Kunden berichten oft von großem Erfolg schon nach einigen wenigen Übungen. Die Hunde bauen Beziehungen zu Familienmitgliedern auf, die sie bislang ignoriert haben. Nach den ersten Übungsstunden kommt es vielfach vor, dass die Hunde sehr schnell im Kreis herumlaufen und in ihrem Eifer, die nächsten Mitspieler zu erreichen, kaum halt machen, um sich loben zu lassen. Wie eine Kundin nach drei Übungsstunden mit einem ehemaligen Angstbeißer berichtete: »Jake rast wie ein Verrückter im Kreis herum. Er ist ganz begeistert davon, und es hat ihm neue Lebensfreude gegeben. Auch unsere Familie hat ihren Spaß daran, und wir haben schon eine Warteliste von Kindern aus der Nachbarschaft, die in dem Kreis mitmachen wollen.«

26. Fitness für Hunde

Hunden in Städten, in denen Anleinpflicht besteht, ausreichend Bewegung zu verschaffen, ist oft gar nicht so einfach. Eine sportliche Betätigung mit Hund ist eine gute Alternative zum gewöhnlichen Gassigehen. Nicht nur Hunde, die zur Fettleibigkeit neigen, profitieren besonders davon. Sehr aktive Rassen wie Australian Shepherds oder Border Collies brauchen sehr viel mehr Bewegung, als Sie Ihnen mit einem Spaziergang oder einem zehnminütigen Frisbeespiel bieten können, und gewöhnlich eignen sie sich sehr gut für das schnellere Tempo. Tatsächlich könnten die meisten Hunde mehr Bewegung gebrauchen, als ihre Halter ihnen verschaffen. Manche Besitzer gehen mit ihrem Hund im Sommer schwimmen, andere laufen bei jedem Wetter.

Definitiv keine gute Lösung ist es, den Hund an eine Stoßstange zu binden und ihn hinter dem Auto herlaufen zu lassen. Ein Hund sollte *niemals* an ein motorisiertes Fahrzeug gebunden werden, nicht einmal an ein geparktes.

Es gibt andere, sehr viel sicherere Möglichkeiten, wie der Halter auf Rädern oder Rollen dem Hund den so dringend benötigten Auslauf verschaffen kann. Sofern Ihr Hund auf die grundlegenden Kommandos reagiert, Sie selbst die richtigen Vorkehrungen treffen und dort fahren, wo wenig Verkehr herrscht, wird der Ausflug mit dem Hund zu einem Erlebnis, das Ihnen beiden gut tut.

Beginnen Sie mit einem schnellen Spaziergang. Nehmen Sie den Hund an eine Fünf-Meter-Leine und gehen Sie stramm, vorzugsweise auf Sand, Erde oder Gras. Erlauben Sie dem Hund in dieser Phase kein Herumtollen. Schieben Sie kurze Laufphasen ein, bei denen Ihr Hund voraustrabt.

Abstandshalter und Vorrichtungen, die die Leine im Notfall freigeben, machen das Fahrradfahren mit dem Hund sicher und angenehm.

Nun versuchen Sie es zum Beispiel mit einem Fahrrad. Uns ist das Fahrrad am liebsten, weil es am meisten Sicherheit verspricht und für Hund und Halter gleichermaßen gesund ist. Es gibt verschiedene Abstandshalter und Vorrichtungen, die dafür sorgen, dass der Hund Ihnen nicht ins Rad läuft oder Sie umreißt. Üben Sie zunächst auf einem großen Park- oder Sportplatz, um den Hund ans Abbiegen und Bremsen zu gewöhnen. Sinnvoll ist es, das Abbiegen mit einem Kommando wie »Links« oder »Rechts« zu begleiten. Lassen Sie den Hund das Tempo bestimmen, und ziehen Sie ihn niemals hinter sich her.

Eine weitere Möglichkeit ist das Inlineskaten mit dem Hund. Vorausgesetzt, dass Sie sehr sicher fahren können und der Hund verlässlich an Straßenrändern und Bürgersteigen anhält, kann Skaten für Hund und Halter ein großer Spaß und ein intensives Training sein. Auch hier gilt natürlich: Seien Sie vorsichtig und übertreiben Sie es nicht.

Ob Fahrrad oder Inlineskates: Machen Sie diese Art von Fortbewegung zu einem ritualisierten und freudigen Ereignis. Ermuntern Sie Ihren Hund dabei laufend. Wir ziehen die frühen Morgenstunden vor, wenn die Sonne gerade aufgeht, der Asphalt noch kühl und die Luft klar und frisch ist. Für den Hund ist es herrlich, so den Tag zu beginnen. Bei heißen Sommertemperaturen sollten Sie jedoch auf ein solches Lauftraining verzichten, denn auch Hunde können einen Hitzschlag bekommen.

Falls Sie die Möglichkeit haben, den Hund in der Nähe Ihres Zuhauses »auszufahren«, laden Sie den Hund ins Auto und fahren Sie zu Ihrem Startpunkt, so dass das Tier auf erstrebenswerte Ziele – Körbchen, Futter, Wasser – zulaufen kann, denn das unterstützt seine Motivation enorm.

Vorteile des Lauftrainings

Manche Menschen glauben, das Lauftraining sei nur etwas für verfettete Tiere oder konditionsschwache Ausstellungshunde, die in Form kommen müssen, um die Anmeldebedingungen für eine Schau zu erfüllen. Aber Lauftraining ist für alle Gebrauchshunde von Vorteil. Hündinnen, die vor kurzem geworfen haben, bekommt diese Art der Ertüchtigung ganz ausgezeichnet. Sie ist geeignet, nach der anstrengenden Säugeperiode ihren Muskeltonus wiederherzustellen. Verfechter einer strengen Gehorsamsschulung werden feststellen, dass ein derartiges Lauftraining neben dem Fahrrad die Beziehung Besitzer-Hund

Eine Alternative zum Fahrradfahren ist Schwimmen mit dem Hund. Salzwasser muss anschließend aus dem Fell gespült werden.

beträchtlich zu festigen und Übungen, die mehr Disziplin erfordern, aufzulockern vermag. Hundehalter mit hyperaktiven oder scheinbar »unkontrollierbaren« Tieren können aus dieser Form des Trainings Gewinn ziehen. Regelmäßiges Lauftraining neben dem Fahrrad entzieht Hund und Mensch dem häuslichen Stress (Telefon, Arbeit, Kinder), schafft Harmonie und Zufriedenheit, weil bei Herr und Hund überschüssige Energien ebenso abgebaut werden wie Frustration und Stress.

27. Vermeiden Sie »Gefängnissituationen«

Wenn Ihr Grundstück Raum genug bietet für einen eingezäunten Hundeauslauf, sollten Sie auch etwas Mühe darauf verwenden, dieses Gehege so zu gestalten, dass der Hund es nicht als Gefängnis empfindet. Es ist erstaunlich, wie viele Hundehalter ihr Tier einfach auf einer umfriedeten Kiesfläche einsperren, in der das arme Tier dann ohne jegliche Ablenkung einfach sich selbst überlassen wird. Langeweile und Überdruss gehören zu den schlimmsten Qualen in einem Hundeleben. Zerbeißen von Gegenständen, Graben, hysterisches Gebell, schlechter Appetit und Kotfressen sind oft mehr oder weniger unmittelbare Auswirkungen von Langeweile. Diese Reaktionen treten häufig auf als Folge von Isolation und sind der sogenannten Zwingerpsychose verwandt.

Das soll selbstverständlich nicht bedeuten, dass wir grundsätzlich gegen Zwingerhaltung sind, sondern nur, dass man den Auslauf mit etwas Fantasie gestalten muss, damit der Hund sich darin wohlfühlen kann. Es spielt keine Rolle, ob Sie einen Hund haben oder mehrere, ein eingezäunter Hofplatz oder Gartenteil kann gut durchdacht angelegt werden.

Die beste Lage für Zwinger ist nach Südwesten offen und lässt genügend Licht und Sonne einfallen. Eine Mauer auf der Nordostseite bietet guten Schutz gegen Wind und Durchzug. Auch die Form ist nicht unwichtig. Zunächst die Form: Rechteckige Gehege ermutigen Hunde zum Umhergehen und Laufen, quadratische zum Niederlegen und Nichtstun. Unglücklicherweise fühlen sich manche Hunde von dem rechteckigen Auslauf auch zu fortwährendem Bellen und Anspringen des Zaunes animiert, ein Verhalten, das dem inneren Spannungszustand beim Hin- und Herlaufen am Zaun entspricht.

Ein Spielplatz oder ein Hindernisparcours verhindern Langeweile und steigern das Selbstbewusstsein des Tiers.

Zeigen Sie dem Welpen, wie er den Parcours benutzen soll.
Er lernt dadurch, Ihrer Führung zu vertrauen.

Neigt Ihr Hund zum Hin- und Herlaufen am Zaun, verändern Sie den Grundriss des Zwingers oder Auslaufs zu einer quadratischen Form, und meist wird Ihr Hund diese Unart ablegen. Für größere Rassen schlagen wir gewöhnlich quadratische Zwinger von mindestens vier mal vier Metern Größe vor, obgleich auch kleinere Zwinger verwendet werden können, vorausgesetzt der Hund muss sich darin nicht allzu lange aufhalten.

An dieser Stelle erscheint uns der Hinweis wichtig, dass wir unter Zwingern Gehege verstehen, in denen ein Hund regelmäßig längere Zeit zubringt, die also nicht nur zur Entleerung benötigt werden. Als »Hundeklo« reicht im Allgemeinen eine Grundfläche von zwei mal drei Metern aus. Wir empfehlen diese Art von Defäkationszwinger, weil sie dem Hundehalter die Möglichkeit rascher und gründlicher Säuberung bietet, statt den Hund sein Geschäft womöglich auf dem Gehweg oder am Randstein verrichten zu lassen. Selbst am Straßenrand abgelegter Kot ist ein Gesundheitsrisiko, wenn auch weniger offenkundig und eklatant als auf dem Gehweg, vor dem Eingang des Nachbarhauses oder mitten auf der Straße.

Ihr eingezäunter Hundeauslauf sollte dem Spieltrieb des Hundes gerecht werden und mit entsprechendem Gerät ausgerüstet sein. Halter von Zwergrassen können Kinderspielzeug verwenden, größere Rassen aber benötigen auch größeres Spielzeug. Sie können es selbst aus alten Besenstielen, Lederabfällen und dergleichen konstruieren, wie wir es häufig tun. Achten Sie darauf, dass alle scharfen Kanten mit Schmirgelpapier geglättet und entschärft werden und dass das Spielzeug mindestens so groß ist, dass Ihr Hund es nicht verschlucken kann. In einem geräumigen Auslauf können ein einfacher Hinderniskurs aus eingegrabenen Altreifen, eine brückenartig an bei den Enden einzementierte Laufplanke und Kratzpfosten viele Hunde stundenlang beschäftigen. Außerdem können Sie Ihrem Hund Spielzeug anbieten, das ihn herausfordert, zum Beispiel Kunststoffbehälter mit Futterbrocken, die der Hund sich erarbeiten muss. Es gibt sehr widerstandfähige Plastikbälle, die man mit Sand, Wasser oder Kies füllen kann, so dass sie unterschiedlich rollen und dabei Geräusche machen, was viele Hunde spannend finden. Diese Bälle sind buchstäblich unzerstörbar, und manche Hunde spielen unermüdlich damit.

Hunde lieben alle herabhängenden Gegenstände, besonders wenn sie Geräusche erzeugen. Hängen Sie Spielsachen und Lederstücke (die Sie als Abfälle bei einem Sattler bekommen) an kräftigen Seilen auf; dabei ist allerdings darauf zu achten, dass der Hund sich nicht an einer der Schlingen selbst erhängen kann. An Federn aufgehängte Seile lassen das Spielzeug zurückspringen, wenn der Hund loslässt, und er kann allein Fangen spielen. Herabhängendes Spielzeug mit daran befestigten Glocken fasziniert einen Hund, vergewissern Sie sich jedoch, dass das Geräusch die Nachbarn nicht stört. Die Menschen werden Glockenklang jedoch unablässigem Gebell vorziehen.

Versuchen Sie der Barrierenfrustration (siehe Kapitel 43 über Aggression) entgegenzuwirken, indem Sie den Hundeauslauf gegen lebhaften Straßenverkehr oder Passanten abschirmen. Es gibt verschiedene Möglichkeiten, Zäune mit einem Sichtschutz zu versehen; welche für Sie in Frage kommt, müssen Sie nach den örtlichen Gegebenheiten entscheiden. Sträucher können eine ästhetisch befriedigende Lösung bieten und zugleich vor Reizen abschirmen, die Gebell und Hin- und Herrennen auslösen. Ein Graben, eine Steinreihe oder eine Bepflanzung mit dornigen Berberitzen sind oft geeignet, den Hund vom Zaun fernzuhalten.

Kies ist als Untergrund am besten geeignet, doch manchmal verschlucken Hunde kleine Steine, was gefährlich werden kann. Beton, Gras, asphaltgebundener Split (vorausgesetzt im Sommer bietet der Auslauf genug Schatten) und sogar Holz sind möglich. Unsere Zwinger bestehen aus einer Maschendrahtumzäunung und einem Holzboden, wobei die einzelnen Zwinger durch Holzwände als Sichtschutz abgetrennt sind. Die Bohlen aus Tannenholz (die in ein paar Millimeter Abstand zueinander liegen) haben sich in unserem Klima als sehr haltbar erwiesen, lassen Wasser abfließen und trocknen rasch. Ein Betonboden kann wunde Pfoten hervorrufen, also lassen Sie Ihren Hund nicht zu lange darauf herumlaufen. Beton eignet sich am besten für einen kleineren Auslauf, auf dem der Hund »sein Geschäft« macht. Sammeln Sie den Kot täglich auf und desinfizieren Sie die Fläche.

Grasböden nutzen sich leicht ab, sind aber eine natürliche Unterlage und für den Hund bequemer. Für den mittelgroßen Auslauf hat sich unseres Erachtens Grasuntergrund mit einem Kiesstreifen am Zaun entlang am besten bewährt. Dieser umlaufende Kiesstreifen verhindert, dass die Grasfläche in der Mitte des Zwingers vollständig zerstört wird.

Bringen Sie jeden Tag einen anderen Gegenstand in den Auslauf, insbesondere, wenn Sie Ihren Hund tagsüber allein lassen. Sein Lieblingsspielzeug sollten Sie dem Tier lassen, die anderen Gegenstände aber regelmäßig auswechseln, um etwas Abwechslung in den Alltag zu bringen. Stellen Sie Wasser und Futter einmal hier- und einmal dorthin. Wenn Sie Ihre Obstbäume beschneiden, werfen Sie die Zweige in den Auslauf. Der Hund wird sie ebenso begeistert zerfetzen wie etwa einen großen Karton. Äpfel, Karotten oder anderes Knollengemüse eignen sich gleichermaßen als Vitaminstoß und als Zeitvertreib. Wollen Sie Ihrem Hund Knochen anbieten, so sollten es große Markknochen sein. Kleine Knochen werden oft so lange bearbeitet, bis nur noch Splitter übrig bleiben, die sich dann leicht in der Gurgel festsetzen. Beachten Sie, dass die Knochen groß und fest sind, aber nicht gekocht.

Die Hundehütte bedarf keiner besonderen Ausstattung, aber sie sollte Schutz gegen Witterungseinflüsse gewähren. Im Sommer streicht man dunkelfarbige Hundehütten weiß, damit sie Sonnenschein und Hitze abwehren. Der Hund sollte zusätzlich zur Hütte einen Schattenplatz im Freien haben. Bäume sind die besten Schattenspender, aber auch Büsche erfüllen ihren Zweck, wenn die unteren Zweige ausgelichtet und die verbliebenen Stämmchen mit selbstklebenden Schutzstreifen umwickelt werden, um sie vor Zerstörung zu schützen.

Erwähnt sei schließlich noch die beste Unterhaltung, die Ihr Hund überhaupt haben kann: ein anderer Hund. Viele Hundehalter haben schon die Erfahrung gemacht, dass chronisches Graben, Zerbeißen, Bellen, Jaulen und andere zerstörerische Aktivitäten mit dem Erwerb eines zweiten Haustieres (es kann auch eine Katze sein!) schlagartig aufhörten. Allerdings sei die Gefahr nicht verschwiegen, dass womöglich das neue Tier vom Fehlverhalten des ersten angesteckt wird. Dennoch ist ein Spielgefährte für Hunde, die oft allein gelassen werden, meistens das beste Heilmittel für Neurosen.

Wir haben also gesehen, dass jeder Hund über die tägliche Bewegung hinaus Beschäftigung braucht, wenn Verhaltensstörungen vermieden werden sollen. Wie das im Einzelfall geschehen kann, hängt von Ihren persönlichen Umständen ab. Es gibt aber eine Fülle von Möglichkeiten, von denen Sie die Ihnen gemäßen nutzen sollten.

28. Kinder und Hunde

Seit langem ist uns bewusst, dass Hunde einen starken und positiven Einfluss auf die emotionale und geistige Entwicklung von Kindern haben können. Da wir in unserem Kloster häufig die Möglichkeit haben, zu beobachten, wie Kinder sowohl mit ihren eigenen als auch mit unseren Hunden umgehen, sehen wir bestätigt, was Wissenschaftler gerade in letzter Zeit immer wieder betonen: Wenn man Kindern den richtigen Umgang mit Hunden beibringt, bereichern sie ihren Alltag gegenseitig.

Studien haben gezeigt, dass Kinder, die bei der Hundepflege helfen, mehr Selbstvertrauen besitzen, leichter Freundschaften schließen, anderen Menschen gegenüber aufgeschlossener sind und ganz allgemein eine größere soziale Kompetenz zeigen. Ein Hund kann keinen Freund oder Klassenkameraden ersetzen, aber er kann einem Kind, das sich einsam fühlt, aus der Isolation heraushelfen und die Furcht, auf andere zuzugehen, eindämmen. Für behinderte Kinder gilt das umso mehr. Lynette A. Hart hat in ihren Untersuchungen nachgewiesen, dass behinderte Kinder, die mit Hunden arbeiten, leichter Beziehungen zu Gleichaltrigen aufbauen.

Der Hundeausbilder und Autor Mordecai Siegel (*A Dog for the Kids*) schreibt über die wichtige Rolle, die Hunde in der Entwicklung von Kindern spielen. Er bringt auf den Punkt, was viele Eltern intuitiv wissen:

Von all dem, was ein Kind aus dem Zusammenleben mit einem Haustier lernt (…), ist das Führungsverhalten besonders wertvoll. Ich meine nicht Führung im Sinne schulischer Leistungen oder militärischer Tugenden, sondern im Zusammenhang mit Selbständigkeit, Selbstgenügsamkeit und Unabhängigkeit. Wenn man unter Führungsverhalten die Bereitschaft versteht, Verantwortung zu übernehmen, eigene Entscheidungen zu treffen und auch Niederlagen zu riskieren, dann befindet sich ein Kind, das mit einem Tier zusammenlebt, wahrhaftig in einer Führungsrolle. Hunde sind in der Lage, das Beste aus einem Kind hervorzuholen; sie helfen den Eltern, in ihrem Kind positive Eigenschafent zu wecken, die weniger vererbt, denn erlernt sind.

Wer einen Hund als wichtige Komponente in der Entwicklung seiner Kinder in die Familie integrieren will, sollte unbedingt gründlich und vorausschauend planen. Es ist gut und richtig, wenn ein Kind seinem Alter entsprechend aktiv an Hundepflege und -erziehung teilhat. Aber wir haben die Erfahrung gemacht, dass man von einem Achtjährigen nicht erwarten kann, sich eingehend und allein um einen Hund zu kümmern. In diesem Alter kann ein Kind diese Verantwortung nicht übernehmen – es ist einfach noch nicht dazu in der Lage. Lassie und Timmy als unzertrennliche Freunde sind Stoff für Hollywood, haben aber nichts mit der Realität zu tun. Ein Kind mit der vollen Verantwortung für ein lebendes Tier zu belasten, ist unfair und unklug. Zu viele Eltern haben sich in den vergangenen Jahren schon bei uns beschwert, dass sie sich um den Hund, den sie gekauft hatten, um dem Kind »Verantwortung beizubringen«, letztlich doch selbst kümmern mussten.

Meistens sind es die Frauen, die in unserer Kultur den Alltag der Kinder organisieren, und so fällt der Hund der Kinder meistens auch in ihren Arbeitsbereich. Schlaue Eltern machen sich dies bewusst. Solange die Mutter (oder immer öfter auch der »Hausmann«) nicht die Zeit hat, die Rolle des obersten Hundepflegers zu übernehmen, sollte die Familie den Hundekauf verschieben, bis das Kind mindestens zwölf Jahre alt ist. Jüngere Kinder kommen mit einem Hund am besten zurecht, wenn sie zwar helfen dürfen, die Aufsicht aber beim Erwachsenen bleibt.

So vertragen sich Kind und Hund

Einmal hatten wir in New Skete Besuch von einer sechsköpfigen Familie. Die Eltern waren an einem unserer Deutschen Schäferhunde interessiert und bewunderten diese Rasse, befürchteten aber, dass es zwischen den Kindern und dem Schäferhund zu Aggressionen kommen könnte. Um uns herum tollten mehrere ausgewachsene Hunde. Während der Familienvater noch fragte, worin der Sinn eines guten Zuchtprogramms liege, watschelte plötzlich ein Dreijähriger zu einem der Schäferhunde, packte ihn beim Schwanz und zog mit einem tüchtigen Ruck daran. Der überraschte Hund sprang ein kleines Stück zur Seite, drehte sich um und leckte dem Kind das Gesicht. Einer unserer Brüder wandte sich an das Familienoberhaupt. »Darin«, sagte er, »liegt der Sinn eines guten Zuchtprogramms.«

Dennoch ist es gefährlich darauf zu vertrauen, das jeder Hund diese Gelassenheit an den Tag legt – vor allem wenn es um Kinder geht. Hunde betrachten Kinder meistens als gleichgestellte, manchmal sogar auch als untergeordnete Rudelmitglieder. Falls Sie je zusehen konnten, wie Hunde innerhalb eines Rudels die Hierarchien festlegen, dann wissen Sie, dass sie nicht zimperlich miteinander umgehen. Wenn ein Kind nicht weiß, wie es sich einem Hund gegenüber richtig verhält, kann es leicht zu gefährlichen Beißunfällen kommen. Obwohl aus Hundesicht vollkommen richtig und natürlich, darf ein solches Verhalten innerhalb einer Menschenfamilie nicht vorkommen, zumal der Hund als Konsequenz oft als »gefährlich« eingestuft und abgegeben wird. Eltern müssen Kinder und Hunde unbedingt unter Aufsicht aneinander gewöhnen. Aber es reicht nicht, dem Kind zu zeigen, wie es sich einem Hund nähert; es muss auch lernen, den Hund als ein lebendes Wesen zu respektieren, das andere Bedürfnisse hat als wir Menschen.

Kinder sind in hohem Maße einer absolut vermenschlichenden Darstellung von Tieren ausgesetzt. Daran sind das Fernsehen und die

Kinder- und Jugendbuchverlage nicht ganz unschuldig. Ständig werden Kindern Tierfiguren nahegebracht, die wie Menschen handeln. Goofy trägt menschliche Kleider, fährt ein Auto, hat eine Freundin. Micky- und Minniemaus haben ganzen Generationen von Kindern vorgeführt, wie sie einen Haushalt führen. Rin-Tin-Tin entdeckt die Räuber, rettet die Familie aus einem brennenden Haus und attackiert immer nur die Leute, die es auch verdient haben. Ähnlich verhält es sich mit Lassie. Die Märchengeschichten sind voll von Tieren, die menschliche Züge und Eigenschaften haben. Im Werbefernsehen treten Tiere auf, die sprechen, tanzen und singen und sich auch sonst wie Menschen verhalten. Wen wundert es, wenn der Hund für das Kind ein Freund ist, gewissermaßen ein anderes Kind? Kinder sehen Hunde nur zu oft als Artgenossen an.

Ein ausgezeichnetes Buch von Maurice Sendak und Matthew F. Margolis, *Ein lieber böser Köter*, ist eine Kindergeschichte, die realistisch darzustellen versucht, was bei Erwerb und Aufzucht eines Welpen zu beachten ist. Bemühen Sie sich, einer allzu vermenschlichenden Vorstellung vom Tier von Anfang an entgegenzuwirken, indem Sie dem Kind realistische Geschichten über Hunde und andere Tiere in die Hand geben. Nehmen Sie Ihr Kind mit in ein Tierheim, um ihm die Verschiedenartigkeit der Rassen vor Augen zu führen – und das Problem der ausgesetzten und verlassenen Tiere. Sind Sie Mitglied eines Rassehundvereins oder in einer Hundeschule, zeigen Sie Ihrem Kind, wie eine Übungsstunde verläuft.

Sobald der Hund in der Familie angekommen ist, müssen die Eltern dem Kind klarmachen, dass man einen Hund niemals reizen, piesacken oder sogar quälen darf. Unglücklicherweise haben Kinder enorm viel Spaß daran, andere Lebewesen zu necken: Es vertreibt die Langeweile und ist äußerst unterhaltend. Aber oft wissen Kinder einfach nicht, was sie anrichten können, wenn sie einen Hund pieksen, an Ohren oder Schwanz ziehen oder schreiend um ihn herumlaufen, und so kommt es schnell zu unglücklichen oder sogar gefährlichen Zwischenfällen. Sie als Eltern haben die Verantwortung und Aufsichtspflicht.

Wie in der Kindererziehung ganz allgemein können Sie Ihrem Kind am schnellsten beibringen, wie man sich einem Hund gegenüber verhält, indem Sie als gutes Beispiel vorangehen. In den vielen Jahren unserer Arbeit haben wir beobachtet, dass Kinder das Verhalten Ihrer Eltern imitieren. Wenn Sie Ihr Haustier mit Rücksicht und Respekt behandeln, wird das Kind es nachahmen. Kinder haben viel Fantasie. Wenn man ihnen vorschlägt, die Dinge aus der Hundeperspektive zu betrachten, begreifen sie recht schnell, welche Art von Behandlung der Hund vermutlich nicht mag. Das Kind in die tägliche Hundepflege mit einzubeziehen, festigt darüber hinaus das Band zwischen Kind und Hund und macht es dem Kind schwerer, den Hund zu necken oder sogar zu misshandeln.

Und wenn Sie noch keinen Hund haben? Eine erprobte Vorbereitungsmethode für ein kleineres Kind ist das Üben mit einem Stofftier, an dem Sie ihm zeigen können, wie man Hunde anfasst und streichelt. Wir halten es allerdings für besser, wenn Eltern ihre Kinder vorher mit lebendigen Hunden zusammenbringen. Nachbarn, Freunde oder Bekannte mit Hunden helfen sicher aus. Das ist übrigens auch dann sinnvoll, wenn Sie sich in nächster Zeit kein Haustier anschaffen wollen, da Ihr Kind irgendwann bei einem Spielkameraden zu Hause unweigerlich einem Hund begegnen wird.

Wir haben die Erfahrung gemacht, dass viele Eltern ihre Kinder überbehüten und sie aus ganz unterschiedlichen Gründen von Hunden fernhalten. Doch Kinder, die nicht bereits frühzeitig an die Begegnung mit Hunden gewöhnt werden, agieren manchmal so ängstlich oder ungeschickt, dass sie ein aggressives Verhalten des Hundes pro-

Lassen Sie Ihren Hund mit Kindern Bekanntschaft machen. Die Begegnung sollte in entspannter Atmosphäre stattfinden.

vozieren. Daher raten wir Eltern grundsätzlich, Ihre Kinder mit Hunden vertraut zu machen. Hier ein paar Grundregeln, die Ihnen dabei helfen:

1. Hunde müssen beim Fressen in Ruhe gelassen werden. Hunde schützen ihr Futter instinktiv, und wenn sie ein kleines Kind dabei stört, können sie aggressiv reagieren. Wenn Sie selbst einen Hund haben, dann sollten Sie ihm diesen Schutzmechanismus behutsam abgewöhnen, indem Sie ihn zunächst aus der Hand füttern. Gehen Sie jedoch in keinem Fall ein Risiko ein. Wenn ein Kind in der Nähe ist, lassen Sie Ihren Hund ungestört fressen.
2. Halten Sie Ihr Kind von freilaufenden, fremden Hunden fern. Selbst wenn der Hund freundlich zu sein scheint, kann sich sein Verhalten rasch ändern, falls das Kind etwas tut, das der Hund als Bedrohung empfindet. Außerdem müssen Kinder lernen, dass sie niemals einen eingezäunten Garten oder Hof betreten dürfen, wenn der Hund darin frei umherläuft. Hunde sind Territorialwesen, die oft feindselig reagieren, wenn ein Kind ihr Revier betritt.
3. Schlafende Hunde dürfen nicht gestört werden. Es ist schon viel zu oft geschehen, dass ein Hund, der aus dem Schlaf gerissen wurde, nach der Person geschnappt hat. Falls der Hund aber geweckt werden muss, weisen Sie das Kind an, aus einiger Entfernung seinen Namen zu rufen und in die Hände zu klatschen. Dies warnt den Hund vor und gibt ihm die Chance, ruhig zu reagieren.
4. Erlauben Sie Ihrem Kind nicht, plötzlich von hinten an einen Hund heranzutreten. Das kann unangenehme Folgen haben, selbst wenn der Hund freundlich und ausgeglichen ist. Hunde mögen in der Regel keine Überraschungen, also bringen Sie Ihrem Kind bei, dass es sich stets bemerkbar macht, bevor es sich dem Hund nähert.

Für die erste Begegnung ist es unserer Meinung nach am besten, wenn der Besitzer den Hund an der Leine zum Kind führt und dem Tier befiehlt sich hinzusetzen. Auf diese Art hat der Hundehalter die Situation unter Kontrolle, während er dem Hund gleichzeitig Ruhe und Gelassenheit vermittelt. Nun kann das Kind dem Hund den Handrücken zum Schnuppern hinhalten. Wenn der Hund sich freundlich benimmt (zum Beispiel wedelt oder dem Kind die Hand ableckt), kann es ihn vorsichtig streicheln.

Ihr Kind sollte auch lernen, wie es reagieren muss, falls es einem Hund begegnet, der sich aggressiv verhält. Tiere mit Schutzhundausbildung beispielsweise haben gelernt, die drohend erhobene Hand anzugreifen, also bringen Sie Ihrem Kind unbedingt bei, still stehen zu bleiben, wenn ein fremder Hund auf sie zuläuft, und erst dann langsam fortzugehen, wenn der Hund sich wieder etwas zurückgezogen hat. Vor allem aber dürfen sie weder die Arme hochreißen noch schreiend davonlaufen, denn beides kann den Hund zum Angriff bewegen. Falls Sie von einem aggressiven Hund in der Nachbarschaft wissen, sprechen Sie mit dem Hundehalter; warten Sie nicht, bis etwas Schlimmes passiert.

Kinder und Hundeerziehung

Bei uns im Kloster helfen oft Kinder von Gemeindemitgliedern bei der täglichen Hundepflege oder bei der Sozialisation der Welpen. Unter Aufsicht und mit der richtigen Anleitung können Kinder die Hunde füttern, mit ihnen spazieren gehen, bei der Ausbildung helfen und mit ihnen spielen. Dies ist nicht nur für die Kinder und die Welpen eine Bereicherung, sondern auch für uns. Kinder jeden Alters können Hunden etwas geben. Ein Säugling zum Beispiel kann in dem Hund einen starken Beschützerinstinkt wecken: Viele Eltern berichten davon, wie der Haushund sich ruhig neben das Bettchen oder den Laufstall legt, um stundenlang über das Baby zu wachen. Dennoch sollten Eltern ihren Säugling niemals mit einem Hund allein lassen.

Natürlich liegt es in Ihrer Verantwortung als oberster Hundepfleger, das Tier zu erziehen, aber Kinder können in die Ausbildung miteinbezogen werden und so bereits einfache Kommandos lernen, auf die der Hund reagiert. Wenn Sie mit Ihrem Hund in die Hundeschule gehen wollen, fragen Sie vorher nach, ob Ihr Kind ebenfalls teilnehmen oder wenigstens zusehen darf. Das Kind an der Hundeausbildung zu beteiligen, ist die beste Methode, Hund und Kind ein vernünftiges Miteinander beizubringen.

Hunde sind keine Roboter. Sie reagieren nicht automatisch auf Befehle, die Menschen (besonders Kinder) ihnen geben. Kinder brüllen oft Befehle heraus, erwarten, dass der Hund gehorcht, und reagieren frustriert oder wütend, wenn das Tier es nicht tut. Deshalb muss zunächst ein gewisses Maß an Gehorsam gewährleistet sein. Das bedeutet eine Beziehung, die auf Verständnis und konstantem Training basiert. Üben Sie täglich mit Ihrem Kind: Zeigen Sie ihm, wie es mit dem Hund arbeiten muss, so dass er auf die Kommandos reagiert.

Erlauben Sie dem Kind nicht, den Hund zu bestrafen. Falls es ein Verhaltensproblem gibt, soll das Kind zunächst Sie informieren. Wenn es selbst versucht, den Hund zu disziplinieren, kann dieser in die Dominanzrolle zurückfallen. Dann ist Ihr Kind vielleicht nicht mehr in der Lage, ihn zu kontrollieren. Übrigens sollten Sie Ihrem Kind außerdem den Sinn und Ihre Rolle in der Disziplinierung des Hundes erklären. Kinder, die das nicht begriffen haben, reagieren oft mit Protest oder sogar Hysterie, wenn der Hund bestraft wird. Erklären Sie außerdem Ihrem Kind, wie es sich in der Nähe des Hundes verhalten soll. Schreien und Toben können Aggressionen hervorrufen. Ein Hund darf nicht an der Leine herumgezerrt, vom Kind sexuell stimuliert und ganz sicher nicht auf andere Lebewesen gehetzt werden. Dass kleine Kinder den Hund an Schwanz oder Ohren ziehen, lässt sich kaum verhindern, aber Sie können es eindämmen, wenn Sie Ihr Kind in Gegenwart des Hundes überwachen.

Fragen Sie Ihren Züchter, ob der Welpe, den Sie bei sich aufnehmen wollen, bereits mit Kindern in Kontakt gekommen ist. Und denken Sie daran: Der extrovertierte, lebhafte Welpe muss für eine aktive Familie nicht unbedingt der richtige sein.

Die Gewöhnung an Neugeborene

Werdende Eltern fragen uns oft, wie man einen Hund auf die Ankunft eines neuen Familienmitglieds vorbereiten kann, damit der Hund nicht eifersüchtig oder sogar aggressiv reagiert. Zum Glück gibt es tatsächlich ein paar Maßnahmen, die die Integration erleichtern und das Risiko, dass es zu einem tragischen Vorfall kommt, verringern. (Wir danken Dr. Nicholas Dodman für die folgenden Tipps.)

1. Falls Sie mit Ihrem Hund noch kein Gehorsamstraining absolviert haben, tun Sie es unbedingt vorher. Wenn er bereits die grundlegenden Befehle beherrscht, üben Sie mit ihm weiter. Sie müssen sich im Notfall auf seinen Gehorsam verlassen können.
2. Üben Sie schon lange vor der Geburt, den Hund in der Nähe abzulegen, während sie sich um eine Puppe »kümmern«. Lassen Sie dabei ein Band von einem weinenden oder schreienden Baby laufen, damit sich der Hund an das Geräusch gewöhnt. Sie können auch jetzt schon üben, den Hund neben einem Kinderwagen auszuführen. Sobald das Baby geboren ist, sollte der Vater ein Kleidungsstück des Babys aus dem Krankenhaus mitbringen, so dass sich der Hund an den Geruch gewöhnen kann, noch bevor das Neugeborene zu Hause eintrifft.
3. Wenn Mutter und Baby aus dem Krankenhaus kommen, sollte die Mutter zunächst allein eintreten und den Hund begrüßen,

während der Vater mit dem Baby draußen wartet. Die Mutter sollte ein wenig Zeit mit dem Hund verbringen, da sie vermutlich ein paar Tage fort war. Anschließend kann der Vater mit dem Kind hereinkommen. Leinen Sie den Hund an. Sofern der Hund weitgehend ruhig bleibt, dürfen Sie ihn näher an das Baby heranlassen. Am besten setzen Sie sich dazu mit dem Baby auf die Couch.

4. Vergessen Sie den Hund nicht! Wenn die Aufmerksamkeit der Eltern ausschließlich auf den Säugling fixiert ist, wird der Hund sehr wahrscheinlich eifersüchtig und den Neuankömmling als Konkurrenten betrachten. Versuchen Sie, den Hund in Ihren neuen Tagesablauf mit einzubeziehen. Reden Sie beim Windelnwechseln mit dem Hund, lassen Sie ihn in Ihrer Nähe liegen, während Sie stillen, oder spielen Sie mit dem Hund, während der andere Elternteil das Baby beschäftigt. Kurz: Verbringen Sie so viel Zeit wie möglich mit Hund *und* Kind gemeinsam.
5. Falls Sie trotz allem das Gefühl haben, Ihr Hund könnte Ihrem Baby schaden wollen, ziehen Sie schnellsten einen Hundeausbilder oder -psychologen zu Rate. Er kann den Ernst der Lage besser einschätzen und Ihnen sagen, wie Sie das Problem beheben können.

Ein guter Anfang

Keinesfalls dürfen Kinder mit dem Welpen herumexperimentieren oder ihn in allzu grobe Spiele verwickeln.

29. Welpenerziehung

Unsere über dreißigjährige Erfahrung in der Zucht und Ausbildung von Deutschen Schäferhunden und die Arbeit mit erwachsenen Hunden aller Rassen und ihren Besitzern hat uns gezeigt, wie innig und vielschichtig die Beziehung Mensch-Hund sein kann. Die allerwichtigste Lektion, die wir in den vielen Jahren aber gelernt haben, ist der enorme Einfluss der ersten sechs Monate im Leben eines Welpen auf seine gesamte Entwicklung. Um es ohne Umschweife auszudrücken:

Diese ersten sechs Monate sind so prägend, dass Versäumnisse in dieser Zeit dauerhafte Schäden in der Hundepsyche verursachen können.

Welpen zum Beispiel, die zwischen der fünften und zwölften Woche ihres Leben nicht an Menschen gewöhnt wurden, wachsen nahezu immer zu ängstlichen und schreckhaften Hunden heran. Kein noch so ausgefeiltes Therapieprogramm kann dies wieder gänzlich beheben.

Welpen dagegen, die schon früh verschiedene soziale Erfahrungen (mit Menschen, anderen Hunden, unterschiedlichen Untergründen, Geräuschen, Gerüchen etc.) machen konnten, entwickeln sich in den meisten Fällen zu glücklichen, ausgeglichenen Haustieren. Sie werden zu echten Gefährten des Menschen und bauen zu ihrem Besitzer eine wunderbare Beziehung auf, die ein Hundeleben lang anhält.

Aus diesem Grund wenden wir viel Zeit und Mühe auf, um Hundehaltern die wichtige Rolle der Welpensozialisation zu erklären. Indem wir Sie in unsere Welt hier in New Skete einführen, hoffen wir, Ihnen ein abgerundetes Bild der Welpenentwicklung geben zu können. Wir möchten Ihnen dabei helfen, diese Entwicklung zu verstehen, und Ihnen ein paar sehr einfache Richtlinien an die Hand geben, mit der Sie eine gesunde Beziehung zu Ihrem Welpen aufbauen können. Die

Erziehung zur Stubenreinheit und erste spielerische Trainingseinheiten ergänzen das Kapitel. Je mehr Sie über Welpen wissen, umso einfacher wird es für Sie, Ihren Hund zu verstehen und richtig mit ihm umzugehen.

Boris, der Chow-Chow

Ein besonders bemerkenswertes Trainingserlebnis hatten wir mit einem sechsmonatigen Chow-Chow-Rüden namens Boris. Der Besitzer war verzweifelt, als er zu uns kam. »Ich war mir nicht sicher, ob ich durchhalte, bis er sechs Monate alt ist. Gott sei Dank kann jetzt endlich etwas getan werden.« Wir fragten ihn, was er damit meinte, und er zeigte uns diverse punktartige Wunden an Arm und Hand. »Das hier ist noch nicht einmal das Schlimmste«, sagte er seufzend. »Eigentlich ist er ja ein ganz umgänglicher Bursche, wenn ich ihn nicht gerade bürsten will. Aber dass er mich und meine Frau gnadenlos die Straße entlangzerrt, ist unerträglich. Da er noch keinerlei Befehle befolgt, können wir überhaupt nichts machen.« Als der Mönch, der den Mann empfangen hatte, sich vor Boris hinhockte, wich der Hund knurrend zurück. »Oh, und er mag keine Fremden«, bemerkte der Mann trocken.« Wir erkundigten uns, ob er Boris in einen Welpenkindergarten gebracht hatte, aber er schüttelte den Kopf. »Sicher nicht. Mit diesem Kuschelkurs kann weder ich noch Boris etwas anfangen. Außerdem wusste ich ja, dass er mit sechs Monaten hierher kommen und richtig trainiert werden würde. Ich meine, das stand doch in dem Brief, den Sie mir geschickt haben. Dass er sechs Monate alt sein muss.«

Der Mann hatte ganz offensichtlich durcheinandergebracht, was der Unterschied zwischen Hundeerziehung und Ausbildung ist. Es stimmt, dass wir Hunde erst ab sechs Monaten zur Ausbildung nehmen. Diese Grenze haben wir aber festgelegt, weil der Aufbau einer Beziehung zwischen Hund und Halter so wichtig ist, dass man in dieser Phase den Hund möglichst nicht für eine längere Zeitspanne weggeben soll; es hat rein gar nichts damit zu tun, dass ein Hund in den ersten Monaten noch nicht in der Lage ist zu lernen. Unser Trainingsprogramm dauert drei bis vier Wochen, was einen Welpen unter enormen Druck setzt. Hätte der Mann direkt nach dem Kauf mit Boris seinem Alter entsprechend zu arbeiten begonnen und ihm spielerisch die grundlegenden Kommandos beigebracht, hätte er das Verhalten des Hundes formen können. Er hätte bereits Monate zuvor beginnen sollen, sich in seiner Führungsrolle durchzusetzen und Boris daran zu gewöhnen, seine Berührung zu akzeptieren und sich das Fell pflegen zu lassen, ohne nach seinem Herrn zu schnappen.

Bedauerlicherweise war aber dieser Herr wie viele andere Welpenbesitzer dem Irrtum aufgesessen, ein Hund könne erst dann erzogen werden, wenn er älter als sechs Monate ist, weswegen er vier Monate Chaos durchlitt. Zum Glück ließ sich Boris recht gut ausbilden, wenn sich das Training mit ihm auch viel schwieriger und langwieriger gestaltete, als es nötig gewesen wäre.

Tatsache ist, dass Sie mit der Ausbildung sofort nach dem Kauf des Hundes beginnen können, solange Ihnen bewusst ist, was wir mit »Ausbildung« meinen. Die meisten Welpen lernen unter liebevoller Anleitung nämlich schnell und gern. Wie wir gesehen haben, beginnt der Lernprozess für einen Welpen mit der Geburt, drei Wochen später kann die Erziehung beginnen. In diesem Kapitel zeigen wir Ihnen, was in den ersten sechs Monaten sinnvoll, möglich und nötig ist.

Kindergarten Puppy Training

Seit einiger Zeit werden außer der Hundeschule Welpenspielgruppen angeboten, und dass es sie gibt, verdanken wir Hundeausbildern, die begriffen haben, wie wertvoll diese Art von Welpenerziehung ist. Die Grundlagen für die Spielgruppen (im Amerikanischen KPT, *Kindergar-*

ten Puppy Training) wurden durch Forscher wie Dr. J.P. Scott und Dr. J.L. Fuller geschaffen, deren Studie *Genetics and the Social Behaviour of the Dog* auf diesem Gebiet ein Grundlagenwerk ist. In diesem Buch werden die Beziehungen zwischen Genetik, frühen Erfahrungen und Erwachsenenverhalten untersucht. Die Autoren zeigen, dass Welpen auf ihrem Weg zum erwachsenen Hund vier deutlich identifizierbare Stadien oder »kritische Phasen« durchleben, in denen sie bestimmte Erfahrungen machen müssen. Können sie das nicht, zeigen sich später häufig Störungen in ihrer Persönlichkeitsentwicklung. Clarence Pfaffenberger und Dr. Michael Fox werteten später diese Ergebnisse aus und entwickelten mit William Campbell und Jack und Wendy Volhard unterschiedliche Welpenpersönlichkeitstests, mit denen Züchter und potenzielle Besitzer die Welpen ungefähr im Alter von sieben Wochen einschätzen können.

Viele Züchter sozialisieren und erziehen ihre Hunde, bevor sie dem Welpenalter entwachsen sind, und ermuntern ihre Kunden, dasselbe zu tun. Dennoch ist das Gerücht, dass ein Ausbildungsbeginn vor dem sechsten Lebensmonat dem Junghund schade, nicht auszurotten. Zwar trifft es zu, dass eine reguläre Ausbildung an der Leine, wie sie in vielen Handbüchern beschrieben wird, einem jungen Tier schaden kann. Die Korrektur mit der Leine kann beispielsweise zu hart ausfallen und Verletzungen hervorrufen. Das Knochengerüst eines jungen Hundes ist erst mit sechs Monaten stabil genug, um solchen Belastungen standzuhalten; deshalb können Korrekturen durch Ruck oder Zug an der Leine zu einem früheren Zeitpunkt schädlich sein. Aber andere, weniger intensive Ausbildungsmethoden sind bei jüngeren Tieren durchaus angebracht und auch wirksam.

Die spätere Gehorsamsschulung des erwachsenen Hundes wird schwieriger sein, wenn er nicht schon eine leichte Früherziehung erfahren hat.

Wenn es in Ihrer Nähe eine Welpenspielgruppe oder Welpenschule gibt, dann melden Sie sich dort an. Wahrscheinlich wird sich die Gruppe einmal wöchentlich treffen und aus fünf bis fünfzehn Tieren und ihren Besitzern bestehen. Erwarten dürfen Sie eine allgemeine Einführung zum Welpenverhalten, Anleitungen und Möglichkeiten zur Sozialisation von Welpen und das spielerische Einüben von ersten Kommandos. Man wird Ihnen helfen, dem Tier mit Spaß und Spiel und positiver Verstärkung die üblichen Welpenunarten wie Anspringen, Zerkauen von Gegenständen, übermäßiges Bellen und Jaulen abzugewöhnen. Manche Welpenschulen bieten auch spannende Hinderniskurse, damit die Welpen üben, angstfrei mit den unterschiedlichsten Situationen fertig zu werden, denn auch Treppensteigen oder das Durchqueren von Tunneln will gelernt werden. Das Gewicht in einer Welpenschule liegt auf dem Spielerischen, aber die Tiere werden gleichzeitig an Außenreize und den Umgang mit anderen Lebewesen gewöhnt.

Gibt es die Möglichkeit einer solchen Ausbildung in Ihrem Raum nicht, so folgen Sie den hier gegebenen Anleitungen, bis Sie Ihrem Hund später eine Gehorsamsschulung für Fortgeschrittene im Verein oder auch in Eigeninitiative zukommen lassen.

Gewöhnen, gewöhnen, gewöhnen

Es empfiehlt sich zu wissen, was während des Wachstums physiologisch und psychologisch in einem Welpen vorgeht. Jeder Welpe durchlebt vier wichtige Entwicklungsstadien. Nach der neonatalen Phase gelangt er durch die Übergangsphase in die Sozialisationsphase (zwischen der fünften und zwölften Woche).

Erste bis fünfte Woche

In der ersten bis fünften Woche ist er ausschließlich auf seine Mutter und seine Wurfgenossen fixiert. Die Mutter bringt dem Welpen die wichtigsten Hundemanieren bei, und die Welpen lernen, miteinander auszukommen. Dieser Kontakt ist ganz wichtig; ein Welpe darf nicht verfrüht (zum Beispiel schon mit fünf Wochen) aus dem Wurf genommen werden. Wenn die Welpen nicht die Möglichkeit haben, diese erste Sozialisationsphase mit ihren Geschwistern durchzumachen, besteht ein höheres Risiko, dass sie im Erwachsenenalter zu Aggressionen neigen.

Sechste oder siebte Woche

In der Mitte der Sozialisationsphase (in der sechsten oder siebten Woche) beginnt der Hund, sich anderen zu öffnen. Nun ist der Kontakt mit (unterschiedlichen!) Menschen wichtig. Er muss sich auch dann fortsetzen, wenn der Besitzer den Hund nach Hause gebracht hat, denn dieser Kontakt ist die Grundlage für die Entwicklung des Welpen zu einem freundlichen erwachsenen Hund. Wenn Sie also einen Welpen zu sich nehmen wollen, holen Sie ihn zwischen der siebten und zehnten Lebenswoche, aber keinesfalls früher. Falls der Hund älter als zehn Wochen ist, vergewissern Sie sich, dass beim Züchter eine ausreichende Sozialisation stattgefunden hat.

Achte bis zehnte Woche

Im Alter von acht bis zehn Wochen macht ein Welpe eine Entwicklungsphase durch, die von Fachleuten die »Angstperiode« genannt wird. Während dieser Zeit ist der Welpe besonders empfindlich gegen Stress, Vernachlässigung und schlechte Behandlung. Jeder Welpe erfährt diese Periode auf unterschiedliche Weise. Es ist wichtig, sich dieser Tatsache bewusst zu sein, aber lassen Sie den Welpen während dieser oder einer anderen Periode seiner Kindheit nicht in einem Kokon leben. Soziale Isolation zerstört die Psyche eines Welpen rascher als jede noch so harte Ausbildungsmethode. Streicheln oder loben Sie ihn nie, wenn er Angst vor etwas Neuem zeigt, denn das verstärkt seine Reaktion nur. Haben Sie Geduld und ermuntern Sie ihn. Neugier und Selbstvertrauen sollten dagegen stets gelobt werden.

Der Begriff der Sozialisation umfasst die ganze Bandbreite der Interaktion des Welpen mit seiner Welt und schließt das Erkunden verschiedener Umgebungen, Böden, Gegenstände, Geräusche und Tiere mit ein. Je öfter Sie Ihren Hund in dieser frühen Phase neuen Erfahrungen aussetzen, desto leichter wird es dem Welpen fallen, sich später anzupassen. Wenn man Trainer fragen würde, auf was sich ein frischgebackener Welpenbesitzer am stärksten konzentrieren sollte, dann lautete die Antwort zweifellos Sozialisation. Das kann man gar nicht oft genug betonen. Versuchen Sie nicht, den Prozess zu verkürzen. Nur ein sozialisierter Welpe kann mit seinem Besitzer eine echte, fruchtbare Beziehung eingehen.

Gleichzeitig kann man dem Welpen in dieser Phase schon allerhand Nützliches beibringen: etwa Begleiten der Bezugsperson mit und ohne Leine, Sitzen, Liegen und welche Gegenstände als Spielzeug tabu sind, doch sollten nur fähige Personen mit dem Welpen arbeiten. Keinesfalls dürfen Kinder mit dem Jungtier herumexperimentieren oder es in allzu grobe Spiele verwickeln. Daraus nämlich kann der Hund eine Abneigung gegen Kinder entwickeln, die bis in sein Erwachsenenalter anhält. Erst im Alter von zehn Wochen kann der Welpe unter Aufsicht eines Erwachsenen an den Umgang mit Kindern gewöhnt werden. Allerdings sollte man die Kinder darauf vorbereiten, denn Feingefühl und Verständnis im Umgang mit Tieren wollen gelernt sein. Später wird der Hund sich einer groben oder falschen Behandlung von selbst entziehen, auch ist er dann psychisch und körperlich robuster.

Ebenfalls zur Sozialisation gehört die Fellpflege. Fangen Sie sofort mit der Gewöhnung an. Zunächst wird es noch nicht viel Fell zum Bürsten geben, aber es ist dennoch wichtig, den Hund an diese Art der Berührung zu gewöhnen. Da die Pflege zu einem Ritual werden soll, das ihn sein ganzes Leben lang begleitet, sollten Sie ihm die Chance geben, es zu genießen. Halten Sie den Welpen am Halsband, streichen Sie mit der Bürste oder dem Kamm ein paar Mal übers Fell und loben Sie ihn dabei kräftig. Als Nächstes massieren und betasten Sie sanft Ohren und Pfoten und halten ihn um die Schnauze, während Sie ihm in die Augen sehen. Wenn der Hund sich aus dem Griff winden will, schütteln sie die Schnauze ganz leicht und sagen Sie »Nein«, aber mit freundlicher Stimme. Lassen Sie nicht zu, dass der Welpe seinen Willen durchsetzt, denn daraus würde er nur schließen, dass es sich lohnt, sich zu wehren. Weitere und genauere Richtlinien zur Fellpflege finden Sie in Kapitel 12.

Eine Grundregel für die Ausbildung von Welpen lautet: Werden Sie niemals ungeduldig. Alle Übungen sollen Ihnen und Ihrem jungen Hund Spaß machen. Deshalb muss der spielerische Charakter im Vordergrund stehen.

Die Namensgebung

Im Allgemeinen bevorzugen wir für unsere Welpen kurze, zweisilbige Namen mit deutlichem Klangbild. Namen, die mit einem weichen »a« oder einem gedehnten »o« enden, sind ausgezeichnet (Sarah, Bosco, Sandra, Laika, Elko und so weiter). Gegen einsilbige Namen ist nichts einzuwenden, doch haben wir bei Welpen und Junghunden mit zweisilbigen Namen rascher Reaktionen erzielt.

Gebrauchen Sie keine Namen, die wie Kommandos klingen oder sich darauf reimen, und bedenken Sie, dass Namen, wie sie von Kindern gern für junge Hunde gewählt werden, (Bibi, Waggi, Dicki und dergleichen) für Welpen recht nett klingen, aber ihren Charme verlieren, wenn der Hund älter ist.

Scherznamen oder solche, die eine körperliche Eigenart der Rasse oder des einzelnen Hundes betonen, sind eine Frage des persönlichen

Geschmacks, aber wir raten davon ab. Hunde sind erstaunlich sensibel und spüren, wenn sie Mittelpunkt allgemeiner Belustigung sind. Wir kennen einige Städter, die ihren Hunden absichtlich gefährlich klingende Namen gaben, um deren Schutzwert zu erhöhen (Schwarzzahn, Reißer, Speer und Terror sind einige, die wir gehört haben). Auch hier gilt, dass auch Sie mit dem Namen Ihres Hundes leben müssen.

Wenn Sie Ihren Hund erst kennen, können Sie den Namen auch ändern. Uns sind zwei Schäferhundbesitzer bekannt, deren Tiere auf die unschuldigen Namen Dagmar und Kain hören – nicht gerade ideale Rufnamen. Die Hunde selbst sind gutmütig und umgänglich. Wenn aber verdächtig aussehende Gestalten im Umkreis des Hauses gesichtet werden, rufen die Besitzer: »Killer und Fang, schnell hierher!« Das hat sich nach ihrer Auskunft als sehr wirksam erwiesen.

Vor allem sollten Sie darauf bedacht sein, einen Namen zu wählen, den der Hund leicht hören und verstehen kann und der zu seiner Persönlichkeit und den Rassemerkmalen passt.

Kommen auf Anruf

Als Erstes muss der Welpe seinen Namen lernen. Sagen Sie ihn oft, besonders wenn Sie bemerken, dass der Welpe Sie anschaut. Veranstalten Sie eine kleine Übung mit zwei Personen, während derer Sie den Welpen abwechselnd beim Namen rufen und erst zu einem, dann zum anderen Teilnehmer kommen lassen. Der Abstand zwischen beiden Personen sollte anfangs nur eineinhalb bis zwei Meter betragen. Er wird dann entsprechend den Fortschritten des Welpen verlängert.

Rufen Sie den Welpen in fröhlichem, ermunterndem Ton, und loben Sie ihn ausgiebig, wenn er zu Ihnen kommt. Sie sollten sich auf die Knie niederlassen, wenn Sie den Welpen rufen, und dazu die Arme ausbreiten, um ihn herbeizulocken. Nehmen Sie es nicht persönlich,

Zwei Personen rufen den Hund abwechselnd zu sich. Breiten Sie einladend die Arme aus und hocken Sie sich nieder.

Eine lange Leine hilft Ihnen bei der Übung. Sobald der Hund bei einer Person angekommen ist, wird die Leine zur anderen geworfen.

wenn der junge Hund zögert, zu Ihnen zu kommen. Fahren Sie fort, ihn zu rufen, und ermutigen Sie ihn, sowie er sich zu Ihnen in Bewegung setzt. Geben Sie nicht auf, wenn er nicht kommt; vielleicht weiß er nicht, was er soll. Klopfen Sie fest auf den Boden, schnippen Sie mit den Fingern oder klingeln Sie mit dem Schlüsselbund. Wenn der Welpe dann zu Ihnen kommt, loben Sie ihn mit Worten und streicheln Sie ihn. Wenden Sie ihn in Richtung auf Ihren Partner und halten Sie ihn sanft fest, während der andere ihn ruft. Der Welpe wird sich winden und wehren und tapfer versuchen, dem Ruf zu folgen. Lassen Sie den Welpen los und weisen Sie Ihren Partner an, ihn begeistert zu loben und mit einem Leckerbissen zu belohnen.

Kommt der Welpe willig von einer Person zur anderen, kann man eine dritte Person einbeziehen und ein Dreieck von ungefähr zwei Metern Seitenlänge bilden. Befestigen Sie eine leichte Leine am Halsband des Welpen und werfen Sie Ihrem Partner das Ende der Leine zu, wenn er den Welpen ruft. Kommt der Welpe nicht von sich aus, kann Ihr Partner ganz leicht an der Leine zupfen. Meistens reicht das eine Mal aus; falls der Welpe wieder stehen bleibt, zupfen Sie wieder. Ziehen Sie den Hund nicht zu sich. Lassen Sie ihn aus freien Stücken kommen. Der Welpe soll sich vor Sie hinsetzen, wenn er kommt.

Manche jungen Hunde springen an jedem Teilnehmer hoch und betappen ihn mit den Pfoten. Bestrafen Sie das nicht, aber bringen Sie den Welpen sanft und freundlich in sitzende Position und fahren Sie dabei fort, ihn zu loben.

Denken Sie daran, niemals sollte mit dem Kommen Strafe verbunden sein.

Rufen Sie den Welpen weiter wechselseitig zu sich. Die Übungen sollten bis zum fünften Lebensmonat zehn Minuten nicht überschreiten. Später können sie auf fünfzehn Minuten ausgedehnt werden. Beenden Sie die Übungen mit einem Spiel, ohne die Leine abzunehmen. Die hilft dem Welpen, sich an die Leine zu gewöhnen und ihr Tragen mit Erfreulichem zu verbinden, nicht nur mit »Arbeit«.

Wenn Sie den Welpen rufen, sagen Sie zuerst den Namen des Tieres, dann das Wort »Hierher« (für die Ausbildung Deutscher Schäferhunde sind vom Verein für Deutsche Schäferhunde und die angeschlossenen Ortsvereine kurze Kommandos vorgeschrieben, in diesem Fall »Hier!«). Gebrauchen Sie grundsätzlich nur *einen* Namen und verzichten Sie hier auf zärtliche Kosenamen und dergleichen. Je mehr man mit dem jungen Hund das Kommen auf Befehl übt, desto weniger Gehorsamsprobleme wird man später haben. Beinahe jeder Hund verweigert gelegentlich den Gehorsam, wenn er gerufen wird. Welpen, die das Kommen auf Befehl schon früh und vor allem spielerisch gelernt haben, werden dem Befehl später besser Folge leisten.

Folgen

Dem Welpen beizubringen, Sie als menschlichen Rudelführer zu betrachten, ist sehr wichtig.

Einmal täglich sollten Sie versuchen, Ihren Welpen für zehn bis zwanzig Minuten daran zu gewöhnen, dass er Ihnen ohne Leinenzwang folgt. Trainieren Sie diese Lektion an einem Ort, wo es wenig Ablenkungen gibt. Setzen Sie ihn dort nieder und gehen Sie dann langsam fort, wobei Sie sich seine Aufmerksamkeit durch aufmunterndes, freundliches Zureden erhalten. Rufen Sie den Hund häufig beim Namen, bleiben Sie immer wieder stehen, um niederzukauern und den Welpen zu loben. Darauf erheben sie sich und gehen langsam weiter. Machen Sie während dieser Übung viele Wendungen und beschreiben Sie Achterfiguren. Die meisten Welpen zeigen von der vierten Lebenswoche an die angeborene Neigung, ihrer Mutter zu folgen und ersatzweise eben auch der menschlichen Bezugsperson. In vielen Fällen wird der Junghund seinem »Mutterersatz« Mensch sogar zwischen die Füße laufen. Wehren Sie sich nicht dagegen. Jede Methode ist recht, dem Hund das Folgen auf dem Fuße beizubringen.

Allerdings sollte man ihn weder mit Bestrafung disziplinieren noch mit Leckerbissen korrumpieren. Dagegen sind Pfeife oder Spielzeug als Orientierungshilfen erlaubt.

Auch wenn dies nach einer Weile langweilig wird, führen Sie diese Übung mindestens drei Wochen lang fort. Der Welpe lernt dadurch, dass Sie derjenige sind, dem man folgen muss. Außerdem wird Ihr Hund nun zunehmend unabhängiger, und ein Welpe, der gelernt hat, hinter seinem Halter herzulaufen, macht in der Regel später beim Rückruf weniger Schwierigkeiten.

Arbeit mit der Leine

Arbeit mit der Leine kann schon im Alter von sechs oder sieben Wochen beginnen. Als Erstes sollten Sie Ihren Welpen an das Tragen eines Halsbandes gewöhnen. Verwenden Sie nach Möglichkeit ein flaches, ledernes Schnallenhalsband. Es darf nicht zu eng sein, dem Hund aber auch nicht über den Kopf rutschen, wenn er plötzlich stehen bleibt. Legen Sie dem Welpen das Halsband ein- oder zweimal am Tag für eine kurze Zeit an, während Sie den Hund auf Ihrem Arm halten.

Hat er sich daran gewöhnt, können Sie eine leichte Leine daran befestigen, die bei der nächsten Folgen-Übung hinter ihm herschleift. Nehmen Sie keine Kette.

Nach der Schleifphase kommt Stufe zwei, bei der Sie den Hund an der Leine halten, ohne dass er es überhaupt merkt. Streicheln Sie Ihren Hund und befestigen Sie dabei die Leine am Halsband. Setzen Sie sich in Bewegung und halten Sie die Leine fast senkrecht über seinem Kopf, so dass er sie nicht sieht. Irgendwann wird der Hund anhalten und die Leine spüren. Ziehen Sie ihn nicht weiter. Bleiben Sie ebenfalls stehen, bücken Sie sich und streicheln Sie ihn, während Sie aufmunternd mit ihm sprechen. Wählen Sie den gleichen freundlich-lebhaften Tonfall,

Beim ersten Leinentraining halten Sie die Leine senkrecht über dem Kopf des Hundes.

Rufen Sie den Welpen mit freundlicher Stimme zu sich und ziehen Sie ganz leicht an der Leine.

den der Hund schon bei den sogenannten Folgeübungen kennengelernt hat. Will er nicht weiter, bleiben Sie eine Weile stehen und ermutigen Sie ihn.

Manche Welpen können ziemlich störrisch und auch laut werden. Das sind gewöhnlich die Hunde, die sich auch beim Folgen schwergetan haben. Ziehen Sie ganz leicht an der Leine und ermutigen Sie den Hund, bis er beschließt, mit Ihnen zu gehen. Forscher haben herausgefunden, dass Rüden sich anfangs eher als Weibchen gegen die Leine sträuben, indem sie vorpreschen und Laut geben, wenn sie das Ende der Leine erreicht haben. Doch wie auch immer Ihr Welpe reagieren mag: Bringen Sie ihn dazu, seine Aufmerksamkeit wieder auf Sie zu richten, und beginnen Sie von vorne. Üben Sie zunächst nur eine kurze Zeitspanne und beenden Sie sie in möglichst guter Stimmung. Lassen Sie die Leine eingehakt und spielen Sie mit dem Welpen.

Im nächsten Schritt verwenden Sie eine einholbare Leine, Roll- oder Flexi-Leine genannt. Damit lernt der Hund ohne Zwang, an der Leine zu laufen und mit einem gelegentlichen Zupfen umzugehen, ohne einen ständigen Zug zu spüren. Sobald der Welpe sich gegen die Leine sträubt, lassen Sie einfach mehr Spiel und klopfen Sie sich einladend aufs Bein, während Sie den Hund rufen. Bevor Sie sich versehen, wird Ihr Hund ganz entspannt neben Ihnen hertraben.

Sobald der Welpe sich daran gewöhnt hat, binden Sie die Leine an Ihren Gürtel und lassen sich von Ihrem Hund im Haus begleiten. Dadurch stärken Sie die Verbindung zwischen Ihnen und Ihrem Hund und gewöhnen ihn endgültig daran, die Leine zu akzeptieren.

Sitzen

Um Welpen beizubringen, sich auf Befehl zu setzen, sollte man ihre natürlichen Neigungen nutzen. Nehmen Sie einen Leckerbissen oder ein Spielzeug und halten Sie es dem Welpen ein wenig über Augenhöhe hin, so dass er zu Ihrer Hand aufschaut. Dann führen Sie Ihre Hand in der Höhe langsam über den Kopf des Hundes, während Sie »Sitz« sagen. Ziemlich wahrscheinlich wird das Hinterteil des Hundes sich senken. Loben Sie ihn, bis er richtig sitzt. Will er sich beim ersten Mal nicht setzen, wird der Vorgang wiederholt. Wenn der Welpe nur zur Hand aufblickt, ohne sich zu setzen, wiederholen Sie den Vorgang ein drittes Mal und klopfen Sie mit der anderen Hand ganz leicht auf sein Hinterteil.

Nach unserer Erfahrung führt diese Methode des Sitzenlernens rascher zum Erfolg als harte Methoden mit Leine und Würgehalsband. Sobald der Welpe sitzt, halten Sie ihn in dieser Position fest und loben Sie ihn ausführlich.

Üben Sie das Sitzen mit dem Hund fünfmal hintereinander, und das mindestens einmal am Tag. Nutzen Sie auch die Fütterungszeit, um nach demselben Verfahren den Hund dazu zu bringen, sich hinzusetzen. Sobald er begriffen hat, entwöhnen Sie ihn von den Leckerbissen, indem Sie ihm nur noch jedes zweite Mal einen geben, während Sie ihn weiterhin loben. Schließlich belohnen Sie ihn nur noch hin und wieder. Da der Hund von nun an jedes Mal darauf hoffen wird, etwas zu bekommen, wird er sich ganz auf Sie konzentrieren.

Durch seine Neugier lernt der Welpe »Sitz« fast ganz von allein.

Liegen

Wie das Sitzen wird auch das Liegen am besten mit einem Minimum an Manipulation gelehrt. Eine gute Hilfe ist ein Ball oder ein Leckerbissen. Als Erstes bringt man den Welpen dazu, sich hinzusetzen. Hunden fällt es leichter, sich aus dem Sitz niederzulegen als aus dem Stand. Zeigen Sie ihm das Spielzeug, und sobald er seine Aufmerksamkeit darauf konzentriert, senken Sie es ungefähr zwanzig Zentimeter vor seinen Pfoten zu Boden. Gleichzeitig geben Sie das Kommando »Leg dich« oder »Platz«. Wenn der Welpe den Kopf senkt, um mit dem Ball zu spielen, wird er freundlich gelobt, wenn nötig, mit Wiederholung des Befehls.

Wenn Ihr Welpe schon etwas älter ist (um die sechzehn Wochen), hocken Sie sich, wenn er sitzt, zu seiner Rechten hin und schieben Sie zwei oder drei Finger unter das Halsband. Zeigen Sie ihm das Spielzeug in Ihrer rechten Hand und legen Sie es langsam vor ihm ab, während Sie gleichzeitig leicht am Halsband abwärts ziehen. Ihr Hund wird der Bewegung wahrscheinlich folgen. Loben Sie ihn, wenn er liegt, und geben Sie ihm das Spielzeug oder den Leckerbissen, aber lassen Sie ihn noch nicht los, damit er lernt, eine Weile liegen zu bleiben.

Wie bei »Sitz« üben Sie mehrmals hintereinander mindestens einmal am Tag, und gewöhnen Sie ihm schrittweise den Leckerbissen ab.

Mit dieser Methode kann der Hund das Kommando »Platz« auf eine entspannte Art lernen, und die meisten Welpen reagieren gut darauf. Wenn Sie das Gefühl haben, dass er es verstanden hat, lassen Sie ihn über eine längere Dauer liegen. Bleiben Sie dabei immer gut gelaunt. Denken Sie daran, dass die Methoden für ältere Hunde, die wir in diesem Buch beschreiben, für Welpen nicht geeignet sind, da sie eine festere Hand erfordern und mit Korrekturen einhergehen.

Versuchen Sie niemals, dem Welpen mit der »Flaschenzugmethode« das Liegen beizubringen, indem Sie auf die Leine treten und ihn mit Zug in eine liegende Position zwingen.

Führen Sie Ihre Hand mit dem Leckerbissen langsam zu Boden.

Der Hund wird folgen und sich legen.
Geben Sie das Kommando »Platz« oder »Leg dich« und loben Sie ihn.

Der Schlafplatz für den Welpen

Der beste Schlafplatz für einen Welpen ist der Boden zu Füßen Ihres Bettes. Vermeiden Sie soziale Isolierung des jungen Hundes bei Nacht. Für die ersten Nächte gibt ein großer umgestülpter Wellpappkarton mit einem hinreichend groß herausgeschnittenen Loch einen guten, weil höhlenartigen, Schlafplatz ab. Ein altes, gefaltetes Betttuch oder eine Decke tut es aber auch. Falls der Züchter den Welpen bereits an eine Transportkiste oder einen Drahtkäfig gewöhnt hat, können Sie auch den benutzen. Andere Hundehalter leinen ihre Welpen nachts an, da auch ein Welpe seine unmittelbare Umgebung kaum beschmutzt. Allerdings muss man dann eine richtige Kette verwenden, weil der Welpe jedes andere Material zerkauen und sich so befreien kann. Geben Sie nicht nach, wenn das Tier winselt. Sie müssen es trösten, und die erste Nacht wird vielleicht sehr unruhig sein. Aber wenn Sie nicht konsequent genug sind, werden Sie viele weitere schlaflose Nächte verbringen.

Befestigen Sie das Ende der Leine an einem festen, unverrückbaren Gegenstand wie dem Bein eines Möbelstücks oder dem Bettpfosten selbst. Wichtig ist, dass die Leine nicht reißen kann und dass sie nicht an einem Gegenstand festgemacht ist, den der Hund wegziehen kann. Welpen sind kräftige kleine Tiere. Einer unserer Kunden band seinen Welpen an einen Servierwagen und legte sich schlafen. Um drei Uhr früh zog der Welpe den Servierwagen zum Treppenabsatz hinaus und polterte mit ihm die Treppe hinunter. Später brachte der Mann seinen Welpen zu uns, weil er partout keine Treppen mehr hinauf- oder hinuntersteigen wollte. Eine Abneigung, die uns nicht verwundern konnte, nachdem wir die Geschichte mit dem »stummen Diener« erfahren hatten.

Im Allgemeinen halten wir unsere Welpen bei Nacht angeleint, bis zwei Ziele erreicht sind: Erstens, der junge Hund muss völlig stubenrein sein, zweitens, alles Zerkauen, Scharren und was dergleichen

Unarten mehr sind, muss aufgehört haben. Erst dann gewähren wir dem Tier nachts Freiheit in unserem Schlafraum.

Verhalten bei Nacht

Unsere Hunde müssen sich den klösterlichen Regeln genauso anpassen wie andere Hunde anderen Lebensprinzipien. Bei uns in New Skete hat in den Schlafräumen absolute Ruhe zu herrschen. Da Hunde instinktiv bei verdächtigen Geräuschen zu bellen beginnen, müssen Sie ihn keinesfalls extra ermuntern, wenn er nachts Laut gibt. Im Gegenteil: Falls Ihr Welpe nicht nach ein paar Sekunden aufhört, bringen Sie ihn dazu. In Kapitel 20 haben wir beschrieben, wie ein erwachsener Hund sich nachts verhalten sollte, und das gilt auch für Welpen, aber es gibt Ausnahmen.

Wenn Ihr Welpe sich nachts meldet, könnte er damit sagen wollen, dass er hinaus muss. Welpen, die noch nicht völlig stubenrein sind, müssen ungefähr alle vier Stunden hinausgebracht werden. Mit dem Heranwachsen des Welpen, etwa im Alter von zwölf Wochen, sollte er in der Lage sein, eine Nacht von acht Stunden Dauer ruhig zu verbringen, vorausgesetzt, er ist nicht unmittelbar vor der Schlafenszeit gefüttert worden.

Viele Hundefreunde lassen sich von dem lästigen Ritual des 3-Uhr-Ausflugs vor die Tür unnötig terrorisieren. Der Welpe winselt, der Halter steht auf und bringt ihn hinaus. Haben Sie den Hund aber vorher hinausgelassen und sind sicher, dass er mehr oder weniger »leer« ist, bringen Sie ihn mit einem deutlichen »Nein, schlaf weiter« zur Ruhe. Werden Sie nicht der Portier Ihres Hundes. Falls ihm ein Missgeschick passiert, geraten Sie nicht in Panik (siehe »Betteln, um hinausgelassen zu werden«).

Wenn Sie Ihren Hund anleinen oder in einer Kiste schlafen lassen, geben Sie ihm Kauspielzeug. Futter und Wasser braucht er nicht.

Da das Tier stubenrein werden soll, entfernen Sie Fressnapf und Wasser mindestens vier Stunden vor dem Schlafengehen und geben dem Welpen seine zweite oder dritte Mahlzeit schon früh am Nachmittag. Diese frühe Fütterungszeit gibt ihm Gelegenheit, vor Beginn der Nachtruhe zu verdauen und sich zu entleeren. Wenn der Welpe zwischen der sechzehnten und zwanzigsten Woche von drei auf zwei Mahlzeiten täglich umsteigt, braucht er in den meisten Fällen ohnehin keine »Pinkelpause« mehr.

Die Verwendung einer Hundebox

Hunde sind stammesgeschichtlich gesehen Höhlenbewohner, und eine Transportbox entspricht in etwa der Höhle ihrer Wolfsahnen. Behälter dieser Art sind nicht grausam, solange sie genügend Raum bieten und nicht, als Parallele zum menschlichen Gefängnis, zur Bestrafung verwendet werden.

Wir haben festgestellt, dass die meisten Hunde sich gerne darin aufhalten. Am liebsten nehmen wir die Kunststofftransportboxen mit Gittertür für Flugreisen. Flugboxen sind leicht zu reinigen, sicher, behaglich und höhlenartig, bieten dem Hund aber die Möglichkeit, nach allen Seiten hinauszusehen. Zusammenklappbare Gitterboxen sind zwar praktisch, haben aber meist scharfe Ecken, an denen sich ein Halsband verfangen kann, und bieten nicht den Schutz einer Kunststoffbox. Falls Sie eine Gitterbox besitzen und Ihr Hund sich darin nicht wirklich wohlzufühlen scheint, hängen Sie drei Seiten und das Dach mit Decken ab.

Gewöhnen Sie Ihren Hund möglichst früh an die Kiste. Lassen Sie ihn zunächst das Innere erforschen, ohne die Tür zu schließen. Geben Sie ihm eine Belohnung und loben Sie ihn, wenn er hineingeht. Falls er es nicht tut, setzen Sie ihn behutsam hinein und geben ihm dann einen Leckerbissen. Machen Sie das mehrmals, bis der Hund sich in der Box

Die meisten Hund gewöhnen sich rasch an eine Transportkiste, in der sie schlafen oder am Tag ein paar Stunden allein bleiben können.

wohlzufühlen scheint. Als Nächstes schließen Sie die Tür, bleiben aber in der Nähe. Belohnen Sie ihn mit einem Leckerchen und seinem Lieblingsspielzeug. Machen Sie weiter, bis der Hund einige Minuten lang ohne Protest darin bleibt. Schließlich geben Sie ihm sein Futter in der Box, so dass er den Aufenthalt zusätzlich mit etwas Erstrebenswertem verbindet, und verlängern schrittweise die Dauer, die sich der Hund täglich darin befindet. Vergessen Sie nur nicht, dass der Welpe kurz nach dem Fressen hinaus muss, um sich zu erleichtern. Viele Halter nehmen ihrem Welpen in der Box vorsichtshalber das Halsband ab, damit es nirgendwo hängen bleiben kann.

Es gibt allerdings auch Welpen, die sich nur ungern in einer Box aufhalten. Wenn Ihrer darin bellt (und Sie sicher sein können, dass er nicht einfach hinaus muss), gehen Sie zu ihm, klatschen in die Hände und sagen: »Nein, nicht bellen.« Falls der Welpe dennoch fortfährt, spritzen Sie ihn kurz mit Wasser aus einer Sprühflasche an oder schütteln Sie einen mit Cents gefüllten Plastik- oder Metallbehälter; die meisten Welpen mögen das Geräusch nicht. Bringt ihn das noch immer nicht zum Verstummen, hilft meistens ein kurzes Klopfen auf die Kiste und der Befehl »Aus!« oder »Nicht bellen!«.

Außer nachts kann die Kiste auch immer dann zum Einsatz kommen, wenn Sie ein paar Stunden aus dem Haus müssen. Da Hunde, wie bereits gesagt, ihre unmittelbare Umgebung in der Regel nicht beschmutzen, wird er sich dort nicht erleichtern. Daher ist die Box auch eine gute Lösung, falls der Welpe noch nicht stubenrein ist, Sie aber zu tun haben, schlafen wollen oder aus einem anderen Grund nicht auf ihn achten können.

Später kann Ihnen die Box noch weitere Dienste leisten. Viele Hunde sitzen im Auto lieber in einer Box, und wenn Sie neben dem Hund auch noch Gepäck im Kofferraum haben, kann eine solche Kiste wertvollen Platz sparen. Wenn wir Welpen im Wurf aufziehen, stellen wir ihnen immer eine Transportbox zum Spielen in den Auslauf, damit sie daran gewöhnt sind, wenn sie zu ihren Besitzern kommen.

Die Gewöhnung an eine solche« Höhle«, sprich Kiste, kann später Transportprobleme erleichtern. Versenden Sie niemals einen Hund in einer Box per Bahn, Lkw oder Flugzeug, es sei denn, Sie haben ihn zuvor daran gewöhnt. Ist eine Verschickung wirklich unumgänglich, verwenden Sie die kleinste für Ihren Hund in Frage kommende Kiste. Ist sie nämlich zu groß, wird der Hund auf dem Versandwege darin hin- und hergeworfen. In einer kleinen Kiste kann das Tier sich gegen die Wände stemmen.

Betteln, um hinausgelassen zu werden

Unsere Methoden, einen jungen Hund stubenrein zu machen, sind im Kapitel 39 beschrieben. Am besten lernt der Hund schon im Welpenalter, sich bemerkbar zu machen, wenn er hinaus muss. Das setzt allerdings voraus, dass man schon frühzeitig beobachtet, mit welchem Zeichen der Welpe zu verstehen gibt, dass er hinaus will. Das geschieht zum Beispiel zehn bis fünfzehn Minuten nach der Fütterung. Manche Welpen beginnen dann zu winseln oder zu bellen. Machen Sie ihnen die Tür auf.

Wenn ein Welpe bellt oder winselt, tut man gut daran, ihm die Tür zu öffnen. Nicht jeder Welpe gibt seine Bedürfnisse jedoch so eindeutig zu erkennen. Manche Welpen laufen hin und her und beschnüffeln den Boden, andere gehen zur Tür und kratzen daran. Wieder andere mögen direkt zu Ihnen kommen und an Ihnen hochspringen. Doch wie auch immer Ihr Welpe sich bemerkbar macht, reagieren Sie rasch, bringen Sie den Hund zur Tür und fragen Sie aufgeregt: »Willst du raus?«

Sie müssen sich vorübergehend schon sehr stark auf die Willensäußerungen Ihres Hundes konzentrieren. Auch muss er dazu ermutigt werden, etwa mit der Frage: »Willst du hinaus?« Achten Sie darauf, dass Sie bei jedem Hinauslassen dieselbe Redewendung und auch dieselbe Tür gebrauchen. Wenn der Welpe in einer Familie lebt, sollte jedes Mitglied konsequent die in allen Fällen gleichlautende »Einladung« zum Hinausgehen verwenden. Es erfordert einiges Feingefühl und auch Erfahrung, abzuwägen, ob der Hund Sie nur beschäftigen will oder wirklich vor die Tür muss. Sollten Sie das Gefühl haben, dass Ihr Hund sie zum Narren hält, ignorieren Sie seine Gebärden.

Sollte dem jungen Hund dennoch ein »Malheur« passieren, verfahren Sie, wie es im Kapitel 39 beschrieben ist. Säubern Sie die Stelle und reiben Sie zuletzt mit einer Lösung aus weißem Essig und Wasser nach. Damit wird der animierende Geruch auch für den Hund ausgelöscht.

Urinieren als Demutsgebärde

Die hier beschriebene Art von Wasserlassen muss von der üblichen Hausbeschmutzung unterschieden werden, weil sie unwillkürlich ist und meist nur dann stattfindet, wenn der Welpe sich in der ihm arteigenen Demutsgebärde auf den Rücken legt. Lässt er dabei eine Pfütze oder auch mehr Urin, ist er nicht etwa undiszipliniert, sondern gehorcht einem typischen Rangordnungsritual. Dieses Verhalten hat seine Wurzeln in frühester Kindheit, als der Welpe von der Mutter zum Urinieren und Koten animiert wurde. Diese Geste verwandelt sich schließlich in ein Zeichen der Unterwerfung der Mutter oder anderen älteren Hunden gegenüber. Obwohl der Hund mit der Zeit das Verhalten einstellt, gibt es Methoden, es schon dem Welpen abzugewöhnen.

Vor allem darf der Welpe oder Junghund nicht bestraft werden. Pflanzen Sie sich nicht in drohender Haltung vor dem Welpen auf. Kauern Sie nieder, wenn Sie den Welpen rufen, und loben Sie ihn durch Streicheln von Kopf und Schultern. Die Erfahrung wird Ihnen zeigen, bei welchen Anlässen Ihr Welpe zu Demutsgebärden inklusive Wasserlassen neigt: Begrüßungen und Verabschiedungen, Besuche von Freunden und Verwandten oder wildes Toben von Kindern löst häufig diese Reaktion aus. Ersparen Sie dem Welpen derartige Situationen nicht, sondern versuchen Sie, solche Reizreaktionen durch Abbau des jeweiligen Emotionsschubs langsam zu reduzieren: Ignorieren Sie den Hund und vermeiden Sie Augenkontakt. Tätscheln Sie ihn freundlich unterm Kinn und kümmern Sie sich um etwas anderes. Vermeiden Sie lebhafte Begrüßungsszenen. Halten Sie aktive Kinder von dem Hund fern, aber bitten Sie ruhigere, mit ihm zu spielen. Welpen, die bei Erwachsenen als Demutsgebärde urinieren, tun es oft nicht bei Kindern, so dass es hilft, wenn ein ausgeglichenes Kind mit dem Hund spazieren geht und ihn sozialisiert.

Vertrauen und Zuversicht des jungen Hundes lassen sich allmählich stärken, wenn Sie ihn zu Spaziergängen durch belebte Straßen und

Plätze mitnehmen. Noch einmal: Unterlassen Sie alles Schelten, Schlagen und Bestrafen, wenn das Urinieren nur ein Zeichen von Unterwerfung ist.

Bestrafung von Welpen

Welpen brauchen selten körperliche Disziplinierung. Manche Situationen machen sie jedoch notwendig, und wir empfehlen das Schütteln, wie wir es in Kapitel 10 beschrieben haben. Die Welpenschule hat die Aufgabe, den Hund so zu sozialisieren, dass körperliche Maßnahmen später nicht notwendig sind. Aber jeder Hund benimmt sich irgendwann daneben, und Sie sollten nicht zögern, bei schwerwiegenden Regelverstößen wie Beißen, Schnappen oder Hausbeschmutzung (vorausgesetzt Sie ertappen den älteren Welpen auf frischer Tat und wissen, dass er bereits stubenrein ist) einzugreifen.

Unterschiedliche Rassen erfordern unterschiedliche Maßnahmen. Deutscher Schäferhund, Dobermann und Rottweiler bringen sich häufig in Situationen, in denen eine körperliche Disziplinierung unumgänglich ist. Die lebhaften, agilen Terrier brauchen dagegen meist lediglich lang anhaltenden Augenkontakt und nur selten körperliche Strafen. Lassen Sie sich von Ihrem Gefühl leiten. Sie kennen Ihren Hund am besten.

Kauende Welpen

Fast jeder Welpe kaut irgendwann einmal etwas kaputt, das er nicht kaputt kauen darf: einen alten Schuh oder ein wertvolles Familienerbstück. Die Wertmaßstäbe setzen die Menschen. Bevor Sie Ihren Welpen nach Hause bringen, machen Sie aus diesem Grund Ihre Wohnung so weit wie möglich »kausicher«. Treffen Sie Vorbereitungen, dass Schuhe und Socken vom Fußboden verschwinden, heften Sie Teppiche am Boden fest und bringen Sie Wertgegenstände in Sicherheit, wenigstens bis der Welpe das Kaustadium hinter sich hat. Benutzen Sie die Hundebox, wenn Sie nicht zu Hause sind oder den Hund nicht im Auge behalten können. Im anderen Fall geben Sie ihm einen Korb oder eine Decke, wohin er sich zurückziehen kann, falls er müde ist. Schaffen Sie Ihrem Hund vorzugsweise zwei Ruheplätze: einen im Wohnzimmer oder in der Küche, einen im Schlafzimmer. Hier, in seinem Lager, sollte der Welpe einen Kauknochen oder eine Kaurolle bzw. einen Kauball aus Büffelknochenhaut vorfinden. Verwenden Sie keine richtigen Knochen und verzichten Sie auf alles modische Spielzeug und auf Dinge, die zerbrochen oder in Stücke zerkaut werden können. Machen Sie den Knochen interessant, indem Sie den Welpen damit spielen lassen, ihn zum Zurückholen werfen, mit dem Welpen darum balgen und ihm ihn immer dann geben, wenn er an anderen Gegenständen zu kauen beginnt.

Spielzeug sollten Sie vorher kurz zwischen Ihren Handflächen reiben, um Ihren Geruch daran zu hinterlassen. Einen noch deutlicheren Hinweis für Ihren Hund bedeutet es, wenn Sie das Spielzeug mit Ihrem Speichel benetzen. Derartige Markierungen helfen dem Tier, längere Zeit über allein zu bleiben, sei es im Auto oder in Ihrer Wohnung.

Wann immer Sie den Welpen dabei erwischen, an etwas Verbotenem zu kauen, sagen Sie mit tiefer, kräftiger Stimme »Nein!«, nehmen ihm den Gegenstand ab und ersetzen ihn sofort durch den Spielzeugknochen, den Sie ihm mit aufmunternden Worten (»Hier, der ist für dich, das ist dein Spielzeug«) präsentieren. Bestrafen Sie den Welpen nicht und geben Sie ihm keine Chance, um den verbotenen Gegenstand zu kämpfen. Um dem Welpen etwas aus dem Maul zu nehmen, legen Sie eine Hand oben über den Fang, Daumen auf der einen Seite, die Finger auf der anderen, und ziehen mit der anderen Hand den Unterkiefer herab. Wenn der Gegenstand herausfällt, sagen Sie »Gut« oder »Fein« oder Ähnliches.

Viele Hundehalter bieten ihrem Hund eine Vielfalt von Spielzeugen an und hoffen, dass der Welpe etwas darunter findet, das ihm gefällt, so dass er die verbotenen Gegenstände in Frieden lässt. Obwohl das aus menschlicher Sicht logisch erscheint, geht es meistens schief, da es den Hund darauf konditioniert, praktisch alles als Kauspielzeug zu betrachten. Besorgen Sie ihm ein oder zwei Spielzeuge und belassen Sie es dabei. Wenn Sie unterschiedliche Spielzeuge für unterschiedliche Orte (Auto, Schlafzimmer, Keller) brauchen, dann nehmen Sie gleichartige.

Bedenken Sie, dass der Welpe seiner Natur nach etwas zum Kauen braucht. Sie dürfen ihm das Kauen niemals ganz verbieten; das wäre unnatürlich und Sie wären schlecht beraten. Die Gebissentwicklung bliebe zurück, und da es ihm nie erlaubt wurde, sein Kaubedürfnis zu befriedigen und auf normale Weise seine Milchzähne zu verlieren, könnten Verhaltensstörungen in Form eines destruktiven Beißzwanges entstehen, der sich möglicherweise auch gegen Menschen kehrt. Die Periode des Zahnwechsels und der neuen Gebissbildung kann bis zu acht Monate dauern oder schon nach vier Monaten beendet sein, je nach der individuellen Anlage des Hundes.

Der junge Hund braucht Lob

Lob durch Liebkosungen und Worte ist für die gesunde Entwicklung des Welpen von entscheidender Bedeutung. Veranstalten Sie mindestens zweimal wöchentlich eine Spielstunde, die auch Sie – lachen Sie nicht – auf allen Vieren verbringen sollten. Halten Sie den jungen Hund während der formalen Gehorsamsübung bei Laune. Das heißt keineswegs, dass Sie den Hund mit einem Übermaß an Zärtlichkeit verhätscheln sollen. Zu viel Nachsicht und zu viel Aufregung um den jungen Hund verderben ihn schnell. Denn bei entsprechender Behandlung wird im Junghund rasch das Alpha-Tier wach.

Wir haben Junghunde gesehen, die richtige kleine Diktatoren waren. Kein Wunder: Wenn sie winseln, werden sie auf den Arm genommen. Kratzen sie an einer Tür, werden sie augenblicklich hinausgelassen. Verbellen sie jemanden, werden sie gestreichelt und gelobt. Beißen sie Fremde, werden sie vielleicht gescholten, vielleicht auch nicht, je nachdem, ob die Besitzer die Antipathie des Hundes teilen oder nicht. Will der Hund gelobt sein, so braucht er Herrchen oder Frauchen nur anzustoßen oder an ihnen hochzuspringen, und er bekommt sofort, was er will. Genau wie Kleinkinder lernen auch junge Hunde Aufmerksamkeit und Zuwendung gewissermaßen einzuklagen. Wenn man Pech hat und der Hund hartnäckig genug ist, kann das alle zehn Minuten der Fall sein.

Wer seinen Hund hingegen bewusst und intelligent erzieht, lobt nur für gutes Benehmen und widersteht der Verlockung, den Hund zu loben, einfach nur, weil er da ist. Zärtliches Streicheln und Liebkosen ist ein Teil jeder Beziehung zwischen dem jungen Hund und seinen Haltern; doch sollte man allzu heftige Gunstbezeugungen allmählich einschränken, wenn der Hund älter wird und seine Ausbildung beginnt. Loben Sie ihn, wenn er einen Befehl wie »Sitz« oder »Hier« befolgt. Es dauert nur eine Sekunde, den Hund sitzen zu lassen, und er lernt früh, dass gehorchen sich lohnt. Solche Befehle stören die spielerische, positive Atmosphäre überhaupt nicht; das Letzte, was Ihr Welpe jetzt braucht, ist militärischer Drill, aber Lob sollte etwas bedeuten.

Einsame Welpen

Geduld und die wirkliche Bereitschaft zu ständigem Kontakt sind die beiden wichtigsten Voraussetzungen zur Aufzucht eines gesunden, glücklichen Hundes. Falls Sie zu den Menschen gehören, die gern allein sind und sich gelegentlich beengt fühlen, wenn jemand bei Ihnen ist, sollten Sie sich keinen Hund zulegen. Ein Hund wird immer bei Ihnen sein, um Aufmerksamkeit werben, Anweisungen erwarten und sich nicht abweisen lassen.

Wenn Sie darauf nervös reagieren, sollten Sie noch einmal überdenken, ob Sie wirklich einen jungen Hund wollen. Vielleicht passt eine Katze besser zu Ihrem Lebensstil, oder gar nur ein Aquarium. Respekt vor dem Leben muss untrennbar verbunden sein mit der Rücksichtnahme auf die angeborenen Bedürfnisse und Wünsche der Lebewesen, mit denen man sich umgibt, und daher auch dem Willen und der Fähigkeit, ihnen so gut wie möglich gerecht zu werden.

Wer sich dieser Tatsache nicht früh genug bewusst wird, verursacht zwangsläufig Verhaltensstörungen bei den betroffenen Tieren. Welpen können lange Perioden der Isolation einfach nicht ertragen. Sie sind Rudeltiere, von Geburt an auf Gesellschaft geprägt. Sie brauchen soziale Erfahrung in ihrer Jugendzeit wie im späteren Leben.

Unter »einsamen« Welpen verstehen wir Tiere, die alleingelassen werden, während ihre Besitzer zur Arbeit gehen, Hunde, die häufig unter dem Vorwand, dass sie den Besitz bewachen müssten, in Küche oder Keller verbannt werden. Hier liegt ein grundlegender Irrtum vor: Ein Hund, der niemals die Chance hatte, intensiven Kontakt zu den Personen und Gegenständen seiner Umgebung herzustellen, wird weder diese Personen noch deren womöglich wertvollen Besitz verteidigen.

Sporadische Gefühlsergüsse, gewöhnlich von schlechtem Gewissen verursacht, können dem Hund keineswegs eine von gleichbleibender, harmonischer Zuwendung geprägte Erziehung ersetzen. Die beste Nahrung, Spielzeug, Leckerbissen und selbst professionelle Ausbildung fallen nicht ins Gewicht, wenn der Hund emotional isoliert ist.

Einsame Welpen machen ihren Frustrationen Luft, indem sie Gegenstände ankauen, wühlen, bellen, winseln und an Türen und Wänden kratzen. Sie sehnen sich nach menschlichem Kontakt und versuchen ihrer Isolation zu entkommen, selbst wenn sie in Gegenwart von Menschen anfangs scheu oder aggressiv erscheinen. Wenn

Sie die Anleitungen dieses Kapitels beherzigen, werden Sie verstehen, dass für das Rudeltier Hund Einsamkeit eine der schlimmsten Erfahrungen überhaupt ist.

Bevor ein flüchtiger Wunsch für Sie und Ihren zukünftigen Vierbeiner in einer Katastrophe endet, stellen Sie sich lieber ehrlich die Frage, ob Sie bereit sind, sich auf eine so verpflichtende Beziehung einzulassen, oder ob Sie Ihren Wunsch »nach einem Tier« lieber mit einer weniger sozial gebundenen Spezies befriedigen sollten – beispielsweise mit einer Katze oder einem Goldhamster. Bevor Sie diese Frage leichtfertig zugunsten des Hundes entscheiden, überdenken Sie noch einmal Folgendes:

- Wird jemand zu Hause sein, um dem Tier nach einem festen Zeitplan seine Mahlzeiten zu geben?
- Wird tagsüber jemand zu Hause sein, um sich des Hundes anzunehmen?
- Sind Sie bereit, dem Hund im Sommer und im Winter wenigstens dreimal täglich nach einem festen Zeitplan Bewegung zu verschaffen?
- Sind Sie bereit, mit Ihrem Hund an einer auch für Sie strapaziösen Gehorsamsschulung teilzunehmen?
- Sind Sie bereit, alle Impfungen, periodischen tierärztlichen Untersuchungen und Krankheitsbehandlungen zu bezahlen, die eventuell auf Sie zukommen?
- Werden Sie die Kosten für eine Kastration tragen, damit nicht noch mehr unerwünschte Welpen in den ohnehin schon überfüllten Tierheimen landen?
- Sind Sie bereit, die Bestimmungen Ihrer Gemeinde über Hundehaltung (beispielsweise Leinenzwang) zu beachten?
- Sind Sie bereit, Ihren Hund regelmäßig zu pflegen, zu baden und seine Hinterlassenschaften wegzuräumen?
- Sind Sie entschlossen, bis an sein Lebensende für den Hund zu sorgen?

Diese Fragen stammen aus einer Aufklärungsschrift der amerikanischen Tierschutzorganisation für potenzielle Hundehalter aus dem Jahr 1978. Sie sind heute noch genauso gültig wie damals. Wir haben sie an den Schluss dieses Kapitels gestellt, weil wir in diesem Buch deutlich betonen wollen, dass der Kauf eines jungen Hundes nicht einer momentanen Laune entspringen darf. Sie übernehmen damit eine Verantwortung, über deren Tragweite viele Menschen nicht ausreichend nachdenken. Tun Sie es. Holen Sie sich Rat und überlegen Sie es sich genau.

Gehorsamsübungen

30. Eine Vorbemerkung

Die folgenden Kapitel sollen Ihnen helfen, Ihren Hund das Bei-Fuß-Gehen, Hinsetzen, Liegen und Kommen auf Befehl zu lehren. Wir setzen voraus, dass Ihr Hund mindestens sechs Monate alt ist und das Grundlagentraining der Welpenschule absolviert hat. Die beiden letzteren Übungen werden die beliebteren sein. Die meisten Hundebesitzer sind froh, wenn ihr Vierbeiner sich niederlegt oder zu ihnen kommt, wenn sie es möchten. Um aber diese zwei Übungen erfolgreich zu lernen, muss ihr Hund die anderen kennen. Wie wir in den folgenden Kapiteln erklären werden, sind die anderen Übungen keineswegs nur Beiwerk, sie können sehr vorteilhaft sein. Wir werden versuchen, ausführlich darzulegen, was eine jede dieser Übungen bewirkt. Auch werden wir bemüht sein, wenigstens zwei Lehrmethoden für jede Übung zu beschreiben. Jeder Hund ist ein Individuum, und nicht alle Hunde lernen nach jeder Methode gleich gut. Abschließend werden wir in jedem Kapitel Beispiele anführen, wie die Übung mit Ihrem Hund in Ihrem Alltagsleben praktisch angewendet werden kann.

Die Betonung liegt auf der praktischen Anwendung jeder Übung und nicht auf dem Vorführen von Kunststücken wie Pfote geben und dergleichen. Solche Schaustellertricks können recht unterhaltsam sein, doch ein Hund, der Besuchern die Pfote gibt, auf zwei Beinen geht und sich am Boden rollt, aber fortläuft, wenn er gerufen wird, ist für seinen Besitzer eher ein Problem.

Auch geht es uns nicht um die Vorbereitung des Hundes auf Zuchtschauen und Rassehundeausstellungen. Was wir empfehlen, widerspricht zwar nicht den Ausbildungsmethoden für Hunde, die an solchen Veranstaltungen teilnehmen sollen, möchte Ihnen aber in erster Linie helfen, Ihren Hund zu verstehen und dadurch Ihre Beziehung zu ihm zu vertiefen. Wenn Sie daran interessiert sind, Ihren Hund auf Ausstellungen oder Zuchtschauen zu zeigen, lassen Sie sich am besten bei der Zuchtbuchstelle, die für die Rasse Ihres Hundes zuständig ist, beraten. Im Zweifelsfall wenden Sie sich an den Verband für das Deutsche Hundewesen.

Aber auch jene, die sich mit ihrem Hund auf Ausstellungen profilieren wollen, müssen dann und wann innehalten und ihr Verhältnis zu ihrem Hund neu überdenken. Ohne Rücksicht darauf, wie gut ein Hund seine Übungen kennt, bleibt das Gesamtverhältnis zwischen Hund und Herr (oder Frau) der wichtigste Aspekt des Lebens mit einem vierbeinigen Gefährten.

Die folgende kleine Geschichte illustriert, was wir meinen. Ein berühmter Hund, wohlbekannt für seine hohen Bewertungen bei den Ausstellungen, traf auf dem Ausstellungsgelände ein. Während wir zusahen, öffnete der Besitzer vorsichtig die Versandkiste des Hundes und warnte das Tier, nicht wie wild herauszuspringen. Davon unbeeindruckt, stieß der Hund die Tür der Versandkiste auf und warf seinen Besitzer beinahe über den Haufen, als er wie der Blitz aus dem Kombiwagen ins Freie schoss. Glücklicherweise konnte der Besitzer die Flucht seines Hundes dadurch verhindern, dass er reaktionsschnell auf die Leine trat. Sofort nahm er sich nun den Hund vor und begann ihn – entsprechend der Gehorsamsübungen – zu drillen. Der Hund gehorchte wie ein Roboter. In der Gesamtbewertung erreichte er eine hohe Punktzahl. Anschließend nahm der Halter seinen Hund sofort an die Leine und führte ihn »bei Fuß« zum Wagen. Kaum hatten sie den Vorführplatz verlassen, da prellte der Hund vor und zerrte seinen Herrn beinahe im Laufschritt über eine freie Fläche zurück zum Kombiwagen. Dort angelangt, sprang er in die Transportkiste, und der Besitzer, schnaufend vor Anstrengung, warf die Tür zu. Zwar hatte der Hund seine Sache gut gemacht, aber dennoch sei die Frage erlaubt, welcher Art die Beziehung zwischen ihm und seinem Hund eigentlich sein mochte.

Aus dieser Geschichte können wir lernen, dass man einem Hund zwar oberflächlich einen gewissen Kadavergehorsam beibringen kann; sie zeigt aber auch, an welche Grenzen dieser Kadavergehorsam zwangsläufig stößt. Die hier beschriebene Beziehung zwischen Halter und Hund ist für beide nicht eben vorteilhaft. Kein Hund sollte zu einer mechanisch funktionierenden Gliederpuppe verfremdet werden. Er reagiert nur dann »richtig«, wenn er auch seinen Instinkt und sein Gefühl artgemäß auf seinen Herrn hin orientieren kann.

31. Ausrüstung

Sie brauchen eine Hundeleine aus gutem Leder oder aus Baumwollgurt. Wir im Kloster ziehen Leder vor, weil es haltbar ist und man sehr gut damit arbeiten kann. Manche Trainer halten Baumwolle für das bessere Material, weil es weniger nachgibt und daher beim Hund eine promptere Reaktion hervorruft. Meiden Sie Nylonleinen, die steif bleiben und die Hände aufschürfen können, falls der Hund unerwartet voranstürmt, ebenso Ketten, die zum Training gänzlich ungeeignet sind. Sie können sich allerdings eine Roll- oder Flexi-Leine besorgen. Obwohl diese nicht in der Ausbildung zum Einsatz kommen, sind sie beim Spaziergehen praktisch.

Die Breite der Trainingsleine hängt von der Größe des Hundes ab. Für sehr große Hunde empfehlen wir eine zwei Zentimeter breite Leine, für kleinere Hunde sollten Sie schmalere nehmen.

Neben einem flachen Schnallenhalsband, an dem die Hundemarken befestigt sind, brauchen Sie ein Trainingshalsband. Die meisten Hundehalter kennen die typischen Dressurhalsbänder aus einem langen Stück Kette oder Nylon mit dem Metallring an beiden Enden. Sie werden auch Zughalsung, Würger oder Einwirkungshalsband genannt und lassen sich dem Hund leicht über den Kopf streifen. Sie haben aber den Nachteil, dass sie im gelockerten Zustand zu groß sind, was die Wirkung einer Leinenkorrektur schmälern kann. Außerdem haben neuere Studien gezeigt, dass die Kette als Würger bei falscher Verwendung die Luftröhre des Hundes verletzten kann. Falls Sie sich doch für eine Kette entscheiden, achten Sie darauf, dass die Glieder klein und flachgehämmert sind und die Kette sich nur begrenzt zuziehen lässt.

Eine bessere Wahl für normal empfindsame Hunde ist ein Nylonhalsband, das die Trainer Jack und Wendy Volhard populär gemacht

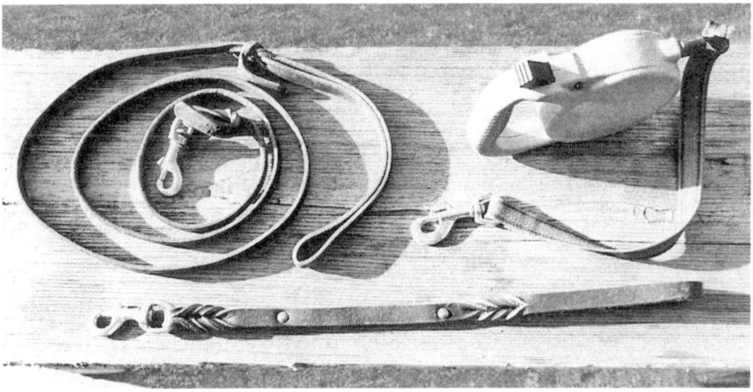

Eine qualitativ hochwertige Leine hat keine Nahtstellen, an der sie brechen kann. Im Bild zu sehen sind eine kurze Vorführleine, eine Zwei-Meter-Leine und eine Rollleine (Flexi-Leine), die beim Spaziergehen nützlich sein kann.

Zum Training nehmen wir am liebsten Nylonhalsungen. Beim Volhard-Halsband ist der Ring beweglich. Das Stachelhalsband sieht schlimmer aus, als es ist; für große Rassen kann es sinnvoll sein.

haben. An einem Ende des Nylonstreifens ist ein Karabiner befestigt, am anderen ein Ring, dazwischen befindet sich ein zweiter, beweglicher Ring. Dieses Halsband passt dem Hund genau und kann außerhalb des Trainings als sicheres Alltagshalsband getragen werden. Denken Sie jedoch daran, dass Nylon bei langhaarigen Rassen nicht geeignet ist. Besorgen Sie sich in diesem Fall besser eine Kette mit Zugbegrenzung.

Eine weitere Möglichkeit ist das Stachelhalsband, das an ein mittelalterliches Folterinstrument erinnert und von manchen Haltern mit Skepsis betrachtet wird, doch wir haben festgestellt, dass es gerade bei unempfindlichen Hunden sinnvoll sein kann, vorausgesetzt man verwendet es richtig. Tatsächlich halten viele Hundeausbilder und sogar Chiropraktiker das Stachelhalsband für das sicherste Trainingshalsband, und seine Effektivität steht außer Frage. Leider kann man es dem Hund nicht so leicht über den Kopf streifen wie andere Halsbänder, und es muss nach dem Training unbedingt abgenommen werden. Stachelhalsbänder gibt es in drei verschiedenen Gliedergrößen. Wir verwenden die kleine und die mittlere Größe für alle Hunde, die großen sind uns zu schwerfällig.

Noch eine letzte Bemerkung zu Halsbändern: In letzter Zeit sieht man in Tiergeschäften immer häufiger Kopfhalfter. Diese werden über Kopf und Schnauze befestigt und sollen den Hund durch Kontrolle der Kopfhaltung lenken, da man annimmt, dass der Körper den Bewegungen des Kopfes folgt. Wir haben allerdings festgestellt, dass die meisten Hunde sich vehement dagegen wehren. Darüber hinaus lernt der Hund durch die absolute Kontrolle des Halters nicht, Verantwortung für sein Verhalten zu übernehmen, und es besteht die Gefahr, dass man dem Hundehals durch plötzlichen Zug Schaden zufügt. Auch von elektronischen Halsbändern im Grundlagentraining raten wir ab, denn Sie erfordern sehr viel Geschick, Erfahrung und Feingefühl.

Das Übungshalsband sollte dem Hund passen. Der häufigste Fehler, den Hundehalter bei der Ausrüstung ihres Hundes für die Aus-

Legen Sie dem Hund das Volhard-Halsband um und befestigen Sie den Haken des einen Endes am beweglichen Ring. Der Karabiner der Leine wird in den Ring am anderen Ende der Halsung gehakt.

bildung machen, ist der Kauf eines viel zu großen Übungshalsbands. Messen Sie den Halsumfang Ihres Hundes und wählen Sie ein Übungshalsband, das noch 10-12 cm Restlänge hat, wenn es fest um den Hals des Hundes liegt. Das heißt, dass das Übungshalsband beim Anlegen gerade noch bequem über die Hundeohren geht. Stachel- und Volhard-Halsbänder sollten direkt unterhalb der Ohren eng anliegen. Beim Volhard müssen bei großen Rassen zwei Finger zwischen Hals und Halsband passen, wenn der Hund entspannt ist, bei kleinen einer. Je größer das Übungshalsband, desto länger dauert es, bis der korrigierende Zug oder Ruck an der Leine den Hund erreicht. Es ist aber wichtig, dass die Korrekturen sofort erfolgen, und das ist mit einem zu großen Halsband nicht möglich.

Es gibt eine bestimmte, zweckmäßige Art, wie man dem Hund das Übungshalsband anlegt. Stellen Sie sich neben den Hund und legen Sie es so an, dass das Ende mit dem Ring über den Hals des Hundes und durch den inaktiven Ring gleitet. Ziehen Sie das Halsband zu. Es

So legt man ein normales Trainingshalsband um:
Von vorne betrachtet, bildet das Halsband ein liegendes P.

sollte sich sofort lockern, wenn Sie den Haltering loslassen, wenn Sie es jedoch falsch angelegt haben, rutscht es herum und hängt von der inaktiven Schlinge. Für das Volhard-Halsband stellen sie sich vor den Hund mit dem Karabiner in der linken und den beiden Ringen in der rechten Hand. Legen Sie dem Hund das Band unten um den Hals und führen Sie Ihre Hände in seinen Nacken. Haken Sie nun den Karabiner in den beweglichen Ring.

Wir meinen, dass ein Hund während seiner Ausbildungszeit immer ein Übungshalsband tragen sollte. Da das Würgehalsband sich zusammenzieht, wenn der Hund an der Leine zerrt, befürchten manche Leute, dass der Hund Gefahr läuft, an Zweigen oder Möbelstücken hängen zu bleiben und zu ersticken. Dieses Argument hat einiges für sich, daher raten wir davon ab, das Halsband anzulassen, während Sie sich außerhalb des Hauses befinden oder den Hund nicht im Blick haben. In Ihrem Beisein kann er es jedoch tragen, denn es kann als »Mini-Leine« dienen, wenn man einen Finger durch den aktiven Ring steckt.

Die lange Leine wird Ihnen von Nutzen sein, wenn Sie Ihrem Hund das Kommen auf Befehl beibringen. Ein Nylonseil ist gut geeignet, aber tragen Sie Handschuhe, um Verbrennungen vorzubeugen, wenn das Seil rasch durchgezogen wird. Bindfaden oder Schnur ist weniger geeignet. Das Material kann reißen und leicht in die Hände schneiden, wenn der Hund kräftig zieht. Falls Sie mit Leckerbissen arbeiten wollen, raten wir zu kleingeschnittenen Würstchen oder gefriergetrockneten Leberstücken. Hunde lieben sie, und sie sind weder fettig noch unangenehm anzufassen. Tragen Sie während des Trainings eine Schürze oder eine spezielle Tasche, in der Sie die Leckerbissen unterbringen.

Die diesem Kapitel beigegebenen Abbildungen sollen Ihnen helfen, Ihren Hund richtig auszustatten.

Wenn Sie Material von guter Qualität suchen, fragen Sie den Ausbildungswart eines Vereins. Verlassen Sie sich nicht darauf, dass im

Sie können eine Feldleine kaufen – oder selbst herstellen, indem Sie an ein langes, starkes Seil einen Karabiner befestigen. Beim Training sollten Sie Handschuhe tragen, um aufgeschürfte Handflächen zu vermeiden.

Supermarkt erstandene Artikel dauerhaft haltbar sein werden. Der florierende Markt für Hundeartikel wird in eher noch zunehmendem Maße Importeure und Hersteller von Billigware schlechter Qualität anlocken. Bedenken Sie, dass eine Leine aus minderwertigem Leder, die zerreißt, wenn Ihr Hund mitten im Stadtverkehr auf eine Katze zuspringt, schwerwiegende Unfälle verursachen oder den Hund das Leben kosten kann. Eine teurere, weil bessere Ausrüstung macht sich also langfristig in jedem Fall bezahlt.

32. Bei-Fuß-Gehen

Was ist das Ziel des Bei-Fuß-Gehens? Der Hund soll dicht neben dem Knie des Begleiters laufen, ohne vorzuprellen oder zurückzubleiben, und sich ohne Aufforderung setzen, wenn der Begleiter stehen bleibt. Wir bringen unseren Hunden diese Übung in drei Etappen bei:

Zuerst vergewissern wir uns, dass der Hund (nennen wir ihn bzw. sie Una) das Gehen an der Leine beherrscht, dann bringen wir ihr bei, nicht zu ziehen. Erst wenn es damit keine Probleme mehr gibt, fangen wir mit dem eigentlichen Kommando an. Der Befehl »Bei Fuß« ist alles andere als schmückendes Beiwerk in der Hundeausbildung. Wenn Una an Ihrer Seite geht und sich Ihrem Tempo anpasst, erkennt Sie sie als Alpha-Tier an. Das Gehen bei Fuß ist die erste Lektion, die Ihr Hund lernen wird, und die Art und Weise, wie Sie Ihrem Hund diese Übung beibringen, kann von entscheidender Bedeutung für die Beziehung zwischen Halter und Hund sein. Neigt Ihr Hund dazu, sich als Alpha-Tier zu fühlen oder Ihnen durch ständiges Vorstürmen die Arme aus den Gelenken zu reißen, werden Sie die Notwendigkeit dieser Übung anerkennen.

Professionelle Ausbilder sind unterschiedlicher Meinung darüber, wie das Bei-Fuß-Gehen gelehrt werden sollte. Wir versuchen, diese Übung als einen Teil der Gesamtbeziehung zwischen Hund und Halter zu sehen, und nicht etwa als eine Art Strafexerzieren. Seien Sie dennoch bestimmt, wenn Sie diese Lektion mit Ihrem Hund üben.

Zunächst wählt man eine Fläche, auf der man sicher gehen kann und die groß genug ist, um in jede Richtung eine bestimmte Strecke zurückzulegen. Die Gegend sollte ruhig sein – während Ablenkungen im späteren Verlauf der Ausbildung wichtig sind, sollte Ihre erste Übungsstunde in möglichst stiller Umgebung stattfinden.

Beginnen Sie das Leinentraining bei einem älteren Hund, indem Sie sich ein Karree denken, das Sie abgehen.

Marschieren Sie entlang der gedachten Geraden los. Falls nötig, geben Sie der (langen) Leine einen kurzen Ruck, aber sagen Sie nichts.

Am Ende der Geraden machen Sie einen Moment Pause, dann biegen Sie ab auf die nächste gedachte Gerade Ihres Quadrats. Der Hund muss folgen.

Irgendwann hat der Hund verstanden, was Sie von ihm wollen, und versucht, mit Ihnen Schritt zu halten.

Für die erste Stufe unseres Trainings, die allgemeine Leinenführigkeit, fangen wir mit der »Karree-Übung« an, in dem kein Augenkontakt hergestellt und nur wenig gelobt wird. Haken Sie eine ungefähr sechs Meter lange Leine an das korrekt angelegte Trainingshalsband. Schieben Sie den rechten Daumen durch die Schlinge, halten Sie mit der Rechten die Leine, packen Sie mit der Linken direkt daneben zu und pressen Sie beide Hände an Ihren Gürtel. Im Augenblick müssen Sie sich noch keine Gedanken darum machen, ob Una sitzt oder aufpasst. Stellen Sie sich ein hundertfünfzig Meter langes Quadrat vor. Mit einem aufmunternden »Una, los geht's« marschieren Sie entlang der Linie Ihres imaginären Karrees. Sagen Sie nichts weiter, sehen Sie stur geradeaus und lassen Sie die lange Leine hinter sich herschleifen.

Nun kann Una auf ganz unterschiedliche Art reagieren – und bei manchen Hunden ist buchstäblich alles möglich. Viele Hunde haben als Welpen kein richtiges Leinentraining gehabt und sind anfangs entsetzt, dass sie in ihrer Freiheit eingeschränkt werden. Für manche Hunde ist die Leine etwas, das zerkaut und zerlegt werden muss, für andere ist sie das Signal, sich in ein dunkles Eckchen zu verziehen und nie wieder aufzutauchen. Wieder andere beschließen, wie angewurzelt stehen zu bleiben und sich überhaupt nicht mehr zu bewegen.

Unas Reaktion wird aber vermutlich nicht so extrem ausfallen. Aller Wahrscheinlichkeit nach wird sie einen heftigen Ruck spüren und hinter Ihnen herlaufen. Loben Sie sie, wenn der Ruck erfolgt. Nun wird Una vor Ihnen, hinter Ihnen oder um Sie herum laufen – macht nichts. Gehen Sie einfach weiter, bleiben Sie nach hundertfünfzig Metern stehen und wenden Sie sich nach rechts. Dort warten Sie eine Weile, ohne auf Una zu achten, und setzen schließlich Ihren Weg fort. Gehen Sie das ganze Quadrat mehrmals nach diesem Schema ab. Nach fünfzehn oder zwanzig Minuten werden Sie feststellen, dass Una sich nun auf Sie konzentriert und Ihnen folgt, so dass die Leine über den Boden schleift. Loben und belohnen Sie sie erst am Ende der Übungszeit. Wenn Sie die Übung in den folgenden Tagen wiederholen (wobei sie schrittweise die Wartezeit an den Ecken reduzieren), wird Una sich daran gewöhnen, ohne Widerstand an Ihrer Seite zu gehen.

Für die nächste Stufe brauchen Sie eine zwei Meter lange Leine. Schieben Sie den rechten Daumen so durch die Schlaufe der Leine, dass sie über Ihrer Handfläche liegt. Machen Sie eine Faust und greifen Sie mit Zeige- und Mittelfinger die Leine gleichzeitig ein Stück weiter unten. Die Rechte lassen Sie an Ihrem rechten Schenkel ruhen. Mit der Linken nehmen Sie den Rest der Leine oberhalb des letzten Drittels. Nun legen Sie die Linke an den linken Schenkel. Das ist Ihre Ausgangshaltung. Una befindet sich zu Ihrer Linken.

Sagen Sie »Una, auf geht's« und setzen Sie sich augenblicklich in Bewegung, während Sie ihr aufmunternd zureden. Ziel ist es, Una mit lockerer Leine neben sich herlaufen zu lassen, ohne schon das formelle »Bei Fuß« durchzusetzen. Sorgen Sie dafür, dass das Halsband weit oben sitzt, wenn Sie losgehen. Wenn sie zur Seite ausweichen will, rucken Sie einmal kurz an der Leine und sagen: »Nein, auf geht's«, und machen entweder eine Kehrtwende oder biegen nach rechts ab. Klatschen Sie sich bei der Wende aufs linke Bein, um Una zu helfen, sich zu orientieren, und loben Sie sie. Die ersten Male, die Sie mit der Leine rucken, erschreckt sie sich vielleicht, aber das können Sie mit Lob wieder ausgleichen. Halten Sie nicht an, wenn sie stehen bleibt. Gehen Sie einfach weiter.

Sie werden feststellen, dass der Richtungswechsel das beste Mittel gegen Unaufmerksamkeit, Ausbrechen und Ähnliches ist. Indem Sie jeden Richtungswechsel mit einem Leinenruck begleiten und häufig das Tempo verändern, werden Sie bald Unas ungeteilte Aufmerksamkeit haben; sie wird Ihnen folgen, die Leine respektieren und nur hin und wieder eine sanfte Erinnerung brauchen.

Verwenden Sie immer ein Kommando wie »Los geht's« für diese Übung. Sie können es später für zwanglosere Spaziergänge einsetzen, bei dem Una schnuppern und ihre Umgebung erkunden darf. Arbeiten Sie ungefähr eine Woche auf dieser Ebene.

Für das »Bei-Fuß-Training« sollten Sie die Leine so halten, wie auf dem Foto gezeigt, damit Sie den Hund notfalls korrigieren können.

Für das Kommando »Bei Fuß« sitzt der Hund zu Ihrer Linken. Stellen Sie Augenkontakt her und gehen Sie los. Zu Anfang muss die Position des Hundes noch nicht perfekt sein.

Das kontrollierte Gehen an der Leine unterscheidet sich vom Gehen »bei Fuß« im Maß der Aufmerksamkeit, die der Hund Ihnen widmen muss. Beim kontrollierten Gehen darf Una machen, was sie will, solange sie nicht zieht. Wenn sie aber bei Fuß gehen soll, erwarten wir etwas anderes: Nun muss Una auf der linken Seite bleiben und sich ganz auf Sie konzentrieren; umherstreifen, zurückbleiben, vorauspreschen oder Seitenwechsel sind nicht erlaubt. »Bei Fuß« wird auf überfüllten Bürgersteigen oder in einer Gebrauchshundeprüfung benötigt – immer dann nämlich, wenn Sie die absolute Kontrolle über den Hund haben müssen. Dennoch möchten wir noch einmal betonen, dass unsere Übungen den Schwerpunkt auf die gute Beziehung zwischen Hund und Halter legen und nicht den präzisen Gehorsam erreichen wollen, wie er in offiziellen Prüfungen verlangt wird.

Korrektes »Bei-Fuß-Gehen«

Wenn wir beginnen, »Bei Fuß« zu trainieren, setzen wir voraus, dass Una die vorbereitenden Leinenübungen absolviert und den Befehl »Sitz« bereits gelernt hat. Wir werden ihr nun zunächst das korrekte Bei-Fuß-Gehen beibringen und dann das »Sitz«, sobald wir anhalten. Wenn der Hund beides beherrscht, wird er sich schließlich automatisch setzen, wann immer Sie stehen bleiben.

Beginnen Sie in der Ausgangsposition, die wir zuvor beschrieben haben. Nachdem Sie Augenkontakt zu ihr hergestellt haben, machen Sie mit dem linken Fuß einen Schritt nach vorne, sagen dabei: »Una, bei Fuß!«, und marschieren Sie los. Wir schicken allen aktiven Befehlen den Namen voraus, um die Aufmerksamkeit des Hundes zu wecken, legen die Betonung aber auf den Befehl. Sprechen Sie ihn klar und deutlich hörbar aus; bleiben Sie dabei freundlich und aufmunternd, aber verleihen Sie Ihrer Stimme Autorität.

Achten Sie, während Sie gehen, auf Unas Position. »Bei Fuß« bedeutet, dass ihre rechte Schulter sich an Ihrem linken Bein befindet. Unas Aufmerksamkeit sollte voll auf Sie gerichtet sein, so dass sie sich augenblicklich anpasst, falls Sie das Tempo wechseln. Aber auch wenn sie in den vorbereitenden Übung gezeigt hat, was sie kann, dürfen Sie erwarten, dass Una entweder zurückbleibt oder etwas vorausgeht. Korrigieren Sie das mit einem kurzen Leinenruck. (Mit dem »Rucken« an der Leine meinen wir eigentlich ein knappes Ziehen, das die Leine nur einen Augenblick strafft. In Verbindung mit einem korrekt angelegten Trainingshalsband spürt der Hund einen Zug um den Hals, der aber sofort wieder gelockert wird.) Una wird prompt reagieren, vielleicht mit einem überraschten Japsen, und wieder an Ihre Seite kommen. Loben Sie sie. Gehen Sie stramm weiter, ermutigen Sie Ihren Hund und wechseln Sie häufig die Richtung. Wiederholen Sie zu Anfang vor jeder Wende den Befehl und belohnen Sie sie mit einem Leckerbissen, den Sie in der linken Hand mit nach hinten gewandter Innenfläche halten, damit Unas Aufmerksamkeit nicht nachlässt.

Vergessen Sie nicht: Una sollte die Korrekturen durch die Leine spüren. Sie sollen prompt erfolgen, aber der Zug am Halsband muss sofort wieder gelockert werden. Erhängen Sie den Hund nicht, ziehen Sie ihn nicht herum und reißen Sie nicht fortwährend am Halsband. Solche Methoden wirken nicht. Die Korrektur durch den deutlichen Ruck an der Leine hat sich dagegen bewährt und ist zuverlässig. Sie hilft dem Hund, sich zu orientieren, und dient als unmissverständliches Richtungssignal.

Wir empfehlen zu Beginn der Ausbildung, zwanglos mit Ihrem Hund zu sprechen. Folgt der Hund mehr oder weniger bereitwillig, genügt hin und wieder ein freundlicher Blick oder ein aufmunterndes Wort, wenn seine Aufmerksamkeit zu erlahmen droht. Sollte er jedoch vorpreschen oder zurückbleiben, müssen Sie ihn mit der Leine korrigieren und gleichzeitig ein paar Worte wie »So ist's recht!« oder »Gut so!« an ihn richten. Der Hund wird von der Leinenkorrektur zunächst

»Bei Fuß« perfekt. Der Hund passt sich dem Tempo des Halters an, die Leine kann locker gefasst werden.

beunruhigt sein, daher muss Ihre verbale Ermunterung dies ausgleichen.

Sie müssen Ihre beiden Strategien, die korrigierende mit der Leine und die aufmunternde mit der Stimme, gut koordinieren. Keinesfalls darf der Hund also gescholten werden, weil er vorwärtsdrängt oder zurückbleibt. Setzen Sie Ihre Stimme bei den Folgen-Übungen immer nur positiv ein. Der Hund soll aufmerksam bleiben, nicht abschalten.

Sobald Una brav bei Fuß geht, müssen Sie ihr das Abbiegen beibringen. Im Augenblick konzentrieren wir uns auf drei Richtungsänderungen: links herum, rechts herum und die Kehrtwende. Da Una noch nicht so weit ist, dass sie Ihnen wirklich ihre ungeteilte Aufmerksamkeit schenkt, schicken wir dem Rechtsabbiegen ein paar aufmunternde, aufgeregte Worte voran – »Okay, Una, wir wenden uns jetzt nach rechts, ja? Achtung, und zwar genau *jetzt*!« –, denen der Befehl »Una, bei Fuß« in dem Augenblick folgt, in dem Sie wirklich die Richtung ändern. Loben Sie sie sofort, wenn sie folgt. Die vorausgeschickten Worte machen Una hellwach und geben ihr die Chance, ihr Tempo zu beschleunigen und bei Ihnen zu bleiben. Sie können das auch durch einen Leckerbissen verstärken, aber viele Hunde werden leicht nervös, wenn sie wissen, dass Sie etwas zu fressen in der Hand halten. Wenn das der Fall sein sollte, benutzen Sie nur Ihre Stimme. Üben Sie nach dieser Methode den Richtungswechsel nach links und nach rechts. Sobald sie sich daran gewöhnt hat, können Sie sich die wortreiche Einleitung sparen und reduzieren sie auf ein knappes »Una, bei Fuß«, kurz bevor Sie abbiegen.

Bei der Linkswende müssen Sie allerdings Ihr Tempo verringern und die linke Hand mit der Leine ein wenig zurückziehen. Linkswenden sind sehr hilfreich für Hunde, die nicht direkt vorauslaufen, sondern immer nur ein wenig zu weit vorne gehen. Ein kurzes »Knallen« mit der Leine über Unas Kopf und ein knappes »Nein, bei Fuß« gefolgt von lobenden und aufmunternden Worten werden ihr rasch beibringen, besser auf Sie zu achten.

Nun können wir mit dem »Sitz« beginnen und die Übung ausfeilen, bis Una sich schließlich bei jedem Halt automatisch setzt. Da der Hund bereits in der Welpenschule gelernt hat, was der Befehl bedeutet, dürfte es kaum Schwierigkeiten geben. (Wenn Ihr Hund das Kommando »Sitz« aus irgendeinem Grund noch nicht beherrscht, lesen Sie im nächsten Kapitel nach, wie er es lernen kann.)

Beginnen Sie mit einer Rechtswende. Das Bewegungsmoment, das der Hund aufbaut, erleichtert den Übergang zum Sitzen. Halten Sie an, nehmen Sie die Leine in die rechte Hand und ziehen Sie sie leicht aufwärts. Gleichzeitig drücken Sie mit Ihrer Linken Unas Hinterteil herab und sagen dabei: »Una, sitz.« Loben Sie sie. Sie können auch einen Leckerbissen zu Hilfe nehmen. Als Nächstes üben Sie das Sitzen, wenn Sie ohne Wende haltmachen. Geben Sie eine Weile im Wechsel die Kommandos »Bei Fuß« und »Sitz«. Sobald Sie den Eindruck haben, sie habe verstanden, verzichten Sie auf den Druck mit der Hand, aber heben die Leine noch weiterhin an. Am Ende steht natürlich wieder überschwängliches Lob.

Nach sieben bis zehn Tagen Wiederholung sollte Una problemlos sitzen, wann immer Sie Ihr den Befehl dazu geben. Und nun lassen Sie den Befehl einfach weg. Helfen Sie Ihr, indem Sie militärisch stramm stehen bleiben. Wenn Sie sich setzt, loben Sie sie (und/oder geben Sie ihr einen Leckerbissen). Wenn nicht, rucken Sie kurz an der Leine, sagen »Nein« und loben Sie sie wieder, wenn sie es nun tut. Anschließend wiederholen Sie die Übung sofort. Im Laufe weniger Tage wird Una sich setzen, sobald Sie haltmachen. Wichtig ist, dass Sie beharrlich bleiben. Lassen Sie Ihren Hund wirklich jedes Mal sitzen, wenn Sie anhalten. Erlauben Sie keine Ausnahmen. Sie werden es zu schätzen wissen, wenn Sie an einen Straßenrand mit viel Verkehr gelangen oder den Hund mit einer schweren Einkaufstüte oder einem Baby auf dem Arm einhändig ausführen müssen. Es macht regelrecht Spaß, Besuchern einen Hund vorzustellen, der richtig bei Fuß geht und sich automatisch setzt. Wenn er jetzt noch

Um dem Hund beizubringen, dass er sich bei einem Stopp automatisch setzt, gehen Sie in die Hocke, drücken dem Hund sanft das Hinterteil herunter und ziehen die Leine aufwärts.

Pfote geben könnte, würde man wahrscheinlich versuchen, Ihnen den Hund sofort abzukaufen.

Mögliche Probleme

Wenn Ihr Hund nicht frühzeitig gelernt hat, an der Leine zu gehen, können Sie auf verschiedene Schwierigkeiten stoßen, sogar dann, wenn Sie es so langsam angehen, wie wir es empfehlen.

Es gibt Hunde, die auf den Befehl »Folgen« angstvoll das linke Bein ihres Begleiters umklammern. Andere stellen ihre Pfote auf den linken Fuß des Begleiters, um den rechten Augenblick zum Losgehen nicht zu verpassen. Zeigt Ihr Hund eine dieser Reaktionen, insbesondere die erstere, haben Sie ihn vielleicht zu hart angefasst und zu wenig gelobt, um dies auszugleichen. Bleiben Sie stehen, loben Sie den Hund und legen Sie eine Pause ein.

Jeder Hund ist ein Individuum, und es gibt keine bestimmte Lehrmethode oder Übung, die für jeden Hund ideal geeignet ist. Machen Sie während der Übungen immer wieder halt und beobachten Sie Ihren Hund. Versteht er, was Sie tun? Wie sehen seine Augen aus? Schaut er zu Ihnen auf? Keine Übung sollte länger als zwanzig Minuten dauern. Dafür können Sie zwei oder auch drei Übungsstunden am Tag vorsehen, die jedoch mehrere Stunden auseinanderliegen sollten.

Bei den Übungen werden Sie oft damit zu tun haben, dass Ihr Hund vorprescht. Sie können dem mit verschiedenen Korrekturmethoden begegnen. Drängt Ihr Hund vorwärts, weil er eine Ablenkung entdeckt hat oder auch nur einem momentanen Impuls nachgibt, so können Sie, wenn der Ruck an der Leine sich als nicht ausreichend erwiesen hat, die Leine fest in die Hand nehmen und eine scharfe Rechtswendung beschreiben. Gleichzeitig können Sie eine laute, freundlich aufmunternde Korrektur wie etwa »Hier entlang, so ist's recht!« geben.

Ein voranstürmender Hund wird korrigiert, indem man in die entgegengesetzte Richtung geht. Biegen Sie oft ab, damit sich der Hund auf Sie konzentriert.

Bei älteren Hunden mit einer chronischen Neigung zum Vorpreschen ist es besonders bei den größeren Rassen oft hilfreich, die Leine von links nach rechts hinter dem eigenen Rücken durchzuziehen und mit einem Ruck stehen zu bleiben. Gehen Sie nur weiter, wenn der Hund an Ihrer linken Seite sitzt. Richtungsänderungen nach links werden meist weniger genau befolgt als solche nach rechts.

Wenn Sie einen Hund haben, der sich gegen Ihr Bein drängt, halten Sie die Leine bei der Richtungsänderung von Ihrem Körper ab. Das wird dem Hund helfen, Abstand zu gewinnen und ein Anrempeln zu verhüten. Im weiteren Verlauf der Übungen können Sie jemanden bitten, Ihnen bei der Arbeit mit dem Hund zuzuschauen und Sie zu korrigieren. Man kann auch vor einem großen Schaufenster oder Glastüren üben und beobachten, wie man sich mit seinem Hund als Zweiergespann bewegt. Üben Sie nach Möglichkeit nicht ausschließlich allein. Kontrollieren Sie sich ständig selbst und schlagen Sie in Ihrem Handbuch nach, wenn Sie keine Gelegenheit haben, einen professionellen Ausbilder um Rat zu fragen.

Eine Frau, die ihren Hund in New Skete hatte ausbilden lassen, kam eines Nachmittags zu uns, um die Arbeit mit ihrem Cockerspaniel vorzuführen. Sie hatte unsere Anweisungen befolgt und jeden Tag zwanzig Minuten mit dem Hund geübt, so dass er beinahe perfekt bei Fuß ging – aber nur an ihrer rechten Seite. Wir erinnerten sie, dass der Hund von uns ausgebildet worden war, links vom Begleiter zu gehen, wie es auch richtig ist, und dass dies von uns in der Literatur, die unseren Kurs begleitete, ausführlich erläutert worden war. »Ach!«, rief sie aus. »Deshalb war es so schwierig, ihm das Folgen beizubringen!«

Hunde, die Staubsauger spielen und ihre Nase niemals vom Boden heben, sind sehr anstrengend. Versuchen Sie zunächst, mit einem Spielzeug oder einem Leckerbissen zu erreichen, dass der Hund den Kopf hebt. Üben Sie mehrfach eine Abfolge von »Bei-Fuß/Sitz«-Kommandos, damit er sich daran gewöhnt, mit erhobenem Kopf zu laufen. Oder aber sie zupfen immer wieder kurz an der Leine, sobald die Nase am Boden klebt. Wieder dürfen Sie nur äußerst sanft rucken und müssen ständig loben und aufmuntern. Als letzten Ausweg können Sie versuchen, auf einem Platz zu üben, an dessen Rand Ablenkendes zu sehen ist. Dadurch wird der Hund den Kopf oben halten und kann sich daran gewöhnen, korrekt bei Fuß zu gehen.

Das Leinenbeißen ist ein weiteres häufig auftretendes Problem bei der Folgen-Übung. Der Hund reagiert dabei auf das korrigierende Rucken an der Leine, indem er sie angreift. Übrigens lassen sich viele

Disziplinschwierigkeiten vermeiden, wenn man den Welpen frühzeitig an die Leine gewöhnt. Schnappt Ihr Hund nach der Leine, ziehen Sie sie rasch hoch, so dass der Karabiner das Kinn des Hundes trifft. Die meisten Hunde begreifen damit schnell. Gehen Sie anschließend im normalen Tempo mit lockerer Leine weiter.

Sie können dem Hund das Schnappen nach der Leine auch dadurch abgewöhnen, dass Sie die körperlichen Korrekturen vermindern und mehr loben und gut zureden. Verzichten Sie nicht ganz auf Disziplin, aber versuchen Sie die körperlichen Korrekturen auf ein Minimum zu beschränken, aber gleichzeitig ermutigen Sie Ihren Hund verbal, bis das Leinenbeißen aufhört.

Eine häufige Reaktion ist auch stures Stehenbleiben. Der Hund stemmt die Vorderbeine und womöglich auch die Hinterbeine fest in den Boden und rührt sich nicht vom Fleck. Versuchen Sie nicht, dem Hund sein störrisches Benehmen »auszureden«. Machen Sie einfach kehrt, um Blickkontakt herzustellen, und sagen Sie: »Vorwärts jetzt! Folgen!« Daraufhin gehen Sie los. Es hat in diesem Fall keinen Sinn, sich länger als ein paar Sekunden aufzuhalten und womöglich auf verschiedene Weise zu versuchen, den Hund umzustimmen; damit erweisen Sie sich selbst und Ihrem Hund letztlich keinen Dienst. Hunde, die sich so gebärden, gehören häufig zum Alpha-Typ und sind es gewohnt, ihre Besitzer zu Spaziergängen auszuführen, während diese sich in dem naiven Glauben befinden, es verhalte sich umgekehrt. Vergegenwärtigen Sie sich, dass Sie bei allen Gehorsamsübungen Ihren Führungsanspruch deutlich machen müssen, um das Programm erfolgreich zu Ende zu bringen. Dass es dabei zu Kraftproben kommt, ist unvermeidlich.

Wenn es Probleme gibt, sollten Sie sie angehen, sobald sie auftreten. Warten Sie nicht bis zur nächsten Übungsstunde. Ihre erste Bei-Fuß-Übung mag wunderbar verlaufen – oder auch nicht.

- Bereiten Sie sich darauf vor, indem Sie dieses Buch ganz und nicht nur in Abschnitten lesen.

- Vergewissern Sie sich, dass Sie die Anweisungen verstanden haben.
- Üben Sie das »Knallen« mit der Leine vorher, damit Sie es wirklich können, bevor Sie mit dem Hund zu trainieren beginnen.
- Vor allem sollten Sie dafür sorgen, dass Sie bei der ersten Übungsstunde ruhig sind. Meditieren Sie mit Atemübungen. Versuchen Sie, sich innerlich auf Ihr Ziel auszurichten. Und Ihr Ziel ist es, mit Ihrem Hund als Team unterwegs zu sein.

33. Sitz und Bleib

Wenn Una nun bei Fuß geht und sich »automatisch« setzt, sobald Sie anhalten – dann beherrscht sie »Sitz«. Falls dem nicht so ist und Sie Una erst beibringen wollen, sich zu setzen, folgen Sie unseren Anweisungen:

- Una muss zuerst an Ihrer linken Seite stehen, so dass Sie beide in die gleiche Richtung blicken.
- Gehen Sie in die Hocke und legen Sie die rechte Hand auf Unas Brust. (Wenn sie rastlos oder nervös ist, schieben Sie die Hand in ihrem Nacken unter das Halsband.)
- Nun legen Sie die Linke auf Hals oder Schultern. Streichen Sie mit der Hand den Rücken entlang und über die Rute, dann bringen Sie sie zum Sitzen, indem Sie Druck auf Ihre Brust ausüben und die Hinterläufe sanft einknicken.
- Sagen Sie: »Una, sitz«, und loben Sie sie. Una sitzt nun auf Ihrer linken Hand, während Sie mit der rechten verhindern, dass sie wieder aufsteht.
- Wiederholen Sie diese Übung ein paar Tage in Folge mindestens fünfmal täglich.

Als Nächstes versuchen Sie es mit einem Leckerbissen, um ihr beizubringen, sich selbständig zu setzen: Una steht neben Ihnen. Sie halten den Leckerbissen mit der rechten Hand vor ihre Nase. Heben Sie den Leckerbissen nun in einem Fünfundvierzig-Grad-Winkel über ihren Kopf, während Sie das Kommando »Una, Sitz« geben. Wenn sie sitzt, geben Sie ihr das Leckerchen und loben sie. Machen Sie das mehrmals hintereinander. In kurzer Zeit wird Una das Sitzen gelernt haben, und Sie können es mit dem Gehen an der Leine kombinieren, wie wir

Das Handzeichen für »Bleib«. Halten Sie die Leine straff aufwärts, wenn Sie das Kommando geben.

Der Hund akzeptiert das Zeichen von beide Händen.

es im vorangegangenen Kapitel beschrieben haben. Sollte Una aber nach mehreren Übungsstunden immer noch Schwierigkeiten mit dem Sitzen auf Befehl haben, dann korrigieren Sie sie mit »Nein, Sitz« in Verbindung mit einem Leinenrucken. Steigern Sie Ihr Arbeitstempo ein wenig und betonen Sie »Sitz« etwas mehr. Barbara Woodhouse, die berühmte Hundetrainerin aus England, bewirkte Erstaunliches, indem sie nur das »t« in »Sit« betonte. Sie können auf die Betonung wieder verzichten, sobald Una besser gehorcht.

Unsere Erfahrung als Ausbilder hat uns gelehrt, dass ein begleitendes Handsignal zum Kommando »Sitz!« sehr nützlich ist, weil man sich dem Tier so auch optisch verständlich macht. Während man das Kommando ausspricht, führt man die Rechte mit einer schwungvollen Bewegung unmittelbar vor die Schnauze des Hundes, ohne diese jedoch zu berühren. Die Handfläche sollte geöffnet sein, die Finger dagegen geschlossen. Sie werden feststellen, dass der Effekt äußerst wirkungsvoll ist, das Signal ist eindeutig: »Bleib sitzen!« Achten Sie darauf, dass es rasch erfolgt. Unerfahrene Leute begehen bisweilen den Fehler, das Kommando mehrere Male zögernd zu wiederholen und dann ein halbherziges Handzeichen mit kaum geöffneter Handfläche zu geben. Dies wird der Hund kaum verstehen.

- Während Sie dieses Handzeichen mit der Rechten geben, halten Sie mit der Linken die Leine hoch, wobei Sie ein wenig Zug ausüben sollten. (Raffen Sie die Leine, bevor Sie das Handzeichen geben, so dass nur etwa 20 cm Länge übrig bleiben, dazu die 12-15 cm Spielraum bis zum Haltering des Übungshalsbands.)
- Lassen Sie die Hand vor dem Gesicht des Hundes und halten Sie die Leine straff, doch ohne den Hund zu würgen.
- Dann, während Sie mit dem rechten Fuß vortreten und eine Vierteldrehung beschreiben, um vor den Hund hinzutreten, geben Sie ihm den Befehl »Bleib!«.

- Verharren Sie einige Sekunden in dieser Haltung, um dann an die Seite des Hundes zurückzukehren und ihn zu loben.

Im weiteren Verlauf können Sie den Zug an der Leine verringern, bis Una fünfzehn bis fünfundzwanzig Sekunden in ihrer Position bleibt.

Nun können Sie beginnen, den Abstand zu Una langsam, aber sicher zu vergrößern. Aber haben Sie Geduld. Viele Halter haben unter anderem deshalb Schwierigkeiten mit dem »Sitz – Bleib!«, weil sie viel zu schnell die Leine fallen lassen.

In dieser Phase müssen Sie Una korrigieren, sobald sie sich wieder erhebt. Nachdem Sie ihr den Befehl gegeben haben, nehmen Sie eine Leinenlänge Abstand ein und fassen Sie Leine mit der anderen Hand (sofern Sie Rechtshänder sind). Aus dieser Position können Sie nun sofort eingreifen, falls Una nicht sitzen bleibt. Beim ersten Anzeichen treten Sie einfach wieder auf Sie zu und heben Sie die Leine mit einem scharfen »Nein« an. Dadurch wird Una an der Stelle, an der sie sitzen soll, festgehalten. Wiederholen Sie den Befehl und lassen Sie Una im Verlauf der Übung eine immer längere Zeitspanne sitzen – bis zu einer Minute lang. Beobachten Sie Ihren Hund genau, um augenblicklich eingreifen zu können, wenn der Hund Anstalten macht, aufzustehen.

Bei den ersten Übungen halten Sie die Leine locker in der Hand. Lassen Sie sie erst fallen, wenn Sie sicher sind, dass Una auch wirklich sitzen bleibt. Aber auch dann sollten Sie die Leine zunächst an einer langen Schnur befestigen. Halten Sie während der Übung immer Augenkontakt zu Ihrem Hund. Variieren Sie Ihre Schritte. Gehen Sie drei Meter voran, dann hin und her und kehren anschließend zu Una zurück.

Lässt ihre Aufmerksamkeit nach, hilft es häufig, wenn man leise, aber mit dramatischer Geste etwas wie »Schau her!« oder »Sieh mich an!« flüstert, um die Aufmerksamkeit des Hundes zurückzugewinnen. Ist Ihre Ausbildung bis dahin erfolgreich gewesen, bringen Sie anfangs kleine Ablenkungen hinein, um sich Gewissheit zu verschaffen, dass

Um die Kommandos »Sitz – Bleib da« zu verstärken, geben Sie das Handzeichen und halten Sie die Leine senkrecht hoch.

Gehen Sie um den Hund herum, während Sie die Leine weiterhin senkrecht halten.

Nehmen Sie dazu beide Hände.

»Sitz – Bleib da« in einer Gruppe. Die Halter drängen sich in der Mitte zusammen, die Hunde sitzen im Kreis um sie herum.

der Befehl unter den verschiedensten Bedingungen befolgt wird. Treten Sie zur Seite oder werfen Sie einen Ball oder Stein hoch.

Wenn Sie in einer Gruppe oder mit Freunden arbeiten, versuchen Sie einen Kreis zu bilden, mit den Ausbildern in der Mitte und den sitzenden Hunden einwärts gerichtet an der Peripherie des Kreises. Um eine wirksame Ablenkung zu schaffen, können die Ausbilder dann ihre Plätze vertauschen und zu ihren ursprünglichen Positionen zurückkehren. Unruhige Hunde sollten zwischen Hunden platziert werden, die in ihrem Gehorsam unerschütterlich sind. Dies wird dem schwachen Hund helfen, das Ausharren zu lernen. Anschließend kehren Sie zu Ihrem Hund zurück. Achten Sie darauf, dass Sie hinter ihm einen Bogen beschreiben und so an seine rechte Seite kommen. Darauf können Sie das Sitzenbleiben mit einem Lob beenden, wenn die Übung korrekt ausgeführt wurde. Hat der Hund gelernt, trotz aller Ablenkungen gehorsam in sitzender Haltung auszuharren, bis Sie die Übung beenden, werden Sie bei der entscheidendsten aller Gehorsamsübungen, dem Kommen auf Befehl, davon profitieren.

Steh und Bleib

In Verbindung mit »Bleib« gibt es einen anderen Befehl, bei dem der Hund stehend verharren soll. Das ist beispielsweise bei der Fellpflege sehr praktisch; ein Hund, der einige Minuten lang still auf einer Stelle stehen bleibt, erspart Ihnen manche Aufregung.

- Setzen Sie Ihren Hund auf Ihre linke Seite.
- Knien Sie sich neben ihn und sehen Sie ihn an.
- Schieben Sie zwei Finger unter seinem Kinn durch das Halsband, Handrücken nach oben.
- Nun legen Sie die linke Hand unter seinen Bauch, geben das Kommando »Steh«, schieben die rechte Hand parallel zum Boden nach vorne und ziehen so leicht am Halsband.
- Gleichzeitig üben Sie ein wenig Druck mit der linken Hand aus und helfen dem Hund, aufzustehen.
- Befehlen Sie ihm zu bleiben, loben Sie ihn und warten Sie zehn Sekunden, bevor Sie ihn mit einem »Okay« wieder loslassen und zum Sitzen bringen.

Wiederholen Sie dies einige Male per Übungsstunde und verlängern Sie dabei allmählich die Zeitspanne, die er steht. Noch sollten Sie den Hund berühren. Ziel ist es, ihn bis zum Ende einer Woche dazu zu bringen, eine volle Minute stehen zu bleiben.

Nun der nächste Schritt. Beginnen Sie so, wie oben beschrieben. Wenn Sie spüren, dass Ihr Hund entspannt ist und sich wahrscheinlich nicht bewegen wird, geben Sie ihm das Kommando und ziehen erst die linke, dann die rechte Hand weg. Wenn er verharrt, loben Sie ihn. Falls nicht, sagen Sie »Nein« und legen ihm die Hände wieder unter. Sobald

Für das Kommando »Steh – Bleib da« geben Sie den Befehl »Bleib«, halten das Halsband mit der rechten Hand und hindern den Hund mit der Linken daran, sich zu setzen.

Bewegen Sie sich langsam rückwärts und geben ihm das Handzeichen.

Auch mit zwei Leinen kann man dem Hund »Steh – Bleib da« beibringen.

er wieder steht, versuchen Sie es erneut. Bald werden Sie in der Lage sein, sich zu entfernen, während er steht.

Bisher haben wir »Steh« aus einer Ruheposition geübt. Nun können Sie versuchen, es in Bewegung zu üben. Viele Leute haben damit einige Probleme, weil der Hund dazu neigt, sich beim Anhalten aus Gewohnheit zu setzen. Versuchen Sie nicht, gegen diese Gewohnheit mit Korrekturen anzukämpfen, denn das kann zu Verwirrung führen. Um dem Hund den Unterschied zwischen »Sitz« und »Steh« beizubringen, hat sich eine zweite Leine bewährt. Nehmen sie einen dünne Lederleine und binden Sie sie dem Hund um den Bauch. Halten Sie sie mit der linken Hand am Haken senkrecht über ihn. Nun gehen Sie, die normale Leine in der Rechten, ein paar Schritte, halten an, geben den Befehl »Steh« und halten dabei die zweite Leine straff, so dass Ihr Hund nicht auf die Idee kommt, sich zu setzen. Loben Sie ihn. Sobald Ihr Hund zu begreifen scheint, wechseln Sie zwischen »Sitz« und »Steh« ab. Bald hat er den Unterschied verstanden, und Sie brauchen die zweite Leine nicht mehr.

34. Kommen auf Befehl

Die meisten Hundehalter erhoffen sich von der Gehorsamsschulung zweierlei: Sie wollen, dass ihr Hund kommt, wenn er gerufen wird, und sich niederlegt, wenn es ihm gesagt wird. Andere Übungen werden zuweilen als eher nebensächlich angesehen. Diese Ansicht ist nicht ganz falsch, denn das Kommen auf Befehl ist die Übung, von der der allgemeine Appell, die Folgsamkeit und der Gehorsam des Hundes abhängen. Dennoch wird der Hund niemals das Kommen auf Befehl richtig ausführen, wenn er nicht zuvor gelernt hat, gehorsam sitzen zu bleiben. Beim Kommen auf Befehl werden Besitzer von Hunden des Alpha-Typs Schwierigkeiten erleben. Dieser Hundetyp bedarf langer und geduldiger Schulung.

Jede Hundeausbildung muss selbstverständlich dem Verhältnis Mensch-Hund Rechnung tragen. Erwarten Sie daher nicht, dass die in diesem Kapitel beschriebenen Techniken sofortigen Erfolg garantieren. Auch wird Ihr Hund kaum während einer Übungsstunde mit allen Anzeichen der Zufriedenheit auf Sie zulaufen, wenn Sie den freilaufenden Hund früher gelegentlich zu sich gerufen haben, um ihn für ein Vergehen zu bestrafen. Rufen Sie niemals Ihren Hund zu sich, um ihn dann zu bestrafen. Gehen Sie zu ihm und holen Sie ihn, wenn Sie Ihren Hund tadeln oder disziplinieren müssen. Aber damit es nicht unbedingt dazu kommt, denken Sie vorausschauend. Nehmen Sie Ihren Hund an die Leine. Geben Sie ihm keine Chance, selbst zu entscheiden, ob er kommt oder nicht.

Das Kommen auf Befehl schließt sich dem Bei-Fuß-Gehen an der Leine an. Treten Sie während der Übung plötzlich drei oder vier Schritte zurück und rufen Sie den Hund mit dem Befehl »Hierher!« zu sich. Ihr Hund wird von dieser Unterbrechung des üblichen Übungsablaufs verwirrt sein und deshalb vielleicht nicht gleich gehorchen. Wenn er das Ende der Leine erreicht hat, geben Sie der Leine einen kurzen Ruck und rufen Sie wieder. Während Una auf Sie zukommt, ziehen Sie sanft die Leine hoch, wie Sie es beim automatischen Sitzen gemacht haben, so dass sie sich vor Sie setzt. Nun loben Sie sie.

Geben Sie Befehl und Handzeichen für »Bleib«, dann gehen Sie um sie herum und wieder in die Ausgangsposition mit Una zu Ihrer Linken. Wiederholen Sie das ein paar Mal. Sind Sie überzeugt, dass der Hund begriffen hat, befehlen Sie ihm, sitzen zu bleiben, und entfernen Sie sich von ihm. Gehen Sie langsam, bis das Ende der Leine erreicht ist. Bei späteren Übungen können Sie sich weiter entfernen und die Leine fallen lassen. Lassen Sie den Hund mindestens dreißig Sekunden in der sitzenden Position.

Jetzt können Sie beginnen, den Rückruf zu üben. Wir bringen unseren Hunden das Kommando in drei Etappen bei:

- Leinenabstand,
- rückwärts laufen
- und das Rufen aus der Ferne.

Die Art, wie Sie diese Übung angehen, ist sehr wichtig und hat starken Einfluss auf den späteren Gehorsam Ihres Hundes, wenn er frei umherläuft und zurückkommen soll. Vor allem sollten Sie die ganze Übung fröhlich und angenehm gestalten. Je normaler und einladender Sie sich gebärden, umso besser. Wie wir bereits gesagt haben, ist unsere Methode für den Alltagsgebrauch gedacht, daher setzen wir gerne Stimme und Körpersprache ein, was bei einer offiziellen Prüfungssituation nicht erlaubt ist. Aber das soll uns nicht weiter interessieren. Unserer Meinung nach ist alles erlaubt, was dem Hund beibringt, gerne und zuverlässig zu kommen.

Wie oft schon haben Sie ärgerliche Hundebesitzer gesehen, die vor ihrer Tür oder am Wegrand stehen, die Arme in die Hüfte gestemmt, verzweifelte bis wütende Mienen zur Schau stellend, und immer wieder mit strenger Stimme ihren unfolgsamen Hund rufend? Der Hund aber tobte mutwillig allein oder mit einem anderen Hund herum und kroch später in Erwartung einer Tracht Prügel mit eingezogenem Schwanz auf seinen Herrn zu. Viele Hundehalter kommentieren dies Verhalten so: »Sehen Sie, er weiß genau, dass er das nicht darf – sehen Sie bloß, wie er angekrochen kommt!«

Könnten diese Hundehalter sich selbst sehen, so würden sie begreifen, dass kein lebendes, empfindsames Wesen, vier- oder zweibeinig, den Wunsch verspüren kann, auf eine Person mit dieser Art von Körpersprache zuzugehen, die sie darüber hinaus noch drohend anschreit. Da ist es nicht überraschend, dass manche Ausbilder und Hundehalter, die ihre Hunde wie Feldwebel auf dem Kasernenhof herumkommandieren, häufig ihre Kinder in der gleichen Art und Weise erziehen und herumscheuchen.

Wenn Sie chronische Schwierigkeiten damit haben, Ihren Hund zurückzurufen, achten Sie einmal darauf, ob Sie als Ziel wirklich attraktiv genug für den Hund sind. Stimmlage (erhoben und fröhlich) und Körperhaltung (in der Hocke und mit offenen Armen) sind enorm hilfreich, wenn der Hund kommen soll. Natürlich können Sie auch mit Leckerbissen arbeiten, die Sie ihm dann später wieder schrittweise abgewöhnen.

Beginnen Sie jetzt mit der ersten Phase.

Während Ihr Hund an seinem Platz sitzt, lassen Sie sich ihm gegenüber auf ein Knie nieder, die Augen ungefähr in gleicher Höhe mit denen des Hundes. Breiten Sie die Arme einladend aus und rufen Sie den Hund. Gebrauchen Sie seinen Namen und das Wort »Hierher!«.

Wahrscheinlich wird Körpersprache und Stimme reichen, um Una zum Kommen zu bewegen. Falls nicht, zupfen Sie einmal kurz an der Leine und bringen Sie sie zum Sitzen, wenn sie bei Ihnen ist. Belohnen und loben Sie sie. Wiederholen Sie diesen Ablauf mehrmals. Wenn

Erster Schritt für den Befehl »Hier«. Gehen Sie bis ans Ende der Zwei-Meter-Leine und rufen Sie den Hund zu sich. Lassen Sie ihn schließlich sitzen und loben und belohnen Sie ihn mit einem Leckerbissen.

tatsächlich eine Korrektur erforderlich sein sollte, dann tun Sie es so leicht wie möglich. Zwingen Sie Ihren Hund nicht und holen Sie ihn nicht wie einen Fisch an der Angel ein. Zupfen Sie höchstens kurz an der Leine. Una soll glauben, dass es ihre eigene Idee ist, zu Ihnen zu kommen.

Jetzt können Sie zur zweiten Phase übergehen.

Setzen Sie sie in Ausgangsposition, breiten Sie die Arme aus, rufen Sie: »Una, hierher«, und beginnen Sie, rückwärts zu traben. Una wird Ihnen folgen. Ziel dieser Übung ist es, Una beizubringen, dass die Person, die sie ruft, immer vor ihr sein muss, damit es nicht zu Szenen kommt, in denen der Hund einfach an Ihnen vorbeistürmt. Da Una (oder jeder andere Hund) weit schneller als Sie ist, können Sie davon ausgehen, dass Sie sie überholt, um ein Spielchen zu beginnen. Sobald Sie von der direkten Bahn abweicht, rucken Sie an der Leine, sagen »Nein« und laufen weiter rückwärts, wobei Sie öfter die Richtung wechseln und sie immer weiter ermutigen sollten. Sie werden vermutlich unterschiedliche Gangarten und Schrittfolgen ausprobieren, um Unas Aufmerksamkeit wachzuhalten, und das ist vollkommen in Ordnung. Sobald Una begriffen hat und Ihnen kontrolliert folgt, lassen Sie sie vor sich sitzen und loben Sie sie überschwänglich.

Nun zur dritten Phase.

Befestigen Sie den Haken einer fünfzehn Meter langen Leine an der Schlaufe Ihrer normalen Leine. Hängen Sie ein Gewicht ans andere Ende der Schnur, damit Sie sie weiter weg oder einer anderen Person zuwerfen können.

Geben Sie Una die Befehle »Sitz« und »Bleib« und werfen Sie das Seil. Nun gehen Sie langsam ein paar Schritte rückwärts, wobei Sie die offene Hand hochhalten, um den Befehl zu verstärken.

Zweiter Schritt: Bewegen Sie sich mit der Leine in der Hand rückwärts. Der Hund wird folgen.

Um längere Distanzen einzuüben, verwenden Sie eine lange Leine. Halten Sie den Hund mit der linken Hand am Halsband fest und fassen Sie mit der rechten die Leine zusammen.

Geben Sie das Kommando »Bleib« und schleudern Sie die Leine, so weit Sie können.

Der Hund bleibt sitzen, während Sie bis zum Ende der Leine gehen. Hocken Sie sich nieder, rufen Sie den Hund und breiten Sie einladend die Arme aus.

Sehen Sie sie an, lassen Sie sich auf ein Knie herab (auf Augenhöhe mit dem Hund) und breiten Sie die Arme aus, während Sie sie gleichzeitig fröhlich rufen. Sie können auch in die Hände klatschen.

Wenn Una näher kommt, erheben Sie sich etwas. Lassen Sie sie in Ihre Arme laufen und sich setzen. Falls Una auf den Zuruf nicht reagiert, ziehen Sie kurz an der Leine und reden Sie begeistert auf sie ein, sobald sie sich in Bewegung setzt.

Variieren Sie die Zeitdauer, die Sie verstreichen lassen, ehe Sie dem Hund erlauben, seinen Platz zu verlassen und zu Ihnen zu kommen. Lassen Sie kein Aufspringen zu, bevor Sie nicht gerufen haben. Wenn Una sich schon vorher auf den Weg macht, erheben Sie sich, gehen zu ihr und bringen sie in die Anfangsposition zurück. Kauern Sie nieder, denn das wird den Hund ermutigen, sich bei der Ankunft vor Sie hinzusetzen. Sollte er begeistert an Ihnen hochspringen, wehren Sie sich nicht, um seine Freude nicht zu dämpfen. Später können Sie ihn freundlich zum Sitzen auffordern.

Entscheidend ist, dass Sie Ihrem Hund beibringen, auf das Wort »Hierher!« in der gewünschten Art und Weise zu reagieren. Jedes Mal, wenn er es tut, erringt der Hund einen großen Sieg. Probleme wie Hochspringen, Urinieren vor Erregung oder fröhliches Herumwälzen im Gras können später gelöst werden. Ihr Ziel ist es, den Hund so zu erziehen, dass er gern und folgsam zu Ihnen kommt und sich vor Sie hinsetzt, wie es in der Gehorsamsprüfung verlangt wird und im Alltag erforderlich ist. Anfangs aber lohnt es sich, auf den Übermut einzugehen, den der Hund vielleicht zeigt, wenn er zu Ihnen kommt.

Der Augenblick, in dem der Hund in Ihre Arme kommt, ist von großer Bedeutung. Geben Sie dem Hund Gelegenheit, ihn zu genießen.

Mit den Fortschritten, die Ihr Hund macht, können Sie die Entfernung erweitern, indem Sie immer weiter auf das Ende der Leine zugehen. Rufen Sie sie nicht immer sofort. Schlendern Sie umher, so dass sie auf Ihren Ruf warten muss. Wenn Sie wiederholt vor dem Ruf aufsteht, kehren Sie zu kürzeren Zeit- und Seilabständen zurück. Wann immer Una nach dem Ruf auch nur einen winzigen Augenblick zögert, zupfen Sie kurz an der Leine. Loben Sie sie, wenn sie bei Ihnen ist.

Sobald Sie zuversichtlich sind, dass Ihr Hund den Befehl »Hierher!« völlig versteht, können Sie anfangen, Ablenkungsmanöver in die Übung einzubauen. Lassen Sie dem Hund von einem Helfer verschiedene Gegenstände in den Weg legen – etwa einen Knochen, einen Ball oder Ähnliches. Lässt sich der Hund tatsächlich ablenken, korrigieren Sie ihn mit einem Ruck am langen Seil. Scheuen Sie sich nicht, das Kommando »Hierher!« mehrmals zu wiederholen, und dies mit anderen Orientierungsgeräuschen wie Händeklatschen oder Klingeln mit einem Schlüsselbund zu unterstützen. Der Nachdruck sollte stets auf der korrekten Ausführung der Kommandos liegen. Dazu ist es wichtig, dass Sie sich die Aufmerksamkeit des Hundes erhalten und ihn zwingen, gespannt auf den nächsten Befehl zu warten.

Ob Ihr Hund kommt und vor Ihnen sitzt, hängt sowohl von der Art des Blickkontaktes ab, den Sie mit dem Hund herstellen, wenn er Ihren

Befehl hört, als auch vom richtigen Lob nach erfolgreicher Durchführung. Ein Leckerbissen ist die einfachste Methode, den Hund nach dem Rückruf zum Sitzen zu bewegen: Wenn Una kommt, heben Sie das Leckerchen über ihren Kopf, wodurch sie sich sofort hinsetzen wird. Falls Sie auf solche Belohnungen verzichten wollen, müssen Sie mehr Geduld haben.

Am Anfang können Sie verspieltes Scherzen erlauben, doch ermuntern Sie den Hund frühzeitig, sich vor Sie hinzusetzen, während Sie ihn streicheln. Geben Sie notfalls den Befehl zum Sitzen, aber versuchen Sie, den Hund durch leichtes Hochziehen am Halsband und Streicheln des Rückens zum Sitzen zu bewegen. Er soll sich nicht auf Kommando niedersetzen, wenn er zu Ihnen kommt, sondern aus eigenem Antrieb.

Haben Sie erreicht, dass er das zuverlässig tut, so locken Sie ihn weiterhin mit ausgebreiteten Armen zu sich, erheben Sie sich aber langsam zu Ihrer vollen Höhe, wenn er näher kommt. Sitzt er vor Ihnen, geben Sie den Befehl »Bleib!« und verharren Sie eine kleine Weile in dieser Haltung.

Es ist eine gute Vorbereitung für eine letzte Stufe der Übung, in welcher der Hund lernt, sich mit einem halben Bogen an Ihre linke Seite zu begeben. Dieser Abschluss gehört zu der Gehorsamsübung, wie sie bei der Begleithundprüfung verlangt wird. Der Laie mag das übertrieben finden, aber für den Hausgebrauch kann sich diese Lektion als sehr nützlich erweisen.

Wir werden oft gefragt: »Wie soll ich wissen, dass mein Hund zuverlässig zurückkommt, wenn ich ihn von der Leine lasse?« Dazu gibt es Verschiedenes zu sagen. Zunächst ist praktisch kein Hund vor Ablenkung gefeit; selbst die besterzogenen Hunde reagieren hin und wieder unberechenbar. Wenn Sie sich mit Ihrem Hund in einer Gegend befinden, in der es Spannendes zu sehen gibt, sollten Sie nicht erwarten, dass Una in jedem Fall kommt, wenn Sie rufen, selbst wenn sie es in Trainingssituationen großartig gemacht hat. Benutzen Sie

Ihren gesunden Menschenverstand. Überlegen Sie sich stets, was Sie tun werden, falls Una nicht kommt.

Für die meisten Besitzer sind inszenierte Situationen die beste Möglichkeit zu erproben, wie zuverlässig der Hund ohne Leine zurückkommt. Nutzen Sie Fußball- oder Sportplätze, sobald Sie den Eindruck haben, Una habe den Rückruf aus der Distanz gut verstanden. Solche Plätze sind groß genug, um dem Hund das Gefühl zu geben, frei zu sein, bieten aber meistens durch einen Zaun eine gewisse Sicherheit. Lassen Sie Una umherlaufen und sich amüsieren. Dann warten Sie auf einen Augenblick, in dem sie mit irgendetwas beschäftigt ist. Wenn sie dennoch auf Ihren Ruf sofort kommt, und dies mehrmals, können Sie davon ausgehen, dass sie Ihr Vertrauen verdient hat.

Falls sie versucht, Spielchen zu spielen, kehren Sie zur Übung an der langen Leine zurück. Vergessen Sie niemals: Lassen Sie Ihren Hund nicht eher von der Leine, bis Sie sicher sind, dass Una in fünfundneunzig Prozent aller Fälle zurückkommt. Viele frischgebackene Hundebesitzer machen den Fehler, ihren Hund zu früh freizulassen, und die Folgen können tragisch sein.

35. Hinlegen auf Befehl

Viele Leute haben große Schwierigkeiten, ihrem Hund das Liegen auf Befehl beizubringen, das tatsächlich eine einfache Übung ist. Oft wird sie als Strafaktion durchgeführt, wenn zornige Besitzer ihre Hunde niederzuzwingen suchen, indem sie auf die Leine treten oder das Tier herunterzerren, bis es sich hinlegt. Dies ist eine äußerst brutale Methode, die wir unter allen Umständen meiden sollten. Die folgenden Trainingsmethoden sind human und einfach – und vor allem wirksam.

- Beginnen Sie, indem Sie den Hund eine Weile bei Fuß gehen lassen und dann plötzlich stehen bleiben, den Hund in sitzender Position neben sich.
- Stellen Sie Blickkontakt her, indem Sie die rechte Seite des Hundegesichts streicheln. Das wird den Hund ermutigen, zu Ihnen aufzublicken.
- Sprechen Sie in aufmunterndem Ton, etwa so: »Recht so, wie wär's mit etwas Neuem?« Viele Eigentümer sind nervös und angespannt, wenn sie anfangen, ihren Hunden das Liegen auf Befehl beizubringen, weil sie Schwierigkeiten voraussehen, die sie mit ihrer Nervosität dann erst heraufbeschwören.
- Knien Sie neben dem Hund nieder und legen Sie eine kleine Weile beruhigend den Arm um ihn.
- Darauf umfassen Sie mit der rechten Hand ein Vorderbein unter dem Ellbogen und legen Ihre linke Hand auf den vorderen Rücken des Hundes.
- Geben Sie mit fester, aber munterer Stimme den Befehl »Leg dich!« oder »Platz« und ziehen Sie das Bein nach vorn, wäh-

rend Sie gleichzeitig mit der anderen Hand Druck auf den Rücken ausüben. Das Ganze soll nicht derb und abrupt geschehen, sondern langsam und fließend.

- Liegt der Hund, bleiben Sie bei ihm auf den Knien, streicheln und loben ihn. Sprechen Sie leise aber zärtlich, sonst wird der Hund versuchen aufzustehen. Lassen Sie eine Hand auf seinem Rücken, wo sie leichten Druck ausübt.

Im Anfangsstadium sollten Sie die Übung nach dreißig Sekunden oder spätestens einer Minute beenden und den Hund loben, wenn er aufsteht. Wählen Sie ein Schlüsselwort wie »Gut so!« oder »Schön!«, das dem Hund als Signal zum Aufstehen dient. Sobald sie den Eindruck haben, dass der Hund gehorsam liegen bleibt, können Sie selbst behutsam aufstehen, aber lassen Sie eine Hand auf dem Rücken des Hundes. Als Nächstes stellen Sie einen Fuß auf die Leine, so dass Una liegen bleibt, ohne dass Sie ständig neben ihr hocken müssen. Bald werden Sie den Fuß wieder wegnehmen können.

Korrigieren Sie Versuche, aufzustehen, durch Druck auf den Rücken des Hundes und mit dem Befehl »Nein, bleib!«. Reagiert Ihr Hund schnell und gelingt es ihm, sich dem Druck Ihrer Hand zu entwinden und aufzuspringen, muss der ganze Vorgang wiederholt werden.

Beim nächsten Mal empfiehlt es sich, langsamer aufzustehen und dabei den Druck auf den Hunderücken ein wenig zu verstärken. Sucht Ihr Hund nach rückwärts auszuweichen, wenn Sie seine Vorderpartie herunterdrücken, blockieren Sie diese Bewegung mit Ihrem linken Bein oder Knie.

Bei größeren Rassen (Deutsche Schäferhunde, Dänische Doggen, Bernhardiner) kann es sein, dass Sie mehr Kraft aufwenden müssen als bei kleineren. Sie können Ihrer Ausbildungsmethode beispielsweise Nachdruck verleihen, indem Sie beide Vorderbeine des Hundes unterhalb der Ellbogen umfassen, sie gleichzeitig anheben und sanft

»Leg dich« oder »Platz«. Der Hund sitzt zunächst. Heben Sie eine Vorderpfote an und geben Sie den Befehl »Platz«. Beugen Sie sich über ihn und bringen ihn behutsam zu Boden. Dann geben Sie ihm das Handzeichen mit dem Befehl »Bleib«. Loben Sie ihn. Wiederholen Sie das Ganze so lange, bis der Hund auf den Befehl »Platz« reagiert und sich selbst hinlegt.

Eine andere Methode: Heben Sie beide Pfoten an, beugen Sie sich vor und bringen Sie den Hund behutsam in eine liegende Position.

mit einer nach vorwärtsziehenden Bewegung herunterlassen. Zur gleichen Zeit beugt man sich über den Hund und setzt ihm das linke Knie in den Rücken. Bei den ersten Versuchen mögen Sie diese Bewegung unkoordiniert finden, aber im Laufe der Wiederholungen wird sie geschmeidiger vonstatten gehen.

Da Ihr Gesicht demjenigen des Hundes ganz nahe ist, müssen Sie sicher sein, dass Una in keiner Weise aggressiv reagiert. Haben Sie den Hund auf diese Weise zum Liegen gebracht, fahren Sie wie oben angegeben fort. Bei besonders eigensinnigen Individuen, die sich weigern, freiwillig liegen zu bleiben, müssen Sie sich vielleicht neben sie hocken und geduldiger vorgehen. Bleiben Sie in jedem Fall ruhig und gehen Sie Schritt für Schritt vor.

Wenn es Ihnen gelingt, für drei Minuten aufzustehen, während der Hund liegen bleibt, dürfen Sie die Übung als zumindest teilweise erlernt betrachten. Der Hund lernt nun, dass die »Liegelektion« beendet ist: Um das Ende der Übung anzuzeigen, sagen Sie das Schlüsselwort, das Sie mit einem Schlag auf Ihren Oberschenkel bekräftigen können, um den Hund zum Aufsitzen zu ermutigen. Da Sie rechts neben dem Hund stehen, können Sie jeden Versuch, sich ganz und gar zu erheben, mit der über sein Hinterteil gehaltenen linken Hand blockieren.

Unsere dritte Methode ist besonders geeignet für sensible Hunde und Tiere, die als Welpe »Platz« nicht gelernt haben:

- Gehen Sie vor Una in die Hocke und schieben Sie Ihre linke Hand unter ihrem Hals ins Halsband. Zeigen Sie ihr mit der rechten einen Leckerbissen.
- Führen Sie den Leckerbissen nun abwärts, ziehen Sie leicht am Halsband und geben Sie den Befehl »Platz«.
  Dann geben Sie ihr die Belohnung.

Wiederholen Sie die Übung fünfmal. Als Nächstes hocken Sie sich nicht vor Una, sondern neben sie. Legen Sie die linke Hand auf Unas Schultern und halten Sie ihr den Leckerbissen mit der Rechten vor die Augen. Sagen Sie: »Una, Platz!«, und führen Sie den Leckerbissen in Richtung Boden, während Sie leichten Druck auf ihre Schultern ausüben. Sobald sie sich legt, loben und belohnen Sie sie.

Hat der Hund eine Liegeübung, gleich von welcher Dauer, erfolgreich beendet, so versäumen Sie nicht, ihn gebührend zu loben. Streicheln Sie besonders die Ihnen zugewandte Seite seines Gesichts, weil das den Hund ermutigt, zu Ihnen aufzublicken. Suchen Sie auch während des Lobes Blickkontakt.

Diese drei Methoden haben allerdings einen Haken: Una könnte sich daran gewöhnen, von Ihnen in die liegende Position bewegt zu werden, und denken, der Sinn des Vorgehens sei, darauf zu warten. Falls es bei Ihrem Hund der Fall ist, senken Sie ihn nicht mehr ab. Lassen Sie ihn sitzen, stellen sich neben ihn und legen Sie die linke Hand unterhalb der Ohren dorthin, wo Leine und Halsband verbunden sind. Nun falten Sie die Leine in Ihrer Linken zusammen, drehen sich zur Seite, dass Sie Una ansehen, und stellen sich ein Stück vor sie. Auf »Una, Platz« führen Sie die rechte Hand vor ihrem Gesicht nach unten, während Sie mit der linken Druck auf sie ausüben, bis sie liegt. Vielleicht müssen Sie ein paar Mal aufmunternd mit der Hand auf den Boden klopfen. Treten Sie wieder mit dem Fuß auf die Leine, um zu verhindern, dass sie sich erhebt.

36. Platz und Bleib

Wenn Ihr Hund das Hinlegen auf Befehl sicher beherrscht, dann sollte das Liegenbleiben für längere Dauer daraus folgen. Die meisten Hunde legen sich nur gern nieder, wenn sie einige Zeit in dieser Stellung verharren dürfen. Die Gewohnheit, sich vor dem Niederlegen einige Male im Kreis zu drehen, ist vielen Rassen eigen und entspringt natürlichem Instinktverhalten. Der Hund scheint bestrebt, seinen Ruheplatz sorgfältig auszuwählen und zu untersuchen, ehe er sich niederlegt. Wenn Sie die Begleithundprüfung anstreben oder an Gehorsamswettbewerben teilnehmen wollen, werden Sie diese Gewohnheit eliminieren müssen und auf sofortigem Gehorsam bestehen. Ein zögerndes Hinlegen oder unruhiges Liegen kostet Strafpunkte. Wenn Sie indessen nur einen folgsamen Hund und angenehmen Hausgenossen haben wollen, können Sie Eigenheiten wie das Im-Kreis-Laufen vor dem Hinlegen, das Herumwälzen, Sichräkeln oder ausgiebiges Gähnen erlauben. Der Hund ist nicht etwa gelangweilt. Er befindet sich in einer Stellung, die naturgemäß zum Ausruhen einlädt. Dennoch sollten Sie nicht zulassen, dass der Hund dies zu einem Ritual macht. Nimmt das Drehen und wenden überhand, korrigieren Sie ihn.

- Man beginnt die Übung des Liegenbleibens mit dem schon bekannten Befehl »Bleib!«, der durch das gleichfalls vom Sitzen auf Befehl bekannte Handzeichen unterstützt werden kann.
- Darauf umkreisen Sie den Hund, wobei eine Hand sicherheitshalber auf seiner Rückenfläche Kontakt hält.
- Gehen Sie zweimal um den Hund herum und nehmen Sie dann die Hand von seinem Rücken, gestatten Sie ihm aber nicht, aufzustehen.

Wiederholen Sie dieses Umkreisen und lassen Sie diesmal nur die Spitze Ihres Zeigefingers auf dem Rücken des Hundes. Sie werden beim Umkreisen des Hundes gebückt gehen müssen, und er mag versuchen, sich nach Ihnen umzusehen, wenn Sie hinter ihm sind. Erlauben Sie ihm dies, aber gestatten Sie keine Versuche, aufzustehen. Begegnen Sie diesen sofort, indem Sie die Leine kurz zum Boden rucken und »Nein. Bleib« sagen.

Sind Sie zuversichtlich, dass der Hund gehorchen wird, gehen Sie um ihn herum, ohne sich zu bücken oder die Hand auf ihn zu legen. Scheuen Sie sich nicht, das Kommando »Bleib!« mehrmals zu wiederholen, sollten Sie den Eindruck haben, dass der Hund aufstehen will.

Es bedarf zwar – wie bereits erwähnt – keiner Korrektur, wenn der Hund sich nach Ihnen umsieht, während Sie ihn umkreisen und dabei momentan aus seinem Blickfeld geraten. Aber unterstützen Sie dieses Verhalten nicht etwa, indem Sie den Hund von hinten ansprechen. Haben sie erst verstanden, was vorgeht und was von ihnen erwartet wird, so werden die meisten Hunde einfach geradeaus blicken und warten, während der Ausbilder herumgeht.

Sobald Ihr Hund diese Reaktion zeigt und nicht länger besorgt oder unruhig erscheint, weil er an einem Platz liegen bleiben muss, können Sie wiederum anfangen, Ablenkungsmanöver in die Übung einzubauen. Als Erstes steigen Sie beispielsweise mehrere Male über den Hund hinweg. Dann werfen Sie einen Ball oder Zweig vor ihn, während Sie gleichzeitig den Befehl »Bleib!« wiederholen. Wenn Sie in einer Gruppe arbeiten, kann ein geschickter Helfer über alle Hunde hinwegspringen. In der Gruppe lernen die Hunde voneinander, dass sie sich nicht von der Stelle bewegen.

Die meisten unserer Hunde in New Skete lernen in frühem Alter das Liegen und Liegenbleiben ohne irgendeine besondere Ausbildung, einfach weil sie ihre Mütter und andere ausgewachsene Hunde wäh-

Bleiben Sie in Sichtweite, während Ihr Hund liegend verharrt. Sehen Sie ihn jedoch nicht an, sonst glaubt das Tier, Sie wollten es zum Kommen animieren.

rend der Mahlzeiten im Kloster ebenfalls liegen sehen. Hunde, die diese Übung bereits beherrschen, strahlen so viel Ruhe aus, dass der Neuling sich schnell anpassen wird.

Wenn der Hund die Übung eigenmächtig unterbricht, wird dies immer auf ein und dieselbe Weise korrigiert: Gehen Sie und holen Sie den Hund. Führen Sie ihn zurück zu derselben Stelle und wiederholen Sie die Befehle »Leg dich!« und »Bleib!«. Manchmal gelingt es, einen ungehorsamen Hund mit einem energischen »Nein!« zurückzuhalten, bevor er sich einen oder zwei Schritte von seinem Liegeplatz entfernt hat. Legt er sich darauf aus eigenem Antrieb wieder hin, ist es nicht notwendig, ihn zu genau derselben Stelle zurückzuführen, von der er aufgestanden ist.

Nach dem Kommen auf Befehl ist das Liegenbleiben auf Befehl wahrscheinlich die nützlichste Übung der formalen Gehorsamsschulung. Integrieren Sie diese Übung in das Alltagsleben des Hundes. Lassen Sie den Hund in Ihrer Nähe liegen, während Sie essen, lesen, fernsehen oder einer anderen länger dauernden Beschäftigung nachgehen. Wenn Besuch kommt, erlauben Sie dem Hund, Ihre Freunde zu begrüßen, und befehlen dann, dass er sich in der Nähe niederlegt. Erwarten Sie nicht gleich, dass der Hund gehorsam liegen bleiben wird, wenn Sie sich aus seinem Blickfeld entfernen. Das erfordert einige Übung.

Gerade bei Hunden, die im Haus und Hof gegenüber Besuchern zu aggressivem oder aufdringlichem Verhalten neigen, ist eine einwandfreie Beherrschung der Übung »Liegenbleiben auf Befehl« wichtig. Aber auch bei anderen Anlässen werden Sie merken, wie sehr Ihnen diese Lektion das Zusammenleben mit Ihrem vierbeinigen Hausgenossen erleichtert.

37. Über Gehorsamsprüfungen

Falls Sie sehen wollen, was Hund und Halter gemeinsam erreichen können, sollten Sie sich ein Hundeturnier oder einen Agilitywettbewerb ansehen. Möglicherweise haben Sie ja sogar selbst Lust, mit Ihrem Hund an einem weiterführenden Training teilzunehmen oder die Begleithundprüfung abzulegen. In Deutschland gibt es neben der Begleithundprüfung, die Voraussetzung für viele andere ist, eine ganze Reihe weiterer Möglichkeiten wie Fährtenarbeit, Schutzhundeprüfung, Agility oder Obedience-Wettkämpfe.

Wenn Sie ernstlich interessiert sind, Ihren Hund weiter auszubilden oder an Leistungsprüfungen, Ausstellungen, Zuchtschauen und dergleichen teilnehmen zu lassen, sollten Sie eine Hundezeitschrift, vielleicht die der Rasse Ihres Hundes, abonnieren. Da die Begleithundprüfung sowie die Vergabe entsprechender Urkunden in der Bundesrepublik zum Aufgabenbereich der örtlichen Vereine und Klubs für Gebrauchshunderassen gehört, sollten Sie dem nächsten, jeweils entsprechenden Rassehundclub beitreten. Diese Vereine bieten in der Regel auch die Möglichkeit einer Schutzhundausbildung. Viele Vereine, vor allem die im Jagdgebrauchshund-Verband zusammengeschlossenen Zuchtvereine bieten die Ausbildung für Fährtenhunde.

Leistungsprüfungen veranstalten auf örtlicher Ebene die Gebrauchshundevereine oder Ortsgruppen der Gebrauchshunderasse-Zuchtvereine (SchH. I, II und III). Weitergehende Wettbewerbe, wie etwa die Ausscheidungskämpfe zur Siegerprüfung, werden bei den Gebrauchshundeverbänden von den Landesverbänden, bei den Rassehundzuchtvereinen von deren Landesgruppen veranstaltet.

Eine gründliche Ausbildung Ihres Hundes ist nicht nur die Grundlage jeder weiterführenden Hundeausbildung, sie fördert auch eine harmonische Beziehung zwischen Mensch und Hund.

Als Züchter und Ausbilder vieler prämierter Hunde glauben wir, dass Ihnen die Teilnahme an Wettbewerben und Leistungsprüfungen ebenso viel Freude und Befriedigung verschaffen wird wie uns. Es gibt nur einen Haken dabei: Sie und Ihr Hund müssen wirklich sehr hohen Anforderungen entsprechen, um auf dieser Ebene etwas zu erreichen.

Die neben perfekter Gehorsamsschulung vielleicht wichtigste Voraussetzung für die Teilnahme an Leistungswettbewerben heißt Team-Arbeit zwischen Ihnen und Ihrem Hund. Gründliche Vorbereitung ist immer notwendig, und niemand sollte in einen Wettbewerb gehen, ohne die geforderten Übungen zu kennen und vollständig zu beherrschen. Lassen Sie sich nicht von falschem Ehrgeiz zu einer Teilnahme verleiten, wenn Ihr Hund das verlangte Leistungsniveau noch nicht erreicht hat: Sie werden wahrscheinlich erfolglos bleiben, die Zeit der Prüfungskommission und der anderen Teilnehmer verschwenden und Ihrem Hund nur schaden. Bevor Sie also Ernst machen, melden Sie Ihren Hund zunächst besser zu Wettkämpfen an, die den Schwerpunkt auf den Spaß legen.

Vor allem sollten Fehlschläge niemals Anlass zu Enttäuschung oder Bitterkeit sein. Das könnte zu einer negativen Einstellung führen. Ihr Hund wird auf derartige Verhaltensänderungen sofort reagieren, und Ihre gesamte Arbeit wird davon beeinflusst. Zu einer auch psychologisch erfolgreichen Hundeausbildung gehört eine Portion Humor, der Sie in die Lage versetzt, gelegentlich über Misserfolge einfach zu lachen. Die erste Erfahrung, die Sie machen werden – und sie ist bisweilen schmerzlich –, ist die, dass Ihr Hund einige Fehler hat und dass er nicht der Mittelpunkt des Universums und das Idol aller anderen Menschen ist.

Dieses Buch wendet sich nicht an Hundehalter, die ihrem Tier eine über die Ebene der grundlegenden Ausbildung hinausgehende Schulung angedeihen lassen wollen. Hingegen soll es Ihnen helfen, Ihren Hund besser zu verstehen. Vielleicht kann es Ihnen darüber hinaus dabei helfen, die für den Erfolg der Ausbildung wichtigen Übungen zu vervollkommnen.

Der American Kennel Club hat diese Voraussetzung in seiner Einleitung zu den Wettbewerbsbestimmungen auf einen Nenner gebracht: »Zweck von Gehorsamsprüfungen ist es, die Eignung des reinrassigen Hundes als Gefährte des Menschen zu demonstrieren, nicht nur die Fähigkeit des Hundes, die Routine bestimmter Gehorsamsübungen einzuhalten.« Behalten Sie dieses Ziel im Auge, wenn Sie beschließen, mit Ihrem Hund an Leistungsprüfungen teilzunehmen.

Probleme

38. Die Persönlichkeit Ihres Hundes: Die Basis der Problembehandlung

Ein Hundebesitzer brachte seine acht Monate alte Rottweiler-Hündin namens Sasha zu unserem dreiwöchigen Gehorsamstraining. Während des Erstgesprächs wurde deutlich, wie unzufrieden der Mann mit dem Hund war, und als wir ihn fragten, wie er mit Sasha gearbeitet habe, antwortete er: »Ich habe es wirklich versucht, aber ich werde einfach nicht schlau aus ihr. Bei uns zu Hause ist sie sehr umgänglich, aber sobald ich mit ihr üben will, legt sie die Ohren an, bleibt zurück und duckt sich, als habe sie Angst vor mir. Das ist mir richtig peinlich … Ich meine, sie ist ein Rottweiler, Herrgott noch mal! Ich habe sie noch nie geschlagen, aber sie reagiert, als würde ich sie regelmäßig misshandeln. Es ist wirklich frustrierend. Sie ist ganz anders als der letzte Rottweiler, den ich hatte.« Als wir ihn daraufhin fragten, wie er versucht habe, dieses unterwürfige Verhalten zu korrigieren, sagte er: »Ich rufe sie jedes Mal zur Ordnung, indem ich an der Leine rucke, damit sie mit mir geht. Ich bin absolut konsequent, glauben Sie mir, aber sie scheint es nicht zu begreifen.«

Wir glaubten es ihm, weswegen wir ihm auch erklärten, dass wir mit Sasha vor allem auf der Basis von viel Lob und Leckerbissen arbeiten würden. Er war überrascht. »Ich dachte, Sie verwenden kein Futter in der Ausbildung.« Aber wir antworteten, dass wir durchaus Ausnahmen machen würden, wenn es für den Hund gut wäre. Nur weil Sasha Rottweiler war, eine Rasse, die für Dominanz berüchtigt ist, durften wir ihre Persönlichkeit nicht einfach ignorieren. Wir mussten unsere Trainingsmethoden anpassen. Und das möchten wir Ihnen genauer erklären.

In den dreißig Jahren, die wir Hunde aller Rassen trainieren, haben wir gelernt, dass jeder Hund ein einzigartiges Wesen ist. Trotz der Tatsache, dass die Zuchtselektion zu bestimmten, vorhersehbaren Rassemerkmalen geführt hat, gibt es sehr viele Hunde, die von der Norm ihrer Rasse deutlich abweichen. Ganz im Gegensatz zu den üblichen Erwartungen hatten wir bereits extrovertierte Shar-Peis sowie scheue Golden Retriever ausgebildet. Keine zwei Hunde sind gleich, weswegen wir unsere Arbeit niemals langweilig finden.

Eine gute Ausbildung sollte die Einzigartigkeit des Hundes so herausarbeiten, dass sie die Beziehung zwischen Hund und Halter verbessert. Aber um dieses Ziel zu erreichen, müssen Sie sich klar machen, dass generelle Ausbildungsrichtlinien auf den individuellen Hund zugeschnitten werden müssen und nicht immer gleich und immer stur befolgt werden können. Bei allem, was Sie in Ihrem Zusammenleben mit dem Hund tun, dürfen Sie nie vergessen, dass Sie ein lebendiges Wesen mit ganz eigenem Charakter an der Leine führen.

Wenn wir gute Ausbilder sein wollen, müssen wir flexibel sein und uns ständig weiterbilden. Anstatt uns auf ein System oder eine bestimmte Methode zu versteifen, müssen wir uns mit den unterschiedlichsten Ansätzen vertraut machen und dieses Wissen nach Bedarf nutzen. Wenn wir dem Hund etwas beibringen wollen, sollten wir in der Lage sein, seine ganz eigenen Bedürfnisse zu erkennen und zu berücksichtigen. Manchmal braucht es dazu Verstärkung durch Futter, ein anderes Mal nicht; bei wenigen Hunden ist ein Stachelhalsband angebracht, bei anderen wäre es regelrecht schädlich.

Hundebesitzer müssen bestrebt sein, die individuelle Persönlichkeit ihres Hundes zu verstehen. Bei einem Hund wie Sasha, dem Selbstvertrauen fehlt, können häufiges, überschwängliches Lob und Leckerbissen dabei helfen, dass er ein wenig aus sich herausgeht und während des Trainings mehr Selbstsicherheit entwickelt. Bei einem aufgedrehten, gut gelaunten Pudel wäre das möglicherweise genau die falsche Methode.

Die Hundepersönlichkeit

Mit Persönlichkeit meinen wir das besondere Temperament Ihres Hundes. Dazu gehört sowohl genetisch bedingtes Verhalten als auch das durch das Umfeld geprägte. Ein Hund hat beispielsweise eine Reihe von instinktiven Verhaltensmustern und Trieben, die beeinflussen, wie er innerhalb seiner Welt agiert und reagiert. Sie wirken sich somit auch auf seine Trainingsbereitschaft aus:

- *Der Beutetrieb* (zu dem Jagd- und Fresstrieb gehören) zeigt sich, wenn Ihr Hund hinter einem Eichhörnchen herjagt oder ein Spielzeug heftig schüttelt. Ein Hund mit ausgeprägtem Beutetrieb ist nicht leicht auszubilden, da er sich schnell von Bewegung ablenken lässt und meist in inszenierten Situationen lernen muss, sich auf den Halter zu konzentrieren.
- *Der Rudeltrieb* kennzeichnet das Sozialverhalten, das der Hund als Teil des Rudels zeigt. Sie erleben ihn, wenn Ihr Hund den Nachbarshund zum Spielen auffordert oder Ihnen wie ein Schatten durchs Haus folgt. Da zum Rudelverhalten die Bereitschaft gehört, als Gruppe zu agieren, ist das der Trieb, den Sie nutzen müssen, wenn Sie dem Hund etwas beibringen wollen. Ein Hund mit stark ausgeprägtem Rudeltrieb lernt leichter, weil er unmittelbarer auf Berührung und Lob reagiert. Er ist gerne in Ihrer Nähe und genießt das Arbeiten mit Ihnen.
- *Der Selbstverteidigungstrieb* ist eng verbunden mit dem Selbsterhaltungstrieb und zeigt sich beim Kampf, bei der Flucht und in den Momenten, in denen Ihr Hund vor lauten Geräuschen zurückschreckt oder unbekannte Gestalten anbellt. Während ein Hund mit starkem Kampftrieb Ihr ganzes Führungsgeschick fordert, muss ein Hund mit einem starken Fluchtinstinkt immer im Auge behalten werden. Sorgen Sie für eine gelöste, gut gelaunte Trainingsatmosphäre, meiden Sie jede

Art von Zwang und setzten Sie vor allem Stimme, Lob und Belohnung ein.

Obwohl diese Eigenschaften jeder Hund hat, sind sie je nach Charakter des Tiers ganz unterschiedlich ausgeprägt. Eine wichtige Rolle in der Prägung spielt auch hier die Sozialisationsphase des Welpen, die Beziehung zwischen Hund und Mensch, und nicht zuletzt können es traumatische Erlebnisse sein: Gewehrschüsse zum Beispiel, ein Feuerwerk oder Fehlzündungen. Wenn wir das begriffen haben, können wir die komplexe Persönlichkeit des einzelnen Hundes anerkennen und schätzen lernen.

Obwohl Sasha, die Hündin, zufällig ein Rottweiler ist, der gemeinhin einen starken Schutztrieb hat, manifestiert dieser sich in ihrer Persönlichkeit sehr abgeschwächt; man könnte es eben auch als Mangel an Selbstvertrauen bezeichnen. Ein guter Ausbilder versucht den Hund so zu nehmen, wie er ist, und sich zu überlegen, wie er im Rahmen seiner Alltagsbedingungen das Potenzial des Hundes nutzen kann.

Wir hier in New Skete setzen einen Welpenpersönlichkeitstest ein, um unseren Deutschen Schäferhunden das bestmögliche Zuhause zu verschaffen. Auf der Basis unserer Erfahrungen mit diesen Tests haben wir drei grundlegende Züge einer Hundepersönlichkeit unterscheiden können, die einen starken Einfluss darauf haben, wie man den Hund ausbilden kann:

- Kontaktfreudigkeit,
- Dominanz und
- Berührungsempfindlichkeit.

Diese Züge stecken in jedem Hund, jedoch in unterschiedlicher Abstufung. Um Ihren Hund erfolgreich auszubilden, sollten Sie sich bewusst machen, wie stark diese Züge in seiner Persönlichkeit wirken.

Kontaktfreudigkeit, Dominanz, Berührungssensibilität

1. Ist Ihr Hund extrovertiert und auf Menschen ausgerichtet? Oder hält er sich zurück und wirkt nahezu unnahbar? Diese Frage lässt sich gewöhnlich sehr leicht beantworten. Der fröhliche Hund, der sich von jedem Besucher Aufmerksamkeit erbettelt, indem er unaufhörlich um ihn herumtanzt oder an ihm klebt, ist eindeutig der kontaktfreudige Menschenfreund, während der Unnahbare vielleicht ein-, zweimal bellt und sich dann nicht weiter für die Gäste interessiert. Extremer noch der scheue Hund, der sich zitternd in eine Zimmerecke zurückzieht, sobald ein fremdes Gesicht auftaucht. Ein solcher Hund knurrt oder bellt vielleicht vor Furcht, wenn man ihm am Schwanz zieht.

2. Um sich ein klares Bild der großen Bandbreite von hündischem Dominanzverhalten zu machen, sollten Sie an das Rudel denken. Im Rudel gibt es immer einen Alpha-Wolf und ein Tier, das eindeutig das schwächste ist, während die anderen Mitglieder sich dazwischen einordnen. Das dominante Alpha-Tier zeigt seine Macht auch in der Körperhaltung: Erhobener Kopf, durchdringender Blick, aufgestellte Nackenhaare, Ohren und Rute. Ein solcher Hund strömt Selbstvertrauen aus. Der unterwürfige Hund dagegen begrüßt die anderen Rudelmitglieder, indem er sich auf den Rücken rollt und uriniert. Er will gut Wetter machen und jede mögliche Bedrohung durch ein höheres Rudelmitglied entschärfen.

3. Hunde reagieren unterschiedlich auf Berührungen. Der sensible Hund empfindet als unangenehm, was ein unempfindlicher kaum wahrzunehmen scheint. Einer unserer Schäferhunde zum Beispiel jagte liebend gerne Stachelschweine und ließ auch nicht davon ab, nachdem er ein paar Mal gepiekt worden war. Außerdem tobte er selbst bei Minustemperaturen mit Begeisterung durch unseren Bach. Das andere Extrem sind Hunde, die sich nicht im Regen erleichtern

wollen, bei der kleinsten Anstrengung winseln und sich nur ungern anfassen lassen. Ganz normal empfindliche Hunde reagieren gut auf Leinenkorrekturen und erholen sich schnell von Strapazen.

Als verantwortungsbewusster Hundehalter sollten Sie das Training auf die Charakterzüge Ihres Tiers zuschneiden. In diesem Buch ist nicht genügend Platz, um alle Varianten der Hundepersönlichkeit anzusprechen und Trainingslösungen aufzuzeigen, aber wir können Ihnen einige allgemeine Vorschläge machen. In Verbindung mit Ihrem Wissen über den Hund, Ihrer Intuition und Ihren Beobachtungen werden sie Ihnen die richtige Richtung weisen. Indem Sie die Persönlichkeit des Hundes in seine Ausbildung miteinbeziehen, wird es Ihnen gelingen, vorauszuahnen, wie er auf bestimmte Übungen reagiert, so dass Sie das Training effektiver gestalten können.

Es ergibt zum Beispiel genauso wenig Sinn, bei einem Hund, der schon bei einem durchdringenden Blick zu beben beginnt, Zwang auszuüben, wie einen dominanten, unempfindlichen Hund allein mit Streicheleinheiten ausbilden zu wollen. Dieser braucht vielleicht sogar ein Stachelhalsband, der erste dagegen viel Zuwendung und Leckerbissen als Belohnung.

Bei dem ängstlichen Typ ist es auch wichtig, nur »mutige« Taten zu belohnen; wenn Sie Ihren Hund zu trösten oder zu beschützen versuchen, verstärken Sie seine Furcht und Unterwürfigkeit nur.

Bei dem dominanten Hund muss sich der Halter klar als Anführer durchsetzen, denn ein solches Tier darf niemals die Oberhand bekommen. Sie müssen seine Aufmerksamkeit fesseln, indem Sie das Training schnell und abwechslungsreich gestalten.

Der unabhängige, distanzierte Hund (wie man ihn häufig bei orientalischen Rassen findet) ist ein ganz anderer Fall. Einem solchen Hund mangelt es häufig am Rudeltrieb, wodurch er sich in der Ausbildung sehr dickköpfig zeigen kann. Statt ihm nun den Krieg zu erklären und Gewalt zu gebrauchen, erreichen Sie Ihr Ziel sehr viel schneller, wenn

Sie ihm bei allem, was er tut, das Gefühl geben, es sei seine Idee gewesen. Leckerbissen sind hier als Verstärker großartig.

Dem Temperamentsbündel dagegen fällt es schwer, sich auf eine Übung zu konzentrieren, da es sich begeistert und bei jeder Gelegenheit ablenken lässt. Abgesehen davon, dass dieser Hund sehr viel Bewegung braucht, müssen Sie die Übungsstunden kurz und sehr positiv gestalten. Häufige, leichte Leinenkorrekturen helfen ihm, sich zu konzentrieren, und die Ruhe, die Sie ausstrahlen, wird seine Aufmerksamkeitsspanne kontinuierlich verlängern.

Wieder ein ganz anderer Typ ist der gelassene Hund, der gerne und bereitwillig Neues lernt. Er spricht auf einladende Körpersprache und freundliches Lob an und reagiert rasch auf Korrekturen, Stimmlagen und Stimmungen. Ein solcher Hund hat das Potenzial, einen frischgebackenen Hundehalter wie einen Profi aussehen zu lassen, weil er das Abenteuer Ausbildung schlichtweg faszinierend findet … und Herrchen oder Frauchen den einen oder anderen Fehler verzeiht.

Lässt sich sagen, welche Persönlichkeit die beste ist? Wir finden, nein. Der ideale Hund ist immer eine subjektive Vorstellung – sie hängt ganz davon ab, was Sie brauchen und sich wünschen. Häufig wird das Wesen des Tieres von der Arbeit bestimmt, für die die Rasse gezüchtet wurde. Während viele Trainer am liebsten mit Hunden arbeiten, die einen starken Rudeltrieb und weniger ausgeprägte Beute- und Schutzinstinkte haben, lassen sich andere von der Herausforderung locken, mit Rassehunden zu arbeiten, die nicht ausgerechnet für ihren Lerneifer berühmt sind. Wir kennen einen Trainer, der es genießt, »harte« Hunde auszubilden, obwohl er sich nicht scheut, darauf hinzuweisen, dass solche Hunde für eine Familie mit kleinen Kindern in der Stadt vollkommen ungeeignet sind. Und wir kennen eine Hundehalterin, die ihre Shih-Tzus heiß und innig liebt, sich aber keinerlei Illusionen über ihren Lerneifer und Gehorsam macht. Obwohl die Zielgruppe dieses Buches Hundehalter sind, die einen Hund als Gefährten betrachten und sich daher eine Rasse aussuchen werden, die für ihre Umgänglichkeit bekannt ist, haben wir versucht, unsere Methoden so darzustellen, dass sie auch Besitzern von schwierigeren Tieren von Nutzen sein können.

39. Stubenreinheit

Auf kaum einem Gebiet der Hundeerziehung gedeihen mehr Legenden als auf dem der Sauberkeit im Haus. Einen Hund stubenrein zu machen, sollte ein einfaches Verfahren sein, für viele Hundehalter aber ist es eine Plackerei, die zuweilen kein Ende nimmt. Es ist überraschend, wie häufig Hundehalter zu uns kommen, die seit Jahren Hunde haben, die trotz intensiver Bemühungen nicht stubenrein werden. Hätten sie die Erziehung zur Sauberkeit von Anfang an korrekt und konsequent betrieben, hätte das Problem nach kurzer Zeit überwunden sein können.

Legende Nummer eins

»Wenn Sie entdecken, dass der Hund an verbotener Stelle ein Geschäft verrichtet hat, dann stoßen Sie ihn mit der Nase hinein.« Gerade das dürfen Sie unter gar keinen Umständen tun. Sie würden Ihrem eigenen Ziel entgegenarbeiten, eine Infektion des Hundes riskieren und ihn zum Kotfressen anregen.

Legende Nummer zwei

»Wenn Sie entdecken, dass der Hund an verbotener Stelle ein Geschäft verrichtet hat, dann sollten Sie ihn mit Schlägen bestrafen und eine Zeit lang nicht mehr anschauen.« Das ist Unsinn und psychologisch nicht nur unwirksam, sondern schädlich.

Legende Nummer drei

»Wenn Sie entdecken, dass der Hund an verbotener Stelle ein Geschäft verrichtet hat, dann führen Sie ihn dorthin, wo er sich zu entleeren hat, zeigen ihm den Platz und schelten ihn.« Das ist ganz und gar verkehrt; der Hund braucht gerade an diesem Ort Lob und Ermutigung, nicht Strafe.

Legende Nummer vier

»Sie können einen Hund dazu erziehen, dass er sich auf Zeitungen entleert oder im Freien oder gar beides.« Dieses Fehlurteil verursacht mehr Verwirrung als jedes andere. Hunde haben eine konsequente Erziehung zu Sauberkeit nötig. Wir empfehlen niemals die Erziehung zum Entleeren auf Papier, sofern keine wirklich extreme Situation vorliegt und der Hund keinerlei Möglichkeit hat, ins Freie zu gelangen. (Zum Beispiel raten manche Tierärzte Besitzern von Stadthunden, wegen der hohen Ansteckungsgefahr ihren Welpen erst dann hinauszulassen, wenn er alle nötigen Impfungen erhalten hat, also ungefähr im Alter von sechzehn Wochen. Das macht anfängliches »Zeitungstraining« notwendig.) Nach unseren Erfahrungen entspringt die Erziehung zum Entleeren auf Papier gewöhnlich einer Bequemlichkeit des Hundehalters, die sich später rächt. Wenn irgend möglich, erziehen Sie Ihren Hund dazu, dass er sich im Freien an einer bestimmten Stelle entleert.

Hier ist unsere Methode zur Sauberkeitserziehung:

1. Eine Grundregel heißt, dass man sich das natürliche Verlangen des Hundes, sein »Nest« sauber zu halten, nutzbar macht. Dieses Bedürfnis ist ererbt. Gewöhnen Sie Ihren Hund, wie in Kapitel 29 beschrieben, an eine Transportbox. Wenn er sich nicht darin befindet, sollten Sie ihn bei sich haben, um ihn überwachen zu können. Es gibt Anzeichen dafür, wann der junge Hund hinaus möchte: Beschnüffeln des Bodens, verräterische Hockstellung, Herumlungern bei der Tür, ständige unruhige Bewegung. Dies geschieht bei Welpen im Rhythmus von zwei Stunden (bis zum Alter von 12 Wochen), direkt nach dem Erwachen, fünfzehn Minuten bis eine halbe Stunde nach einer Mahlzeit, nachdem er eine große Menge Wasser geschlabbert hat.

2. Im Allgemeinen empfehlen wir regelmäßige Fütterungszeiten für junge und ausgewachsene Hunde, je nach tierärztlichem Rat. Wir haben festgestellt, dass das ganztägige Bereitstellen von Futter für den Hund häufig die Hausbeschmutzung fördert. Welpen sollte Wasser in regelmäßigen Abständen geboten, aber nicht die ganze Zeit zur Verfügung gestellt werden. Es ist zweckmäßig, Wasser und Futter bei Nacht zu entfernen und dem Hund vor dem Schlafenlegen genug Zeit zur Entleerung zu geben. Lassen Sie nicht Wasser für den Hund stehen, solange Sie nicht sicher sind, dass er sich schon beherrschen kann.

3. Respektieren Sie die biologische Uhr Ihres Hundes. Seien Sie konsequent in der Festsetzung der Zeitpunkte, zu denen Sie ihn hinauslassen. Machen Sie sich klar, dass viele Aktivitäten bis zu einem gewissen Grad mit der biologischen Uhr des Hundes koordiniert werden müssen, zumindest bis er ausgewachsen ist. Das Bedürfnis des Hundes, in gewissen Abständen zur Entleerung hinausgehen zu müssen, wird sich auf viele Aktivitäten auswirken und muss bei der Einteilung des

Nachtschlafes ebenso berücksichtigt werden wie bei der Planung von Urlaubsreisen oder Einkaufsfahrten.

4. Rufen Sie den Hund nicht, um ihn zu bestrafen. Hunde verstehen den Zusammenhang zur Tat nicht, wenn sie im Nachhinein bestraft werden. Damit eine Korrektur ihren Zweck erfüllt, müssen sie ihn auf frischer Tat ertappen. Ein erwachsener Hund kann körperlich diszipliniert werden, danach bringen Sie ihn sofort hinaus. Bei Welpen raten wir von strengen Maßnahmen ab; gelegentliche Unfälle gehören zum Sauberkeitstraining dazu, und Sie erreichen Ihr Ziel, indem Sie den Hund genau beobachten und entsprechend reagieren. Wenn Sie zufällig beobachten, wie der Hund sich anschickt, ein Geschäft zu verrichten, kreischen Sie nicht und verlieren Sie nicht die Nerven, sondern schaffen Sie ihn schwungvoll und ohne Federlesen hinaus, selbst wenn damit eine Fahrt im Aufzug verbunden sein sollte. Die meisten Hunde werden an sich halten, bis sie ins Freie kommen.

5. Bringen Sie den Hund ruhig aus dem Raum und setzen ihn in die Transportbox, während Sie die Bescherung aufwischen, ohne dass der Hund dabei zusieht.

6. Wenn Sie gerade erst mit der Sauberkeitserziehung beginnen, machen Sie aus der Strafe keine große Affäre, aber schelten Sie den Hund, grollen Sie und lassen ihn Ihr Missvergnügen spüren. Ausgewachsene Hunde, die auch unter größtem Müheaufwand nicht stubenrein werden, dürfen auch körperlich diszipliniert werden, aber um es noch einmal zu wiederholen: Nur, wenn Sie sie auf frischer Tat ertappen.

7. Falls Sie den Hund dabei erwischen, sich gerade hinzuhocken, bringen Sie ihn mit ein paar Missfallensbekundungen rasch zum richtigen Ort, damit er dort weitermacht. Das ist wichtig, weil der Hund lernen

muss, wo er sich zu entleeren hat. Bleiben Sie bei ihm, wenn es nicht möglich ist, ihn allein zu lassen.

8. Nach Ihrer Rückkehr ins Haus können Sie den Schmutz mit Papiertüchern oder anderen saugfähigen Materialien entfernen. Entzwei geschnittene Papierteller sind im Notfall ein geeignetes Werkzeug. Waschen Sie die Stelle anschließend mit einer Lösung aus weißem Essig und heißem Wasser, und zwar im Verhältnis eins zu vier. Nach der Behandlung mit Essig kann Lysol oder ein anderes geruchsneutralisierendes Mittel verwendet werden. Es ist wichtig, dass der Geruch nicht nur Ihrer Wahrnehmung entzogen wird, sondern vor allem derjenigen des Hundes. Blockieren Sie die Stelle nach Möglichkeit, bis sie getrocknet ist. Ein umgedrehter Stuhl leistet dafür gute Dienste.

Lassen Sie den Hund nicht sehen, wie Sie seinen Schmutz entfernen. Es würde in Alpha-Tieren eine Art »Dienstbotensyndrom« auslösen, das häufig die Ursache für Probleme mit der Stubenreinheit ist. Sie sind nicht die Hausmagd, die dazu da ist, hinter dem Hund herzuputzen. Auch sind Sie nicht der Portier ihres Hundes, der nichts anderes zu tun hat, als den Hund hinauszulassen, wann immer dieser es verlangt. Erziehung zur Sauberkeit bedeutet wohl, dass Sie die Bedürfnisse ihres Hundes rechtzeitig erkennen und berücksichtigen, sie bedeutet aber auch, dass der Hund lernen muss, sich zu beherrschen. Nach einem Malheur sollten Sie den Hund nicht isolieren oder fortwährend schelten. Vermeiden Sie zu dieser Zeit aber auch alle überschwänglichen Liebkosungen, es sei denn zur Belohnung eines prompt ausgeführten Befehls.

Markieren

Ein anderes Problem, das zur Stubenreinheit gehört, ist das Markieren. Gewöhnlich sind es die Rüden, die überall ihr Bein heben und einen Gegenstand mit ein paar Tropfen Urin markieren. Auch Hündinnen heben manchmal ihr Bein, doch in den meisten Fällen markieren sie direkt auf den Boden, um in der Hitze ihre Bereitschaft anzuzeigen. Verhaltensforscher glauben, dass im Urin wichtige Informationen über den Hund (Geschlecht, Alter, Rangfolge) enthalten sind. Rüden heben das Bein, um ihre Duftmarke höher zu platzieren als vorherige Markierungen, und die Häufigkeit, mit der sie das auf Spaziergängen tun, ist für Halter manchmal regelrecht erstaunlich. Dieses Verhalten ist normal und natürlich, kann aber in bestimmten Situationen peinlich und unpassend sein. Zum Beispiel dann, wenn Sie mit Ihrem Dino bei Freunden zu Besuch sind und er plötzlich das Tischbein markiert. Wenn Sie in ein neues Haus ziehen oder Ihr Haus neu möblieren oder wenn mehr als ein Tier im Haus lebt, können Sie darauf warten, dass Ihr Hund zu markieren versucht.

Falls das Markieren ein ärgerliches Problem wird, ist Kastration die beste Lösung. Dennoch sollten Sie Ihren Hund zusätzlich genau überwachen. Lassen Sie ihn in fremden Wohnungen nicht aus den Augen und bereiten Sie sich darauf vor, ihn beim ersten Anzeichen hinauszubringen. Falls Sie Dino auf frischer Tat ertappen, disziplinieren Sie ihn und bringen ihn sofort hinaus. Anschließend sollte er sich in Ihrer Nähe hinlegen und dort bleiben.

Sollten Sie trotz gewissenhafter Befolgung dieser Ratschläge Schwierigkeiten mit der Sauberkeitserziehung eines Welpen haben, suchen Sie Rat bei einem qualifizierten Ausbilder, der sich mit Ihnen zusammensetzen und eine individuelle Erziehungsmethode für Ihren Hund entwerfen wird. Vermeiden Sie grobe körperliche Strafen für Hausbeschmutzung und stützen Sie sich stattdessen auf vorbeugende Maßnahmen.

40. Kauen, Graben und Hochspringen

Kauen

Wenn die Züchter sich mehr darum bemühen würden, ihren Welpen das fortwährende Ankauen aller erdenklicher Gegenstände rechtzeitig abzugewöhnen, hätten Sie später weniger Probleme damit. Wie es bei den meisten Verhaltensproblemen des Hundes der Fall ist, reicht auch dieses Fehlverhalten ins Junghundalter zurück. Manche Züchter geben den Welpen kein Kauspielzeug, sondern lassen sie einfach am Holz der Zwingereinfassung oder der Kiste kauen, die dem Wurf als erste Heimstatt dient. Dabei kann solches Verhalten mit einem lauten »Nein!« und dem Ersatz des angekauten Gegenstandes durch einen Kauknochen oder Ähnliches einfach und wirksam korrigiert werden. Auch aufgehängtes Spielzeug ist geeignet, den Welpen durch die Phasen des Zahnwechsels zu helfen.

Wenn der junge Hund ein neues Heim bekommt, sollte der Züchter den Käufern jedoch raten, den Hund auf ein bestimmtes Spielzeug zu fixieren. Legen Sie ihm ein Lieblingsspielzeug in jeden Raum, in dem er sich aufhalten darf. Aber denken Sie immer daran: Wenn der Welpe zu viele Dinge hat, auf denen er herumkauen kann, meint er, alles stünde zum Kauen zur Verfügung.

Welpen müssen, genau wie kleine Kinder, kauen und nagen dürfen, damit die Milchzähne ausfallen und die bleibenden nachwachsen können. Ihre Aufgabe ist es, die Aufmerksamkeit des Hundes auf die erlaubten Kauobjekte zu lenken. Welpenbesitzer sollten wissen, dass zwischen dem vierten und dem sechsten Monat das Kaubedürfnis besonders ausgeprägt ist.

Ein erprobtes Mittel gegen den Schmerz beim Zahnen ist ein verdrehter gefrorener Waschlappen. Die Kälte betäubt das Zahnfleisch, und wenn der Lappen taut, waschen Sie ihn einfach gründlich aus, verdrehen ihn neu und frieren ihn wieder ein. Weitere Hilfen, das Kauproblem in den Griff zu bekommen, sind in Kapitel 29 zur Welpenerziehung erklärt.

Im Handel gibt es eine ganze Reihe von Produkten, die Welpen oder älteren Hunden das Kauen abgewöhnen sollen. Diese Produkte basieren auf der Annahme, dass manche Hunde sich von unangenehmen Gerüchen wie Citronella, Tabasco oder Mundwasser fernhalten. Dennoch sollten Sie sich nicht auf Sprays, Gels oder Zaubertränke verlassen. Selbst wenn sie bis zu einem gewissen Grad hilfreich sind, besteht die beste Methode darin, aufzupassen und das Tier an das angemessene Kauspielzeug zu gewöhnen.

Die Dauer des destruktiven Verhaltens – wie lange zerkaut Ihr Hund eigentlich schon Ihren Haushalt? – ist entscheidend für die Frage, wie leicht und wie schnell sich das Problem beheben lässt. Bei älteren Hunden ist es deshalb schwieriger als bei jungen Tieren. Das Benagen und Zerkauen von Gegenständen findet gewöhnlich während der Abwesenheit der Besitzer statt. Zu den am häufigsten wiederkehrenden Geschichten, die wir in unseren Gesprächen mit Ausbildungskunden hören, gehört die Schilderung des schrecklichen Anblicks, der sie bei ihrer Rückkehr von ihrer Arbeit daheim erwartete. Wir haben Horrorgeschichten von herabgerissenen Vorhängen und zerfetzten Kissen gehört, deren Inhalt im Zimmer verstreut lag, von ausgehöhlten Matratzen, gebrochenen Fensterscheiben und herausgerissenen Auslegeteppichen. Die vielleicht verblüffendste Geschichte, die uns zu Ohren kam, betraf einen zweijährigen Mischling zwischen Bernhardiner und Neufundländer, der den Kühlschrank umwarf, fünf PVC-Fliesen zerkaute und den Telefonanschluss aus der Wand riss. Als seine Besitzer nach Hause kamen, hatte der Hund sogar die Kühnheit, sie anzuknurren! Die Geschichte, die Sie zu bieten haben, verblasst vermutlich neben dieser, also Kopf hoch! Sie können etwas tun.

Die Reaktionen der Halter auf Entdeckungen dieser Art sind einander sehr ähnlich. Zuerst sind sie überrascht, selbst dann, wenn der Hund schon häufiger Schaden angerichtet hat. Dann werden sie zornig und veranstalten eine wilde Jagd, die manchmal mit körperlicher Bestrafung des Hundes endet, häufiger aber damit, dass er sich erfolgreich entzieht. Zumindest ebenso verbreitet ist es, den sich in einer Ecke niederduckenden Hund auszuschelten. Viele Hundehalter erklären sich das Verhalten ihres Hundes mit einem Satz wie diesem: »Er hasst mich, weil ich ihn allein lasse.« Damit haben sie zum Teil sogar recht.

Tatsache ist jedoch, dass der Hund gewöhnlich nicht aus Hass gegen seine Besitzer eine solche Zerstörungswut entfaltet, vielmehr ist sie Ausdruck einer allgemeinen Frustration. Die dem destruktiven Verhalten zugrunde liegenden Faktoren haben ihren Ursprung häufig in der Umgebung und nicht im Hund. Hat man diese Faktoren erkannt, ist es einfacher, das Problem zu lösen. Das Kauen des Hundes kann dann auf einen geeigneten Gegenstand gelenkt werden, und das destruktive Verhalten hört auf.

Als Erstes sollten Sie realistisch sein. Denken Sie nicht einmal daran, einen Hund unter einem Jahr im Haus frei umherlaufen zu lassen, wenn Sie nicht anwesend sind. Wenn Sie über Mittag nicht nach Hause kommen können, sorgen Sie dafür, dass das Tier Bewegung bekommt; wenn nötig, bezahlen Sie jemanden, der es tut. Regelmäßiger und ausreichender Auslauf und Gehorsamstraining sind ein Muss, wenn Sie wollen, dass Ihr Hund sich auch in Ihrer Abwesenheit vertrauenswürdig benimmt.

Als Nächstes sollten Sie bedenken, dass Vertrauen verdient sein will. Wenn Sie Ihrem Hund mehr Freiheit im Haus gewähren wollen, beginnen Sie mit kurzen Perioden der Abwesenheit. Nützlich ist die Aufstellung eines Programms, nach dem die Besitzer am ersten Tag nur fünf oder zehn Minuten fortgehen, am nächsten zwanzig Minuten, und so weiter. Dabei können Sie übertriebene emotionale Begrüßungs- und Abschiedsszenen abbauen und sich stattdessen angewöhnen, ruhig und zärtlich vom Hund Abschied zu nehmen beziehungsweise ihn zu begrüßen, aber nicht dramatisch und gefühlsbetont. Sie sollten dem Hund ein Gefühl von Verantwortlichkeit einflößen, indem Sie ihn beim Abschied beauftragen, »gut aufzupassen« oder »das Haus zu bewachen«, und ihn freundlich loben, wenn Sie zurückkehren. Jedes Mal, wenn der Hund ohne Schwierigkeiten auch nur für eine kurze Zeitspanne allein bleibt, ist dies schon ein Erfolg, der später härteren Prüfungen unterzogen werden kann.

Wenn Sie stattdessen bei Ihrer Ankunft den Hund dabei ertappen, an etwas Verbotenem zu nagen, disziplinieren Sie ihn, lassen Sie ihn sich hinlegen und richten Sie dann seine Aufmerksamkeit auf den erlaubten Gegenstand. Wir kennen eine Besitzerin, die den Spion in der Tür umgekehrt einbauen ließ, so dass sie nach einem vorgetäuschten Abschied ins Wohnzimmer sehen und beobachten konnte, was ihr Labrador tat. Sobald der Hund begann, Unfug zu treiben, brauchte sie nur die Tür zu öffnen und ihn prompt zu tadeln. Im Handumdrehen war der Labrador absolut vertrauenswürdig. Manchmal hilft es auch, das Radio anzulassen, da es den Hund vom Kauen ablenkt und ihm das Gefühl gibt, der Halter würde bald zurückkehren.

Obwohl viele Leute etwas anderes behaupten, sind körperliche Disziplinierungen *nicht* sinnvoll, wenn man den Hund nicht auf frischer Tat ertappt. Vorschläge, den Hund an den Ort seiner Schandtat zu bringen, ihm das zernagte Objekt zu zeigen und ihn zu bestrafen, sind unsinnig. Hunde begreifen eine spätere Strafe einfach nicht, so dass ein solches Vorgehen nur Verwirrung stiften kann.

Weitaus vielversprechender ist es, Präventivmaßnahmen zu ergreifen, und den Hund daran zu hindern, Ihre Wohnung zu beschädigen, ohne dass er Sie damit in Verbindung bringt. Wenn Ihr Hund sein Kaubedürfnis auf etwas Vorhersehbares richtet, versuchen Sie, diesen

Gegenstand zum Beispiel mit kommerziellen Produkten wie Fernhaltesprays unattraktiv zu machen; Sie können aber auch an strategischen Punkten kleine Mausefallen aufstellen. Keine Angst – sie werden dem Hund nicht an der Nase hängen bleiben. Mausefallen haben einen Doppelnutzen: Sie erinnern den Hund in Ihrer Abwesenheit daran, dass er an bestimmte Dinge oder in bestimmte Bereiche nicht darf, und sie sagen Ihnen bei Ihrer Rückkehr, ob er es tatsächlich versucht hat.

Gehen Sie das Problem aber auch positiv an. Geben Sie dem Hund einen Kauknochen aus Kunststoff oder aus Büffelhaut. Der Hund soll diesen Gegenstand als Spielzeug akzeptieren. Spielen Sie deshalb einladend damit und lassen Sie den Hund danach jagen. Und halten Sie diesen Kaugegenstand wenigstens zwei Stunden, bevor Sie das Haus verlassen, vom Hund fern. Dann, kurz bevor Sie gehen, reiben Sie ihn zwei Minuten zwischen den Handflächen. Damit wird Ihr Geruch auf den Gegenstand übertragen, den Sie dann zum Abschied Ihrem Hund überlassen. Vergewissern Sie sich, dass der Hund es sieht, wenn Sie ihm den Knochen oder Kauball an seinen Platz legen. Nimmt er Ihnen das Spielzeug aus der Hand, um so besser. Geben Sie dem Hund nicht etwa alte Schuhe, Socken oder andere persönliche Dinge. Hunde kennen den Unterschied zwischen alt und neu selbstverständlich nicht.

Auf jeden Fall ist es falsch, den Hund auf eine Weise zu bestrafen, die er nicht verstehen kann: beispielsweise den angekauten Gegenstand im Maul festzubinden, den Hund mit dem betreffenden Gegenstand zu schlagen oder ihm denselben um den Hals zu binden.

Auch hier gilt, dass Sie dem Hund eindeutig Ihren Führungsanspruch demonstrieren müssen. Alle anderen Techniken können die Korrektur nur als Ergänzung unterstützen.

Graben

Hunde, die »zu ihrem eigenen Besten« oder »um genügend frische Luft zu bekommen«, die meiste Zeit im Garten verbringen müssen, gewöhnen sich schnell Verhaltensweisen an, über die sie Frustrationen abbauen, und das Graben und Buddeln ist die bekannteste. Da das Graben sehr oft mit Einsamkeit zu tun hat, kann man die Unart leicht abstellen, indem man den Hund ins Haus holt. Gehorsamstraining, Futterumstellungen und andere Veränderungen bringen gar nichts, solange der Hund nicht in den Alltag des Besitzer eingeschlossen wird.

In Gesprächen mit Besitzern von Hunden, die gerne den Garten umgraben, stellt sich oft heraus, dass der Hund draußen sein muss, »weil er uns alle wahnsinnig macht, wenn er im Haus ist«. Manche Halter können sich nicht einmal mehr erinnern, wann der Hund zum letzten Mal im Haus war. In anderen Fällen darf der Hund nur nachts ins Haus, wenn der Halter ins Bett geht, und wird von allen anderen

Aktivitäten ausgeschlossen. Gehorsamstraining bei dem der Schwerpunkt auf »Platz! – Bleib da!« liegt, ist unerlässlich, wenn ein Hund viel Zeit im Haus verbringen soll. Wenn Ihr Hund ein energischer Graber ist, beginnen Sie sofort damit. Sorgen Sie außerdem dafür, dass Ihr Hund beim täglichen Spaziergang ausgiebig gefordert wird. Bringen Sie ihm das Apportieren bei. Lassen Sie ihn an Ihrem Alltag teilhaben. Manche Besitzer schwören darauf, die Löcher mit Wasser zu füllen und den Hundekopf hineinzustecken, mit Maschendraht auszulegen oder auch zu verkabeln (höchst gefährlich), aber wir lehnen diese Methoden ab, sie beheben auch allenfalls Symptome. Das ursprüngliche Problem – der Hund, der vom Alltag des Halters ausgeschlossen ist – wird damit nicht berührt.

Für manche Rassen ist das exzessive Graben allerdings typisch. Huskys und andere Schlittenhunde graben sich gerne kühlende Mulden, und Dachshunde und andere Rassen, die dazu gezüchtet sind, sich in unterirdische Gänge zu zwängen, können ebenfalls einen Hang zum Graben aufweisen. Auch trächtige Weibchen graben häufig mehr, wenn sich die Zeit der Geburt nähert. Aber die meisten Hunde ändern ihr Verhalten, wenn sie regelmäßig im Haus zugelassen sind und ein gründliches Gehorsamstraining absolviert haben.

Hochspringen

Warum springen Hunde an Menschen hoch? Gemeinhin suchen sie Zuwendung und haben gelernt, dass sie diese erhalten, wenn sie ihren Besitzern von Angesicht zu Angesicht begegnen. Es ist ein Kompliment auf Hundeart: »Ich hab dich lieb.« Außerdem unterstützen viele Halter dieses Verhalten unwissentlich, indem sie ihre neuen Welpen im Spiel dazu ermutigen, an ihrem Bein hochzuspringen, und sie dafür mit Streichel- oder Schmuseeinheiten belohnen. Bei einem zwölf Wochen alten Hund ist das niedlich und harmlos, aber sechs Monate später kann es ganz anders aussehen. Ein aufgedrehter Vierzig-Kilo-Junghund kann locker ein Kind oder einen älteren Besitzer umwerfen, die Kleidung beschmutzen oder die Gäste erschrecken. Da hilft auch die Versicherung »Der will nur spielen!« nichts mehr.

Es gibt viele Korrekturen für dieses verbreitete Fehlverhalten. Die beliebteste – jedenfalls für die größeren Rassen – ist der Stoß mit dem Knie gegen die Brust. Die Schwierigkeit mit dieser Korrektur ist zweifacher Natur: Eine erste Maßnahme sollte nicht derart grob sein, und zweitens wird sie meistens so ungeschickt ausgeführt, dass ihr eigentlicher Sinn dem Hund verborgen bleibt.

Weit besser ist es, mit der Korrektur dieses Problems schon in der Jugendzeit des Hundes zu beginnen, indem man ihm das Sitzen auf Befehl beibringt. Führen Sie für die ganze Familie die Regel ein, dass Hochspringen nicht erlaubt ist, gleich ob Sie einen Arbeitskittel tragen oder einen weißen Anzug. Wenn Sie merken, dass der junge Hund sich anschickt, an Ihnen hochzuspringen, geben Sie das Kommando zum Sitzen und halten Sie ihm die Hände mit offenen Handflächen vor das Gesicht, um jeden diesbezüglichen Versuch zu blockieren. Wenn der Hund dann sitzt, muss er gelobt werden.

Ältere Hunde mögen einer körperlich stärker betonten Korrektur bedürfen. Packen Sie einfach seine Vorderpfoten, wenn er Sie anspringt, führen Sie sie leicht zur Seite und halten Sie sie fest, so dass der Hund auf den Hinterbeinen stehen bleibt. Zeigen Sie keine Verärgerung. Dem Hund wird es schnell ungemütlich, und er wird wieder auf alle viere wollen. Ziel dieser Korrektur ist es, dem Hund verständlich zu machen, dass es nicht schön ist, jemanden anzuspringen. Wenn Sie die Pfoten schließlich loslassen, bringen Sie den Hund zum Sitzen. Nach dem Kommando »Bleib« springen Sie ein paar Mal vor ihm auf und ab, um ihm die Gelegenheit zu geben, es noch einmal zu tun. Loben Sie ihn kräftig, wenn er sitzen bleibt.

Ein warnendes Wort zu der beliebten Korrektur mit dem Knie gegen die Brust: Sie sollte wirklich chronischen Fällen vorbehalten bleiben, niemals aber bei Junghunden angewandt werden oder bei Tieren, die diese Unart nur gelegentlich zeigen. Springt der Hund an Ihnen hoch, ergreifen Sie sofort seine Pfoten und halten sie fest. Dann stoßen Sie mit dem Knie aufwärts gegen den Brustkorb des Hundes, bis Sie festen Körperkontakt spüren. Gleichzeitig stoßen Sie die Arme von sich und werfen den Hund mit einem kräftigen Schwung und einem entschiedenen »Nein!« von sich. Es ist nicht die körperliche Gewalt, die dabei wichtig ist, als vielmehr der dramatische Überraschungseffekt und die Machtentfaltung. Aber wir warnen nochmals: Diese Korrektur ist nichts für junge Hunde oder sporadische Springer. Versuchen Sie es deshalb zunächst mit den anderen Präventivmethoden. Herrschsüchtige Hundehalter mögen in dieser Korrektur ein probates Mittel sehen, dessen Anwendung dem Hund »ein für allemal« beibringt, dass er nicht hochzuspringen hat. Das Ergebnis solcher Hemdsärmeligkeit kann indessen anders als erwartet ausfallen und dem gesamten Verhältnis zwischen Mensch und Hund bleibenden Schaden zufügen. Versuchen Sie nicht, Ihrem Hund das Hochspringen abzugewöhnen, ohne ihn gleichzeitig das Sitzen auf Befehl zu lehren.

41. Abrichtung zu Schutzzwecken

Wenn Sie daran denken, Ihren Hund zu Schutzzwecken abzurichten, mag es lohnend sein, sich die folgenden Fragen vorzulegen. Vor allem: Warum wünschen Sie diese Art von Ausbildung? Was wissen Sie darüber? Wie viele andere Hunde mit dieser Ausbildung kennen Sie? Gibt es einen Unterschied zwischen Abrichtung für den »Angriff«, für die »Verteidigung« und der Schutzhundausbildung, oder bezeichnen sie alle den gleichen Ausbildungsgang? Werden Sie imstande sein, Ihren Hund zu beherrschen, wenn Sie ihn zum Angriff abgerichtet haben? Sind Sie gegen Schäden versichert, die Ihr dergestalt abgerichteter Hund anrichten mag? Und schließlich sollten Sie sich fragen: Braucht Ihr Hund diese Art von Ausbildung wirklich – oder Sie?

Leider haben wir die Erfahrung gemacht, dass beinahe alle Besitzer, die sich eine solche Abrichtung wünschen, falsch informiert und als Halter solcher Hunde gänzlich ungeeignet sind.

Viele Halter möchten, dass ihr Hund »scharf« ist, weil sie sich bedroht fühlen. In einer Zeit wachsender Kriminalität kann das Leben in bestimmten Regionen schon beängstigend sein, und alleinlebende Männer und Frauen brauchen Schutz. Dennoch hängt eine Abrichtung zum Angriff davon ab, ob der Hundebesitzer genug Verantwortungsgefühl hat, mit einem auf Verteidigung dressierten Hund auch richtig umzugehen. Ein ehrlicher Ausbilder wird Ihnen sagen, dass ein Hund, der seinen Herrn verteidigt, in erster Linie durch Zuchtauswahl und erst in zweiter Linie durch seine Bindung an den Besitzer geformt wird, viel weniger aber durch die Abrichtung, die den Hund oft eher verdirbt. Ein guter Hund wird seinen Herrn aus eigenem Antrieb verteidigen, auch ohne spezielle Dressur. Häufig genügt auch die bloße

Anwesenheit eines Hundes, Menschen mit kriminellen Absichten den Wind aus den Segeln zu nehmen.

Es gibt mehrere Methoden, einen Hund zum Angriff abzurichten. Die meisten, aber nicht alle, beruhen auf einem System fortschreitender Belastung des Hundes mit Reizen, »Tropfen« vergleichbar, die das Fass schließlich zum Überlaufen bringen. Sie verlangen, dass der Hund unter Stress gesetzt wird, bis er den Punkt erreicht, wo er es nicht länger hinnehmen kann, was sich zunächst durch Knurren, Bellen und schließlich in einem wütenden Angriff äußert. Die Erlösung von diesem Erregungszustand wird dann an verbale Kommandos oder Handzeichen gebunden – Schlüsselworte wie »Fass!« und Gebärden wie ein erhobener Arm (in Schutzkleidung). Um den Hund vom Angriff zurückzubefehlen, muss man ihm auch das Kommando »Zurück!« beibringen.

Es liegt auf der Hand, dass Sie Ihren Hund beträchtlichem Stress aussetzen, wenn Sie sich für diese Art von Ausbildung entscheiden. Überlegen Sie, ob Ihr Hund diesen Stress auch ertragen kann. Wenn nicht, könnte die Abrichtung für den Angriff sehr negative Nebenwirkungen haben. Unterlassen Sie es nicht, Ihren Hund einer persönlichen Einschätzung und Bewertung zu unterziehen, bevor Sie zu einem privaten Ausbilder gehen, um sich sein Urteil über die Eignung Ihres Hundes für diese Ausbildung anzuhören. Es gibt Ausbilder, die bereit sind, beinahe jeden Hund abzurichten, wenn sie nur einen zahlenden Kunden bekommen. Andere werden aufrichtig mit Ihnen sein und frei heraus sagen, wenn Ihr Hund für diese Art von Training ungeeignet ist oder wenn Sie den Eindruck erwecken, dass Sie einen sogenannten »scharfen« Hund missbrauchen würden.

Zur Warnung: Eine Schutzausbildung kann böse Folgen haben. Durch ein solches Training wird keinesfalls ein Roboter herangezogen, der alle Befehle automatisch befolgt. Da viele Besitzer hauptsächlich darauf fixiert sind, sich einen »Beschützer« zu erschaffen, vernachlässigen sie oft die grundlegende Voraussetzung des absoluten Gehorsams, auf der aufgebaut werden muss – eine gesunde Beziehung nämlich. Das führt häufig zu »angelernter Aggression«, die der Halter dann nicht mehr kontrollieren kann.

»Angelernte Aggression« ist häufig ein Problem bei Hunden, die für Verteidigung abgerichtet wurden. Zuweilen bekommen wir Hunde, deren Angriffslust von ihren Besitzern nicht mehr zu kontrollieren ist, zur »Entprogrammierung«. Diese Art von Umerziehung ist oft schwierig, in hartnäckigen Fällen nahezu unmöglich.

Ein für den Angriff abgerichteter Hund gleicht einer geladenen Waffe. Wir empfehlen den Gebrauch Deutscher Schäferhunde und anderer vergleichbarer Rassen zu Schutzhundzwecken bei der Polizei, beim Zoll und in ähnlichen Aufgabenbereichen. Defensiv eingesetzt, können sie von großem Wert sein. Diese Hunde gehören nur in die Hände erfahrener Hundeführer und haben eine Ausbildung von hohem· Niveau. Demgegenüber sollten Laien keine für den Angriff abgerichteten Hunde haben. Sie sind in den seltensten Fällen dafür qualifiziert, mit einem »scharfen« Hund umzugehen.

Aus alldem geht hervor, dass wir eine Ausbildung für Angriff oder Verteidigung *nicht* empfehlen.

Anders verhält es sich mit einer anderen Art der Schutzhundausbildung. Sie bietet die Möglichkeit zu einer durchdachten Verteidigungsschulung, in welcher Halter und Hund gleichermaßen lernen. Diese Ausbildung dient den eigentlichen Schutzfunktionen Gehorsamsschulung, Arbeit an Hindernissen und auf der Fährte. Übertriebene Scharfmacherei ist hier nicht am Platz.

Dennoch dürfen Sie die Arbeit nur mit einem gesunden, von Charakterfehlern freien, intelligenten Tier beginnen, das zu einer der Gebrauchshunderassen gehört. Auch müssen Sie sich darüber im Klaren sein, dass diese Ausbildung sehr viel Zeit in Anspruch· nimmt und ein hohes Maß an Einsicht in die Psyche des Hundes verlangt, wenn man die nötige Qualifikation erwerben will. Wenn Sie für Ihr Tier eine Schutzhundausbildung anstreben, sollten Sie sich an einen der örtlichen Gebrauchshundevereine wenden. Die Schutzhundausbildung ist Hauptfunktion dieser Vereine, die über alle einschlägigen Fragen im Einzelnen Auskunft geben können. Sie werden mitunter Anzeigen finden, in denen die Abrichtung von Hunden für »Angriff und Verteidigung« angeboten wird und die an tiefsitzende Ängste und Unsicherheiten der Menschen appellieren, indem sie ihnen »Befreiung von Sorge« und »vollständige Sicherheit« versprechen. Ausbildungsmethoden, die nicht den Hund in seiner psychologischen Gesamtheit einbeziehen und gleichzeitig dem Halter Verantwortungsbewusstsein vermitteln, erweisen weder der Gesellschaft noch Hund und Hundehalter einen Dienst.

42. Anschlagen bei Gefahr

Im vorherigen Kapitel haben wir uns eindeutig gegen jede einseitige Abrichtung von Angriff oder Verteidigung ausgesprochen. Dies besagt jedoch nicht, dass wir die Nützlichkeit von Hunden verleugnen wollen, die Fremde melden und ihre Besitzer notfalls gegen körperliche Angriffe schützen. Wir sind Züchter Deutscher Schäferhunde und bemüht, unseren Teil dazu beizutragen, dass die natürlichen Anlagen und Wesensmerkmale dieser Rasse erhalten bleiben. Wir ziehen es vor, dass unsere Hunde instinktiv bei Gefahr anschlagen und ihre Halter verteidigen. Das reicht im Allgemeinen aus, um Eindringlinge abzuwehren.

Hundehalter, die von ihren Tieren Schutz erwarten, müssen lernen, ihre Hunde psychologisch richtig einzusetzen. Der wichtigste Faktor in manch prekärer Situation wie etwa einem Einbruch oder Überfall ist die Fähigkeit des Opfers, den oder die Angreifer zu bluffen. Mit dem Hund bluffen heißt, den Hund als einen wahren Freund und Verteidiger darstellen und nicht als die schwache, ängstliche Kreatur, die er vielleicht in Wirklichkeit ist. Werden Sie verfolgt oder bedroht, ist es immer eine gute Taktik, sich dramatisch über den Hund zu beugen und ihm etwas zuzuflüstern. Bei direkter Bedrohung halten Sie den Hund am Halsband und sagen Sie: »Noch nicht, noch nicht«, um Störenfriede einzuschüchtern. Der Durchschnittsverbrecher kann einen Hund kaum richtig beurteilen und nicht erkennen, dass der Hundebesitzer nur blufft.

Wollen Sie, dass Ihr Hund auf Befehl bellt, so bringen Sie es ihm am besten schon im Welpenalter bei. Halten Sie ihm einen Leckerbissen über den Kopf, und wenn er sitzt, sagen Sie ihm: »Sprich!« Ermuntern Sie den Hund, seinen Gefühlen stimmhaft Ausdruck zu geben, und selbst wenn er nur ein Winseln hervorbringt, sollten Sie ihm den Leckerbissen geben. Viele Welpen gehen von sich aus auf das Spiel ein, während die Ausbildung älterer Hunde mehr Zeit erfordert.

Wenn Sie dann mit einer gefährlichen Situation konfrontiert sind, können Sie – angenommen, Ihr Hund bellt nicht von sich aus – das Halten eines Leckerbissens nachahmen und ihn auf diese Weise zum Bellen bringen.

Um Ihren Hund zu lehren, dass er einen Eindringling aggressiv verbellt, lassen Sie sich am besten von einem Freund helfen, der sich möglichst gespenstisch verkleiden sollte, etwa mit einem Nylonstrumpf über dem Kopf, einem dicken Mantel und einem auffallenden Hut. Der so herausgeputzte Helfer macht sich dann außerhalb des Hauses auf bedrohliche Weise zu schaffen – indem er im Türschloss herumstochert oder an einer Klinke rüttelt. Sie sollten unterdessen ruhig dasitzen und lesen, während der Hund bei Ihnen ist, etwa zu Ihren Füßen liegt. Sobald Sie das Geräusch hören, merken Sie auf und blicken Ihren Hund an. Reagiert der nur gelangweilt, können Sie die Übung für diesen Tag als beendet betrachten.

Reagiert der Hund überhaupt nicht, können Sie mit ihm zur Tür gehen und ihn auffordern, der Sache nachzugehen. Wenn der Hund den Fremden sieht, wird er vielleicht knurren oder bellen. Der Fremde muss daraufhin zurückweichen und dann davonlaufen, so als flüchte er vor dem Hund. Nun knien Sie neben dem Hund nieder und loben ihn, weil er Sie vor dem bösen Einbrecher »gerettet« hat. Wiederholen Sie diese Aufführung einmal wöchentlich, aber übertreiben Sie nicht. Sie bezwecken schließlich nur ein warnendes Knurren oder ein kurzes Gebell. Begrüßen Sie in dieser Übungsphase als Ausgleich unbedingt auch Gäste im eigenen Haus, um dem Hund den Unterschied zwischen Freund und Feind begreiflich zu machen. Reagiert Ihr Hund allerdings bereits aggressiv auf Fremde, können inszenierte Situationen wie oben beschrieben das Problem noch verschärfen. Vergessen Sie außerdem nicht, dass viele Rassen diesen Beschützerinstinkt sozusagen schon eingebaut haben; oft muss man nur warten, bis der Hund alt genug ist. Sie können von keinem drei Monate alten Welpen erwarten, dass er sich wie Rin-Tin-Tin gebärdet.

43. Aggressives Verhalten und wie man damit fertig wird

Aggression bei Hunden ist einer der häufigsten Gründe, aus dem Hundehalter ihre Tiere zu uns bringen. Wir haben schon Hunderte von aggressiven Hunden erlebt und aus unseren Beobachtungen einige Schlüsse gezogen. Wir alle wissen, dass es einem natürlich Verhalten entspringt, innerhalb des Rudels eine Rangordnung aufzustellen und diese auch zu verteidigen. Darüber hinaus schützt der Hund sich instinktiv vor allem, was er als bedrohlich empfindet und ist genetisch darauf programmiert, zur Not um sein Futter und sein Revier zu kämpfen. Gezielte Zucht kann eine Neigung zur Aggression steigern oder mildern, das Umfeld, in dem der Hund aufwächst tut ein Übriges. Für das ungeübte Auge sind die Aggressionen oft unmotiviert und unerklärlich, aber wenn man sie im Kontext tierischen Verhaltens untersucht, werden sie verständlicher, wenn auch nicht weniger gefährlich.

Keinesfalls darf man das Ausmaß aggressiven Verhaltens bei Hunden unterschätzen. Es war und ist ein ernstes Problem, das überall dort auftaucht, wo Hunde leben. In Stadtzentren schließen sich streunende oder verwilderte Hunde zu Rudeln zusammen, die sich nur schwer einfangen lassen; in der rasch entstehenden Rudeldynamik stacheln die stärkeren Tiere selbst die sanfteren zu aggressivem Verhalten an. Auf dem Land fallen ähnliche Rudel in Hühnerställe ein, reißen Schafe, hetzen Rinder und entwischen mühelos den Bauern, die sie zu fangen versuchen. Und jede Vorstadt hat wohl ihren Anteil an »bösartigen Hunden«, die in der Nachbarschaft für ihr Verhalten berüchtigt sind. Machen wir uns nichts vor: Einem aggressiven Hund zu begegnen, ist selbst für professionelle Hundeausbilder beängstigend. Menschen, die von einem Hund angefallen wurden, schildern den Vorfall meist in lebhaften detaillierten Bildern. Hundebisse vergisst man nicht leicht. Die meisten Menschen verspüren keinen Wunsch, mit einem aggressiven Hund zusammenzuleben, und gewiss nicht mit einem, den sie nicht kontrollieren können. Doch viele müssen sich damit auseinandersetzen, weil sie nicht sofort reagiert haben, als das Problem zum ersten Mal auftrat – meistens nämlich in den ersten sechs oder sieben Monaten des Hundelebens. Der Besitzer verdrängt, was er erlebt, oder ist überzeugt, dass er sich auch noch später darum kümmern könne. Aggressives Verhalten taucht selten über Nacht auf: Es entwickelt sich, bis es zur Eskalation kommt.

Von Anfang an haben wir in diesem Buch betont, dass Prävention eine wichtige Rolle in der Erziehung von Hunden spielt. Es ist sehr viel leichter, sich bei einem Welpen mit den ersten Anzeichen von Aggression auseinanderzusetzen, als mit einem bissigen erwachsenen Hund fertig zu werden. Wer seinem Hund ausreichend Zeit und Möglichkeiten zur Sozialisation gibt, mit ihm lernt und spielt und ihm klare Grenzen setzt, verhindert, dass jugendliche Aggressionen sich zu einem wirklichen Problem entwickeln.

Auch die sorgfältigste Erziehung aber versagt mitunter, wenn es gilt Aggressionen zu überwinden. Eine gute Ausbildung und Beratung kann jedoch aggressives Verhalten analysieren und eine Gegenkonditionierung einleiten. Wenn Sie Probleme mit aggressivem Verhalten haben, suchen Sie sobald wie möglich einen Hundeausbilder auf. Versuchen Sie einen zu finden, der in Einzelstunden individuell mit Ihrem Hund arbeiten kann. Der Versuch, aggressives Verhalten durch einfache Teilnahme am Gruppenunterricht einer Hundeschule zu »heilen«, wird kaum zum gewünschten Erfolg führen. Gehen Sie zu einem Ausbilder, der sich auf individuelle Charakterzüge einstellen kann und will. Eines allerdings hilft mit Sicherheit nicht: darauf zu warten, dass sich die aggressiven Verhaltensstörungen Ihres Hundes von selbst geben.

Es ist wichtig, dass der Ausbilder alle Einzelheiten der aggressiven Vorfälle erfährt. Voraussetzung dafür ist, dass Sie die Zwischenfälle ihrem Ablauf entsprechend im Gedächtnis behalten haben und bewerten können. Nehmen Sie ein Notizbuch und verfassen Sie eine möglichst objektive und emotionsfreie Beschreibung jedes einzelnen Zwischenfalls. Beschreiben Sie die beteiligten Personen, die Tageszeit, den offensichtlichen oder auch nur vermuteten Anlass, den tatsächlichen Ablauf des Geschehens, und wie Sie, wenn überhaupt, den Hund bestraft haben. Notieren Sie schließlich, wo der Zwischenfall stattfand und welche Folgen bzw. Schäden entstanden. Es ist wichtig zu wissen, ob der Hund das Opfer so verletzte, dass es blutete, und ob die Verletzungen mit dem Gebiss oder durch Kratzen mit den Pfoten zugefügt wurden. Oft haben wir erlebt, dass Kunden von Bissverletzungen sprachen, bis wir bei genauerer Nachforschung feststellten, dass die Verletzung von den Krallen oder Pfoten des Hundes herrührte. Versuchen Sie sich genau zu erinnern, prüfen Sie nach, was nur irgend nachprüfbar ist. Versuchen Sie, die Handlungsweise des Hundes weder zu rechtfertigen noch zu verurteilen; zeichnen Sie einfach die Tatsachen auf. Das ist der erste Schritt, Ursache und Ausmaß der Aggression näher zu bestimmen.

Nach einer Analyse der einzelnen Zwischenfälle und ihres jeweiligen Hergangs kann das aggressive Verhalten dann einer bestimmten Kategorie zugeordnet werden. Es gibt nämlich verschiedene Arten von Aggression, deren Darstellung Ihnen helfen mag, zu bestimmen, welche auf Ihren Hund zutrifft. Dabei muss freilich berücksichtigt werden, dass ein Hund zu gleicher Zeit aus unterschiedlichen Gründen aggressiv werden kann.

Aggression aus Angst

Die häufigste Ursache für Aggression ist Angst. Sie tritt bei Rüden und Hündinnen etwa gleich oft auf und wird in der Regel durch Stress und Lärm ausgelöst, denen das Tier entfliehen würde, wenn es könnte. Stattdessen sieht es sich zu einer Konfrontation mit einem anderen Hund oder einem Menschen gezwungen. So gibt es Hundehalter, die ihren widerstrebenden Vierbeiner an der Leine vorwärtszerren, damit er Fremde »begrüßt«, statt den Hund nach und nach zu konditionieren, damit er den Fremden langsam akzeptieren lernt. Uneinsichtige Hundehalter, die wie beschrieben verfahren, fordern einen Zwischenfall aus Angstaggression heraus. Übrigens ereignen sich die meisten Zwischenfälle in Stress-Situationen, wenn Drohgebärden nicht beachtet werden. Eine Gehorsamsausbildung ist notwendig, da der Halter seinen Führungsanspruch oft nicht konsequent genug durchgesetzt hat. Der ängstliche Hund muss Vertrauen in seinen Besitzer haben, bevor er sich mit Fremden auseinandersetzen kann. Außerdem sollte man den Kontakt nie erzwingen. Wir gewöhnen einen Hund erst an die Gegenwart der fremden Person, indem wir uns zunächst mit dem Tier in der Nähe aufhalten. Wir gehen bis auf ein paar Meter heran, lassen den Hund sitzen und loben ihn, wenn er es friedlich tut. Es mag mehrere Übungsstunden dauern, bis eine echte Begegnung stattfinden kann, aber nehmen Sie sich unbedingt die Zeit. Haben Sie Geduld.

Natürlich kann man es auch mit einer Futterumstellung zur Reduzierung von Aggressivität probieren. Aber Verhaltensforscher und Ausbilder sind sich uneins über den richtigen Proteingehalt, so dass es wohl noch weiterer Forschungen bedarf, um eine wirksame Diät zusammenstellen zu können. Ganz und gar einig sind sich dagegen alle, dass es nicht ohne Gehorsamstraining geht. Glauben Sie nicht, Sie könnten dieses Problem ohne eine konsequente Ausbildung lösen, aber setzen Sie *keine* körperlichen Disziplinarmaßnahmen ein. Das würde die Angst nur noch verstärken.

Wir haben diese Art von Aggression erfolgreich mit Diätwechsel (zu einer stark proteinhaltigen, kohlehydratarmen Nahrung) und Gehorsamsausbildung behandelt. Der Rundum-Rückruf ist häufig eine sehr gute Hilfe. Viele Tierärzte haben bei dieser Art von Aggression mit Chemotherapie experimentiert, mit allerdings recht unterschiedlichem Ergebnis. Therapien dieser Art stützen sich meist auf Psychopharmaka. Verabreichen Sie Ihrem Hund ohne tierärztliche Verschreibung und Aufsicht keinesfalls Drogen. Eine medikamentöse Behandlung von Verhaltensstörungen doktert nur zu oft an Symptomen herum und verdeckt die tieferliegenden Probleme in der Beziehung von Halter und Hund zueinander.

Territoriale Aggression

Die zweithäufigste Form der Aggression entspringt der übertriebenen Verteidigung des eigenen Territoriums. Bis zu einem gewissen Grad ist dieser Verteidigungstrieb natürlich. Oft bringen Hundehalter ihre Vierbeiner nichtsahnend in eine Konfliktsituation, wenn sie territoriale Aggression einerseits fördern, andererseits aber verbieten oder gar bestrafen, wenn sie ihnen zu gefährlich erscheint. Man muss sich klarmachen, dass Anschlagen bei Gefahr keineswegs bedeutet, dass der Hund jeden beliebigen Besucher verbellen sollte. Man muss dem Hund die Grenzen mit beruhigenden Worten wie »Nicht mehr!« oder »Gut, das reicht!« deutlich machen. Das beste Verfahren ist, territoriale Aggression schon bei Junghunden mit einem strengen »Nein!« und durch freundlichen Umgang mit Fremden zu bremsen. Der Territorialtrieb mit seinem Bedürfnis, einen eigenen Bereich abzugrenzen und zu verteidigen, bildet sich gewöhnlich zwischen dem vierten und sechsten Monat aus. Achten Sie auf aggressive Reaktionen dieser Art und treten Sie dem sofort energisch entgegen. Man kann Postboten, Stromableser und andere »Eindringlinge« bitten, sich nach dem jungen Hund zu bücken und sein ablehnendes Verhalten mit ein paar freundlichen Worten und wohlwollendem Benehmen zu neutralisieren. Kein Hundehalter sollte territoriales Verteidigungsverhalten in Form von übermäßigem Bellen beim jungen oder älteren Hund dulden, geschweige denn fördern. Begrüßen Sie Besucher in freundlicher, herzlicher Art. Unterziehen Sie den Hund einer Gehorsamsausbildung.

Bei älteren Hunden beginnen Sie ein Programm der Desensibilisierung. Inszenieren Sie Situationen, die bestimmte Reaktionen herausfordern. Fangen Sie beispielsweise an, indem Sie jemanden bitten, an der Tür zu klingeln. Wenn der Hund bellt, stoppen Sie ihn mit einem knappen »Aus«. Arbeiten Sie sich voran, bis Sie tatsächlich jemanden an der Tür empfangen – zunächst eine Person, die der Hund kennt und mag, später einen Fremden. Gehen Sie erst zur nächsten Situation über, wenn der Hund in der gegenwärtigen richtig reagiert. Und nur dann, wenn Sie sich der Beziehung zu Ihrem Hund sehr sicher sind und darauf vertrauen können, dass er Sie nicht beißt, dürfen Sie aggressives Verhalten körperlich disziplinieren (siehe Kapitel 10). Nach der Maßnahme geben Sie augenblicklich eine Reihe von Kommandos, die Sie in Ihrer Führungsrolle bestätigt, dann spielen Sie die Situation erneut durch. Oft sind die Hunde beim zweiten Mal bereits umgänglicher. Falls Sie befürchten, Ihr Hund könne Sie beißen, wenn Sie ihn disziplinieren, suchen Sie sich Hilfe bei einem professionellen Hundeausbilder.

Aggression zwischen Rüden

Im Allgemeinen kämpfen Rüden gegen andere Rüden. Das Problem ist unausweichlich und als Rangordnungsstreit ein naturgemäßes Verhalten, das von der Testosteronsekretion und der Umgebung, in welcher die Rüden aufgewachsen sind, bestimmt wird. Grund zur Klage haben viele Hundehalter, deren Rüden mit freilaufenden Rüden aus der Nachbarschaft zusammentreffen. Um das Problem unter Kontrolle zu bringen, müsste das Defäkieren und Urinieren eines Rüden auf den unmittelbaren Lebensraum des Hundes begrenzt werden, damit er nicht die gesamte Nachbarschaft als seine private Domäne markiert, was sehr leicht zu Konfrontationen mit anderen Rüden führt, die sich in »seinem« Revier ebenfalls zu Hause fühlen.

Auch eine Kastration mildert diese Form von Aggression und bewirkt, dass Ihr Hund von seinen Artgenossen als weniger bedrohlich und dominant empfunden wird. Außerdem sollten Sie Vorkehrungen treffen. Wenn Ihr Hund ständig mit anderen Rüden rauft, können Sie ihm auf Spaziergängen einen Maulkorb umlegen.

Aggressive Reaktion auf Necken

Diese Art von Aggression tritt auf, wenn Kinder und zuweilen auch Erwachsene einen Hund necken und reizen, bis er sich schließlich rächt. Aggressiv reagieren Hunde aber auch darauf, wenn Gruppen von Kindern und Jugendlichen aus der Nachbarschaft sich zusammentun, um einen bestimmten Hund zu ärgern und zu reizen, gewöhnlich über den Gartenzaun hinweg und während die Besitzer abwesend sind. Kinder sollten davor gewarnt werden, in der Nähe von Hunden zu schreien und zu toben. Sie sollten niemals einen Hund jagen, selbst dann nicht, wenn sie ihn kennen. Kinder sollten niemals einen fremden Hund streicheln. Erwachsene, die Hunde necken oder sich auf »Mutproben« bei fremden Hunden einlassen, fordern geradezu heraus, dass sie gebissen werden.

Aggression aus Schmerz

Aggression aus Schmerz ist eine häufige Erscheinung im Behandlungszimmer des Tierarztes, wenn der Hund eine Spritze bekommt, herumfährt und nach der Hand schnappt, die ihm den Schmerz zugefügt hat. Schon das Heraufheben auf den Behandlungstisch genügt Hunden, die einschlägige Erfahrungen gesammelt haben und ahnen, was ihnen bevorsteht, um nach dem Tierarzt oder dem Assistenten zu beißen. Obgleich viele Tierärzte darauf bestehen, dass der Hund auf den Behandlungstisch kommt, könnten die meisten derartiger Fälle von Aggression vermieden werden, wenn der Hund am Boden untersucht und behandelt würde.

Sollten Sie Schwierigkeiten mit dieser Form von Aggression haben, sagen Sie es dem Tierarzt im Voraus und bitten Sie ihn, Ihren Hund am Boden zu behandeln, es sei denn, die Behandlung muss aus zwingenden Gründen auf dem Tisch durchgeführt werden. Häufig ruft auch die Hüftgelenksdysplasie (HD) chronische und äußerst heftige Schmerzen hervor. Dasselbe gilt für nicht ausgeheilte Verletzungen anderer Art, etwa nach Autounfällen.

Davon betroffene Tiere reagieren bisweilen aggressiv beim Aufstehen, insbesondere dann, wenn sie dazu gezwungen werden. Wir haben oft beobachtet, dass Hunde der großen Rassen plötzlich zubissen, wenn Kinder sich im Spiel auf ihre Rücken oder Hinterteile setzten. Der unter HD oder an den Folgen eines Unfalls leidende Hund reagiert auf den unerwarteten Schmerz mit einem Reflex, man kann also streng genommen nicht von aggressivem Verhalten sprechen. Hüftgelenkdysplasie, arthritische Veränderungen und Nachfolgeschäden von Unfällen können nur vom Tierarzt mit Hilfe einer Röntgenaufnahme festgestellt werden. Die Behandlung kann in einer einfachen täglichen Medikation, aber auch in einer aufwändigen Operation bestehen.

Angelernte Aggression durch falsche Ausbildung

Im Kapitel 41 beschäftigten wir uns mit den Fallgruben einer einseitigen Abrichtung für Angriff oder Verteidigung. Eine davon – und nicht die geringste – ist die Gefahr eines Missbrauchs der erworbenen aggressiven Fertigkeiten durch den Hund. Hundehalter, die ihr Tier möglichst ohne eigenen Aufwand an Zeit und Mühe für Angriff und Verteidigung abrichten lassen möchten, weil sie das Engagement und den Zeitaufwand einer soliden Schutzhundausbildung scheuen, sollten sich die Sache noch einmal sehr gründlich überlegen. Eine »Deprogrammierung« ist zwar möglich, aber mit mancherlei Schwierigkeiten verbunden. Die Rehabilitation dieser Hundesoldaten zieht gewöhnlich eine Trennung vom Besitzer nach sich und erfordert neben betont unbeschwertem, fröhlichem Umgang die strikte Vermeidung all jener Schlüsselworte und Handsignale, auf die mit aggressivem Verhalten zu reagieren der Hund konditioniert wurde.

Genetisch bedingte Aggression

Als berufsmäßige Züchter haben wir einen Einblick in die Möglichkeiten genetisch bedingter Aggression, den viele Ausbilder nicht haben. Dies ist ein für eine Diagnose extrem schwieriges Gebiet. So wirkt genetisch bedingte Aggression beispielsweise sehr oft wie eine Aggression aus Angst. Ein guter Ausbilder wird die Möglichkeit in Betracht ziehen, dass das aggressive Verhalten genetische Wurzeln hat. Er wird sich die Zeit nehmen, den Abstammungslinien des Hundes nachzugehen, wenn er vom Besitzer die Ahnentafel bekommen kann. Wir warnen an dieser Stelle noch einmal vor Hobby- oder »Hinterhofzüchtern« und Welpenfabriken, aber nahezu jede Zucht hat neben Abstammungslinien, die unter den Gesichtspunkten der Zuchtauslese unerwünschte körperliche Varianten vererben, auch solche, aus denen

Hunde mit einem Hang zu aggressiven Reaktionen hervorgehen. Mehr Erfahrung kann einen Ausbilder hinreichend dazu befähigen, genetisch bedingte Aggression auch als solche zu erkennen, nichtsdestoweniger ist es sehr wichtig, dass der Besitzer dem Ausbilder alle verfügbaren Informationen über die Elterntiere und weitere Vorfahren des Hundes zukommen lässt, wenn mit dieser Möglichkeit gerechnet werden muss.

Falls die Diagnose genetisch bedingte Aggression lautet, müssen Sie eine schwierige Entscheidung treffen. Wenn Sie es mit einem Hund zu tun haben, der unberechenbar und gefährlich ist und bereits ein paar Mal gebissen hat, müssen Sie sich womöglich entscheiden, ihn einschläfern zu lassen. Jeder Versuch, das Problem durch Training zu beheben, wird bestenfalls die Ursache überdecken und wahrscheinlich irgendwann dazu führen, dass das Verhalten spontan hervorbricht und schlimme Folgen hat. Wie wir in Kapitel 46 sehen werden, gibt es Momente, in denen Tierliebe sich vor allem darin zeigt, das Leben des Hundes friedlich zu beenden.

Mütterliche Aggression, die entsteht, wenn eine Hündin geworfen hat und ihre Welpen mit übertriebener Heftigkeit gegen alle verteidigt, die sich ihr nähern wollen, scheint sich beispielsweise gelegentlich auf die Tochtertiere zu vererben. Wenn die Mutter Ihrer Hündin mit diesem Charakterzug behaftet war, sollten Sie die Absicht aufgeben, mit der Tochter zu züchten.

Erwägen Sie den Kauf eines Welpen oder Junghundes, dann kaufen Sie nur von einem angesehenen Züchter. Versuchen Sie, die Elterntiere Ihres Welpen kennenzulernen – nicht durch den Maschendraht eines Zwingers, sondern wenn irgend möglich in normaler häuslicher Umgebung. Viele Hunde bellen und sehen aggressiv aus, wenn sie »hinter Gittern« sind. Zögert der Züchter, das Tier aus dem Zwinger zu nehmen, oder zeigen die Elterntiere aggressive Reaktionen, erwerben Sie lieber keinen Welpen aus diesem Wurf. Denken Sie nicht, ein aggressiver Vater habe Ihrem Welpen Mut vererbt. Kaufen Sie einen auch psychisch gesunden Welpen von gesunden Eltern und einem gewissenhaften Züchter. Lassen Sie sich eine Charaktergarantie geben. Das ist der einzige sichere Weg, um dem Risiko genetisch bedingter Aggression zu entgehen.

44. Im Auto und hinter Autos her

Der Hund fährt mit

Wir hören häufig von Hunden, die »das Autofahren nicht vertragen«. Hunde, die sich erbrechen, unruhig herumspringen, unaufhörlich bellen oder scharren und winseln, um aus einem fahrenden Fahrzeug herauszukommen, werden mit zunehmender Häufigkeit zu einem Problem für die Ausbilder. Mit steigender Anzahl der Pkw in den vergangenen Dekaden ist auch die Zahl der Hunde gestiegen, die unfähig sind, den Stress des Fahrens in einem Wagen zu ertragen. Meistens wurden diese Hunde als Jungtiere nicht ans Autofahren gewöhnt. Der schlecht oder überhaupt nicht konditionierte Junghund entwickelt leicht Furcht vor Kraftfahrzeugen und fügt sich bestenfalls teilnahmslos und resigniert in sein Geschick, wenn er im Auto mitgenommen wird.

Um diesen Reaktionen vorzubeugen, ist es zweckmäßig, den Welpen oder Junghund so frühzeitig wie möglich im Auto mitzunehmen.

Die erste Fahrt

Fragen Sie den Züchter, ob der Hund bereits im Auto gefahren ist. Wenn es sich vermeiden lässt, sollte die erste Fahrt nicht ausgerechnet die Reise zu Ihnen nach Hause sein. Manche Züchter handeln tatsächlich so vorausschauend, dass sie den ganzen Wurf ins Auto laden und mehrmals ein Stückchen fahren, bevor sie die Welpen in ihr neues Zuhause entlassen. Vergewissern Sie sich am Tag, an dem Sie Ihren neuen Hund abholen wollen, dass er mindestens drei Stunden vorher nichts gefressen hat.

Wenn Sie Kinder haben, erklären Sie ihnen, dass der junge Hund während seiner ersten Fahrt Ruhe braucht und keine Zärtlichkeitsbezeugungen verträgt. Setzen Sie den Hund auf eine dicke Unterlage ausgebreiteter Zeitungen entweder auf den Beifahrersitz oder den Boden des Wagens. Reagieren Sie auf Winseln nicht mit Streicheln oder Tätscheln, was vom Hund als Lob missverstanden werden könnte. Allerdings dürfen Sie den Hund auch nicht bestrafen, wenn er sich erbricht – denn das ist eine unfreiwillige Reaktion. Wenn Sie das Tier beschimpfen und strafen, wird das seine Nervosität im Auto nur verstärken. Haben Sie eine längere Strecke zu fahren, legen Sie auf halbem Weg fünf Minuten Rast ein, um dem Magen des jungen Hundes eine Ruhepause zu gewähren. Es ist wichtig, dass er diese erste Fahrt möglichst ohne Erbrechen übersteht.

Fahrtraining

Wählen Sie für die ersten Ausfahrten ebene, nicht allzu kurvenreiche Straßen. Entziehen Sie dem Hund mindestens drei Stunden vorher Futter und Wasser. Lassen Sie ihn vor der Abfahrt fünf Minuten im geparkten Wagen sitzen und unternehmen Sie zunächst möglichst nur kurze Ausfahrten, die mit einer Spielstunde enden. Nach und nach können Sie die Fahrten verlängern, bis Ihr Hund fünfzig oder sechzig Kilometer durchhält, ohne durch starkes Speicheln oder andere Anzeichen zu erkennen zu geben, dass er sich erbrechen muss.

Ob Sie einen jungen oder einen ausgewachsenen Hund haben, Ihre Einstellung zu den gemeinsamen Fahrten im Wagen beeinflusst Ihren Vierbeiner. Halter, die ihren Hund unablässig mit Zärtlichkeiten überschütten, ihm zu viel Beruhigungsmittel geben oder auf Stresswinseln mit Streicheln und Mitleid reagieren, das der Hund für Lob hält, verstärken das Problem.

Sie sollten den Hund aufgeregt loben, wenn Sie sich dem Wagen nähern. Wenn er hineingesprungen ist (oder Sie ihn hineingesetzt haben), streicheln und loben Sie ihn wieder ausgiebig. Anschließend fahren Sie, und der Hund fährt mit. Sonst nichts.

Um der Sicherheit willen sollten Sie eine Transportbox, einen Hunde-Sicherheitsgurt oder ein Kofferraumgitter verwenden, damit der Hund nicht zu Ihnen nach vorne springt oder bei plötzlichem Bremsen durchs Auto geschleudert wird. Transportboxen passen in praktisch jeden Kombi oder Geländewagen und manchmal sogar auf den Rücksitz eines kleineren Wagens. Gurte erlauben dem Hund, bequem auf dem Beifahrer- oder Rücksitz zu liegen, und es gibt Trenngitter für nahezu jedes Automodell. Der Hund darf im Auto nicht bellen. Falls er es noch nicht begriffen hat, lassen Sie jemand anderen fahren und greifen Sie bei Gebell sofort korrigierend ein. Lärmen Sie mit einer Metallflasche voller Cents – Hunde hassen das Geräusch – oder halten Sie dem Tier die Schnauze zu und schütteln Sie sie sanft mit einem bestimmten »Aus«.

Hunderowdys

Erwachsene Hunde, die ihre Mitfahrer mit chronischem Bellen tyrannisieren, lassen sich häufig mit folgender Methode zum Schweigen bringen. Man unternimmt eine Ausfahrt, den angeleinten Hund bei sich im Wagen, und fährt bewusst durch Straßen und an Reizpunkten vorbei, die beim Hund erfahrungsgemäß Gebell auslösen. Fängt der Hund wie erwartet an zu bellen, sagt man laut »Nein!« oder »Aus« und drückt sofort auf eine mitgebrachte Lufthupe oder ein Signalhorn – nicht die Autohupe, versteht sich. Damit gefährden Sie weder sich noch andere und können weiterhin auf die Straße sehen. Das Hupen wird den Hund wahrscheinlich so verblüffen, dass er zu bellen aufhört.

Nun fährt man um den Block an derselben Ablenkung vorüber, die den Hund zuvor zum Bellen verleitete. Es kommt jetzt darauf an, im Rückspiegel die Reaktion des Hundes zu beobachten. Wirkt er unruhig und scheint bellen zu wollen, sollte man die Fahrt verlangsamen und ihn warnen. Beim ersten Anzeichen eines Winselns oder Bellens nehmen Sie erneut die Hupe zur Hilfe.

Es stellt sich die Frage, ob der geschilderte Vorgang nicht wirksamer gestaltet werden könnte, wenn man die »Arbeit« auf zwei Personen verteilt, von denen die eine den Wagen zu fahren und die andere die Disziplinierung zu besorgen hätte. Diese Frage ist durchaus berechtigt, doch gerade viele hartnäckige Beller bellen nur dann, wenn sie mit dem Fahrer allein sind.

Ein letzter Rat: Falls Ihr Hund im Auto einen hysterischen Bellanfall bekommt, schreien oder brüllen Sie ihn nicht an. Erstens wird Ihr Hund Sie gar nicht hören (er ist zu abgelenkt), und zweitens machen Sie sich selbst nur noch nervöser. Gewöhnen Sie Ihren Hund früh ans Autofahren und verwenden Sie die Hupe für hartnäckigere Probleme.

Verbellen und Verfolgen von Autos

Hunde, die fremden Fahrzeugen nachjagen, leiden gewöhnlich unter Hyperaktivität oder auch nur schierer Langeweile. Manchmal verteidigen diese Hunde ihr eigenes Territorium. Dieses Verhalten wird jedes Mal verstärkt, wenn sie einen Wagen verfolgen und der »wegläuft«, was Hunde als Sieg betrachten. Autos und Fahrräder zu verfolgen, ist jedoch für alle Beteiligten extrem gefährlich, und manche Hunde lassen selbst dann nicht davon ab, wenn sie einen schweren Unfall erlitten haben.

Hat Ihr Hund Spaß an solchen Verfolgungsjagden, lassen Sie ihn nicht unbeobachtet frei auf Ihrem Grundstück umherlaufen (was wir ohnehin nicht empfehlen würden, wenn das Grundstück nicht eingezäunt ist). Wenn Sie mit Ihrem Hund draußen spielen und vermuten, er könne Autos nachjagen, treffen Sie Vorkehrungen: Haken Sie eine Feldleine an sein Halsband, damit Sie ihn stoppen können, falls es nötig ist. Sollte Ihr Hund beim Spazierengehen gerne Autos und Fahrräder hetzen, muss er natürlich an die Leine. Wenn er dann plötzlich losstürmt, reagieren Sie, indem Sie rasch die Richtung wechseln. Sobald der Hund mit Schwung das Ende der Leine erreicht, stoppt er sich selbst.

Junge Hunde verbellen sehr häufig vorbeifahrende Wagen oder andere bewegliche Objekte wie Fahrräder, weil sie sie als bedrohlich empfinden. Darum sollten sie schon im Welpenalter an der Leine lebhaftem Verkehr mit vielen Kraftfahrzeugen, Radfahrern und Fußgängern ausgesetzt werden. Gehen Sie mit dem jungen Hund an Ihrer Seite durch eine verkehrsreiche Straße. Bleiben Sie stehen und muntern Sie das Tier auf, wenn es Angst zeigt und nicht weiter will. Versuchen Sie zu vermeiden, dass der Hund von Personen in einem Wagen oder auf einem Fahrrad angerufen wird.

Drastische Maßnahmen gegen Hunde, die Autos »jagen«, wie zum Beispiel aus dem Autofenster einen mit Wasser gefüllten Luftballon auf den Hund zu werfen oder ihn mit der Wasserpistole zu beschießen, können Erfolg haben, sofern der Fahrer trifft und der Hund sich wirklich davon erschrecken lässt. Wir halten es allerdings für weitaus besser, wenn die Korrektur vom Hundebesitzer kommt, und zwar in Form einer Doppelstrategie.

Erstens muss wieder einmal eindeutig demonstriert werden, dass der Halter die Rolle des Alpha-Tieres spielt, nicht der Hund. Der Hund muss zumindest bis zur Ebene des Sitzens, Bleibens und Kommens auf Befehl erzogen werden. Besser noch wäre es, wenn er außerdem Folgen und Hinlegen auf Befehl lernen würde.

Zweitens ist eine bewusst provozierte Konfrontation zwischen Hund und Besitzer notwendig, wenn der Hund einen Wagen verfolgt.

Um diese Konfrontation zu erreichen, lassen Sie Ihren Hund zwei Tage an der Leine. Er kann umherlaufen, aber nur an der hängenden Leine. Beginnen Sie mit täglichen Gehorsamsübungen, wobei auf das Sitzen, Sitzenbleiben und Kommen auf Befehl besonderer Nachdruck gelegt werden muss. Lassen Sie die Leine nach den Übungsstunden am Halsband; Sie werden sie später noch brauchen. Bitten Sie einen Bekannten um Hilfe, der über ausreichende Fahrkenntnisse verfügt, um einen Wagen rasch und dramatisch, aber sicher zum Stillstand zu bringen. Wichtig ist, dass dieser Helfer einen Wagen fährt, der dem Hund fremd ist. Erklären Sie Ihrem Helfer, wie der Hund sich in der Regel verhält, und skizzieren Sie es ihm auf einem Blatt Papier. Manche Hunde sind sprunghaft: Einmal jagen sie erst los, wenn der Wagen in die nächste Querstraße einbiegt, ein andermal werden sie bereits nervös, sobald das Auto sich auf Haushöhe befindet. Andere Hunde dagegen reagieren wie ein Uhrwerk immer auf die gleichen Reize.

Wenn Sie bereit sind, lassen Sie Ihren Hund auf Ihrem Grundstück dort laufen, wo er gewöhnlich seine Jagd beginnt. Haken Sie eine lange Leine an sein Halsband und ziehen Sie Handschuhe an. Bleiben Sie nah genug bei Ihrem Hund, um die Leine rasch packen zu können. Sobald der Wagen Ihres Freundes am Grundstück vorbeifährt und der Hund zur Jagd ansetzt, nehmen Sie blitzschnell das Seil und rennen in die entgegensetzte Richtung. Natürlich wird es einen heftigen Ruck geben und vielleicht segelt Ihr Hund sogar durch die Luft. Klopfen Sie auf Ihr Bein und rufen Sie ihn zu sich. Bestrafen Sie ihn nicht, wenn er kommt. Befehlen Sie ihm, sich zu legen, und bitten Sie den Fahrer, den Hund noch ein paar Mal aus wechselnden Richtungen in Versuchung zu führen. Da Ihr Hund nicht ohne Überwachung frei im Garten laufen darf, werden ihm solche Situationen schnell beibringen, Autos lieber zu ignorieren.

Man muss sich vergegenwärtigen, dass die Verfolgung von Autos, Radfahrern oder Fußgängern meistens das Resultat von Frustrationen des Hundes ist. Der gelangweilte Hund, der längere Zeit aus dem Haus verbannt war, wird seiner Frustration früher oder später in irgendeiner Weise Luft machen, sei es durch Zerkauen von Gegenständen, durch Graben im Garten oder, wenn er freien Auslauf hat, durch Verfolgungsjagden. Aber auch ein Hund, der auf engem Raum hinter einem Zaun gehalten wird und dabei freien Blick auf die vorbeiführende Straße hat, entwickelt häufig eine Barrierenfrustration, die sich gegen frei bewegliche Objekte richtet. Eine Kombination von Langeweile und Barrierenfrustration ist für den Hund doppelt schwer zu ertragen. Wann immer ein solcher Hund hinaus kann, weil jemand das Gartentor offen ließ oder der Hund gelernt hat, den Gartenzaun zu überspringen, wird er mit großer Wahrscheinlichkeit alles verfolgen, was des Weges kommt. Um diese gefährliche Unart wirksam zu unterbinden, ist es angebracht, auch die psychischen Umstände zu verändern, die das Verhalten ja schließlich hervorrufen.

Die einfachste Lösung ist, den Hund ins Haus zu bringen, wohin er gehört. Ist tagsüber niemand daheim, sollten die Besitzer für eine ausbruchsichere Einzäunung sorgen und eine Hundetür installieren. Manche Hunde brauchen tagsüber keinen Zugang ins Freie und können bis auf gemeinsame Ausflüge und Spaziergänge im Haus gehalten werden.

Das größte Hindernis für diese einfachen Lösungen ist der Besitzer, der dem Irrglauben anhängt, dass Hunde »ins Freie gehören« oder dass »Hunde den ganzen Tag Bewegung haben müssen und daher freien Auslauf brauchen«. Vertreter solcher Vorurteile werden ihre Irrtümer vom Hund mit entsprechenden Neurosen quittiert bekommen.

45. Ausbildung und Verantwortung

Der Tierschutzverein der USA schätzt die Zahl der Hunde und Katzen im Land auf einhundertfünfzig Millionen. Obwohl der Verein mit Aufklärung und Vermittlung die Zahl der Tiere, die eingeschläfert wurden, drastisch reduzieren konnte, wurden allein im vergangenen Jahr dennoch vier bis sechs Millionen Hunde und Katzen aus Tierheimen getötet. Die Haustierpopulation ist in den USA offensichtlich außer Kontrolle geraten. Wenn die Situation in Deutschland und den meisten europäischen Ländern vorläufig auch weniger dramatisch ist, lässt sich doch nicht übersehen, dass die Entwicklung der vergangenen Jahrzehnte in die gleiche Richtung weist. Unter diesen Umständen ist es die Verantwortung eines jeden Hundehalters, die Fortpflanzungsaktivität seines Hundes unter Kontrolle zu halten, sei es ein Rüde oder eine Hündin. Wir raten jedem Hundehalter, der nicht ernstlich an eine Weiterzucht denkt, seine Hündin kastrieren zu lassen. Haben Sie Zuchtpläne mit Ihrem Hund, überlegen Sie es sich bitte gut. Ein Wurf junger Hunde macht eine Menge Arbeit, glauben Sie uns das; wir haben ungefähr hundert Würfe großgezogen. Die Welpen beanspruchen Zeit und Geduld. Sie müssen sozialisiert, erzogen und in geeigneten Verhältnissen untergebracht werden. Das ist alles andere als eine unterhaltsame Spielerei. Lassen Sie Ihre Hündin unter keinen Umständen decken, weil Sie meinen, es würde ihr gut tun, oder weil Sie Ihren Kindern das Wunder der Geburt zeigen wollen.

Wenn Sie Ihrem Hund eine Ausbildung geben, tragen Sie dazu bei, dass die Hundepopulation in erträglichen Grenzen gehalten werden kann. Ausgebildete Hunde haben ein harmonisches Verhältnis zu ihren Menschen. Diese Hunde pflegen zu kommen, wenn sie gerufen werden, was unter anderem dazu beiträgt, unerwünschte Paarungen am Straßenrand zu vermeiden. Hundeausbildung fördert verantwortungsvolles Züchten. Genetisch schwache Exemplare lassen in der Ausbildung meist zu wünschen übrig, während Hunde, die hohen Maßstäben an Intelligenz und Schönheit genügen, meist auch in der Ausbildung gute Leistungen erbringen.

46. Wenn ein Hund stirbt

In der umfangreichen Literatur über die Pflege, Gesundheit und Ausbildung von Hunden steht wenig über den Tod eines Hundes und wie der Besitzer darauf reagiert. Gleichwohl ist der Tod des vierbeinigen Hausgenossen eine Realität, die nun einmal unvermeidlich auf den Hundehalter zukommt.

Bei unseren Gesprächen mit Hundehaltern haben wir oft Gelegenheit, über den Tod – auch den unmittelbar bevorstehenden – ihrer vierbeinigen Freunde zu sprechen. Ob aufgrund von natürlicher Altersschwäche, Unfällen oder durch Einschläfern verursacht, der Tod eines Hundes ist niemals leicht zu ertragen. Wir spüren, dass Menschen, die einen solchen Verlust erlitten haben, jemanden brauchen, mit dem sie sich darüber aussprechen können. Deshalb versuchen wir ihnen das Gefühl zu geben, dass ihr Gesprächspartner um ihren Hund besorgt ist und mit ihnen fühlt, wenn das Tier tot ist, im Sterben liegt oder eingeschläfert werden muss.

Eine kalte, klinische Betrachtungsweise ist das Letzte, was diese Menschen brauchen, aber es hilft auch nicht das Gegenteil, nämlich Sentimentalität. Zwar sind die meisten Tierärzte und Tierpfleger um den Schutz tierischen Lebens bemüht, doch ist es ein bekanntes Phänomen, dass Menschen, die beruflich ständig mit dem (menschlichen oder tierischen) Tod konfrontiert sind, eine unbewusste Abstumpfung und Unempfindlichkeit gegen den Tod selbst und bisweilen auch gegenüber jenen entwickeln können, die dem Toten oder Sterbenden am nächsten stehen. Mitgefühl verlangt eine dauerhafte Sensibilität und ein gewisses Maß an Reife und Nachdenklichkeit.

Die meisten Hunde sterben rasch und schmerzlos, und dem Besitzer bleibt kaum Zeit, aufzunehmen, was geschehen ist. Schockiert von dieser überfallartigen Plötzlichkeit reagieren sie dann zornig oder deprimiert oder entwickeln heftige Schuldgefühle. Sie misstrauen gleich dem gesamten Berufsstand der Tierärzte oder werfen gar dem Züchter vor, er habe einen kränkelnden Hund verkauft. Manche machen auch den Ausbilder verantwortlich, weil er es unterließ, ein Verhalten zu ändern, das später einen tödlichen Unfall auslöste. Der Kunde warf dem Ausbilder vor: »Wenn Sie meinem Hund beigebracht hätten, dass er kommen soll, wenn man ihn ruft, wäre er nicht überfahren worden. Sie haben ihn umgebracht.«

Andere Halter schwören nach dem Tod ihres Weggenossen, dass sie nie wieder einen anderen Hund wollen. Da wir in einer Gesellschaft leben, zu deren Erscheinungsformen eine oft unmäßige emotionale Hinwendung zum Haustier gehört, sind ungläubige, zornige und deprimierte Reaktionen weit verbreitet. Dabei weiß jeder von uns, dass wir unsere Haustiere im Allgemeinen überleben – es sei denn, wir sind selbst sehr alt.

Am traurigsten ist vielleicht wirklich der Tod eines Welpen, gefolgt von dem eines alten vierbeinigen Gefährten, der viele Jahre mit seinem Herrn gelebt hat. Wir alle sehen im Welpen ein zerbrechliches, unschuldiges, übermütiges und entzückendes Geschöpf. Deshalb erscheint uns der Tod im Welpenalter als besonders tragisch.

Auch den Tod eines alten Hundes kann nicht jeder mit Fassung tragen, vor allem dann nicht, wenn es um die Entscheidung geht, den Hund einschläfern zu lassen. Doch manchmal macht echtes Mitgefühl eine solche Maßnahme notwendig. Einmal fragte uns ein Fernsehregisseur, ob wir schon einmal einen Hund einschläfern lassen mussten. Als wir es bejahten, fragte er: »Worin liegt der Unterschied, ob man einen Hund tötet oder einem Menschen Sterbehilfe leistet?«

Für uns liegt die Antwort auf der Hand. Selbst unter starken Schmerzen, bei extremer Invalidität, bei einer unheilbaren Krankheit kann ein Mensch immer noch lernen, sich weiterentwickeln, seinen Verstand gebrauchen. Ein Hund, als nicht vernunftbegabtes Lebewesen, hat keine Möglichkeit, sich mit seiner Krankheit auseinanderzusetzen. Er leidet einfach nur. Und wenn dieses Leiden verhindert, dass er sein Dasein als Hund führen kann, beweisen Sie am meisten Mitgefühl und Tierliebe, indem Sie ihn sanft entschlafen lassen.

Es ist nicht fair, einen Hund, der sich quält, nur am Leben zu lassen, weil Sie es nicht übers Herz bringen loszulassen. Das zu begreifen und zu akzeptieren, macht die Entscheidung natürlich nicht leichter. Es ist schwer genug, wenn ein Hund an Altersschwäche stirbt – sein Tod kann im Haus eine trostlose Leere hinterlassen. Die Mönche von New Skete begannen ihre Zucht mit dem Kauf einer Hündin, nachdem ihr erster Schäferhund, Kyr, gestorben war, und zwar vor allem deshalb, weil Kyr so eine so große Lücke hinterlassen hatte.

Die Entscheidung zur Euthanasie

Die Entscheidung, den Hund einschläfern zu lassen, muss vom Besitzer getroffen werden, doch sind in der Regel andere beratend daran beteiligt. Diese Menschen – Tierärzte, Ausbilder, Fremde und Familienmitglieder – benötigen viel Einfühlungsvermögen und Taktgefühl. Eine Grundregel heißt, dass man den oder die Hundebesitzer nicht zu stark in ihrer Entscheidung beeinflussen darf.

Ist Euthanasie ratsam, um dem Tier unnötige Qualen zu ersparen, so ist es Sache des Tierarztes, so rasch und human wie möglich die nötigen Vorkehrungen zu treffen.

Manche Hundehalter plädieren für einen harten und unsentimentalen Abschied, andere brauchen eine richtige Zeremonie. Kein Berater sollte den Eigentümern eine emotionale Abschiedsszene aufnötigen. Die meisten Tierärzte machen heute von der Injektionsmethode Gebrauch; sie tun gut daran, auf die rasche und schmerzlose Wirkung dieser Methode hinzuweisen und den Besitzern taktvoll zu erklären, dass der Hund einfach einschläft. Dies hilft ihnen, die Wahrheit zu erkennen und später aufkommende Empfindungen zu beherrschen.

Die Entscheidung zur Euthanasie ist nicht leicht, für keinen der Beteiligten. Manche Tierärzte weigern sich, einen Hund zu töten, wenn sie hören, der Hund habe Verhaltensstörungen, ohne dass man es der Mühe wert fand, dieses Problem zu lösen. In solchen Fällen ist es möglich, dass der Tierarzt den Hundehalter an einen fähigen Ausbilder verweist. Es gilt zu bedenken, dass Tierärzte ihre Arbeit der Erhaltung von Leben widmen, nicht seiner Zerstörung. Wenn Ihr Hund noch nicht bei einem bestimmten Tierarzt in Behandlung war und Ihr erster Besuch mit dem Verlangen verbunden ist, dass Ihr Hund eingeschläfert werden soll, müssen Sie mit einer Abfuhr rechnen.

Wir versuchen, Hundehaltern eine realistische Einstellung zur Euthanasie zu vermitteln. Die Entscheidung dazu kann schwer sein, aber die Zeit heilt alle Wunden, und das Leben geht weiter. Machen Sie sich immer wieder klar, dass Sie als Gefährte des Hundes die Verantwortung haben, Entscheidungen für ihn zu treffen, die er nicht selbst treffen kann.

Wer zögert, einen Hund, der leidet oder ernste Verhaltensstörungen aufweist, einzuschläfern, mag auf Verständnis stoßen, verhält sich aber falsch, gerade auch angesichts der Massenvernichtung von Millionen gesunder Tiere, deren einziger Makel darin liegt, dass sie niemand haben will. In unserem Land fallen Millionen von Hunden und Katzen in diese Kategorie, und sie sind der schockierende Beweis, wie wenig Respekt wir vor dem Leben haben.

Ob man den Hund beerdigen lassen möchte oder nicht, ist heute einfacher zu entscheiden. Es gibt in den meisten Großstädten Tierfriedhöfe, auf denen auch schlichte Zeremonien abgehalten werden. Die meisten Tierärzte bieten an, sich des Tiers anzunehmen, ob es nun eingeschläfert worden oder bei Ihnen zu Hause gestorben ist. Manchen Menschen helfen Fotos in einem Album, mit dem Verlust fertig zu werden. Andere, vor allem Kinder, müssen über ihre Erinnerungen oder die innere Leere sprechen.

Es geht nicht ohne Hund

Viele Hundehalter reagieren auf den Tod ihres Hausgenossen, indem sie sofort und unüberlegt loslaufen, um einen neuen Hund zu kaufen. Wir haben erlebt, wie Leute in Tränen aufgelöst auf dem Rückweg vom Tierarzt zu uns kamen. Sie erklärten, dass sie gerade ihren Hund verloren hätten und einen wollten, der »genau wie er« sein sollte.

Nach unserer Erfahrung sind solche Hundefreunde besser beraten, wenn sie eine gewisse Zeit verstreichen lassen, ehe sie sich einen neuen Hund zulegen. Die trauernden Besitzer projizieren alle Qualitäten und Talente des verstorbenen Hausgenossen auf den neuen Hund und vergessen darüber allzu leicht, dass jedes Tier ein Individuum ist. So ist denn oft die Folge, dass ein neuer Hund Verhaltensstörungen entwickelt und sich in der neuen Situation nicht zurechtfindet.

Besser ist es, eine Weile zu warten, bevor man sich zum Kauf eines neuen Hundes entscheidet. In der Zwischenzeit beginnen die Erinnerungen an den alten Hausgenossen zu verblassen, und die Vorfreude auf einen neuen Hund steigt. Besonders Kinder werden anfangen, um einen neuen Spielgefährten zu betteln. Vielleicht hatten die Halter in der Zwischenzeit Gelegenheit, mit einem Tierarzt über den früheren Hund zu sprechen, und der Tierarzt mag in der Lage sein, die Todesursache ausführlicher darzulegen und Ratschläge zu geben, was bei einem neuen Hund getan oder unterlassen werden sollte. Gelassenheit ist also geboten. Auch sollte sich im Interesse des neuen Hausgenossen der Geruch des alten schon weitgehend verflüchtigt haben. Ihm wird die Eingewöhnung leichter fallen, wenn er nicht überall im Hause einen Artgenossen wittert, den er nie zu sehen bekommt.

Ein Wort zum Abschied

47. Hunde und das neue Bewusstsein

Was wäre die Menschheit ohne Tiere? Wenn die Tiere von dieser Erde verschwänden, würde die Menschheit in der Einsamkeit ihres Geistes zugrunde gehen. Was immer Tieren geschieht, es geschieht auch dem Menschen. Alles hängt zusammen; was die Erde berührt, berührt auch die Menschheit.

Anonymus, 1855

Siehe, ich wirke Neues, jetzt sprosst es hervor; solltet ihr es nicht wissen? Ich will einen Weg in der Wüste bereiten und Ströme in der Einöde. Die Tiere des Feldes werden mich preisen, die Schakale und Strauße, weil ich Wasser gegeben habe in der Wüste und Ströme in der Einöde, um mein Volk zu tränken.

Buch Jesaja, 43:19, 20

In diesem Buch haben wir immer wieder betont, dass ein Hund ein soziales Wesen ist, genetisch bestimmt sich auf Menschen und Tiere unterzuordnen als auch dominierend zu reagieren. Wir haben hervorgehoben, dass Sie als Hundehalter stets ihren Führungsanspruch behaupten müssen, den Hund aber dennoch so weitgehend wie möglich in Ihre Aktivitäten einbeziehen sollten. Wenn Sie die Bedeutung dieser Grundsätze erkennen und danach handeln, werden Sie eine harmonische Beziehung zu Ihrem Hund aufbauen.

Das Zusammenleben mit Ihrem Hund kann Sie aber noch in anderer Weise bereichern. Der Hund kann Ihnen die Augen für unverstellte, natürliche Verhaltensweisen öffnen, Ihre Aufnahmefähigkeit für Schönheit, für kreatürliche Wärme und Daseinsfreude erweitern.

In einer zunehmend künstlichen Umgebung haben wir in gefährlicher Weise die Verbindung zur Natur verloren; spirituelle Kargheit und Entfremdung sind die Folge. Die meisten Menschen kommen vermutlich gar nicht auf die Idee, dass die Beziehung zu einem Hund ihnen zu mehr Verständnis für die Zusammenhänge unseres Daseins verhilft.

Auf einer anderen Ebene kann der Umgang mit Hunden auch Ihre geistigen Erfahrungen erweitern. Wir haben in diesem Buch Religion und religiöse Sprache vermieden. Nichtsdestoweniger haben viele der Ideen, die unseren Umgang mit Hunden bestimmen, eine tiefere geistige Grundlage, die persönliche Veränderungen und Entwicklungen auslösen können. In den vielen Jahren, die wir schon mit Hunden arbeiten, hat es uns oft verblüfft, wie Hunde uns wieder auf uns selbst zurückführen. Da Hunde arglos und ganz sie selbst sind, fehlt ihnen der Wunsch oder die Fähigkeit zur Täuschung.

Wenn wir das, was sie uns sagen, ernst nehmen, begegnen wir uns selbst von Angesicht zu Angesicht. Und wenn wir wahrnehmen, was der Hund mit seinem Körper und seiner Miene ausdrückt, wie er sich uns nähert und sich in unserer Gegenwart verhält, dann können wir dadurch eine neue Ebene des Bewusstseins erreichen.

Denken Sie zum Beispiel nur einmal daran, wie beredt der Blick des Hundes ist. Er spiegelt eine ganze Bandbreite an Emotionen wider, die die Qualität der Beziehung beeinflusst, wenn wir uns die Mühe machen, hinzusehen. Freude, Angst, Langeweile und Lust auf Unsinn – all das lässt sich in den Augen des Hundes erkennen. Die Augen als Spiegel der Seele, das trifft auch auf Hunde zu.

Und das ist keine Einbildung oder esoterisches Gerede, sondern vollkommen im Einklang mit wissenschaftlichen Studien und den besten Beispielen klassischer Spiritualität. Franz von Assisi repräsentiert diesen tiefen Respekt für die Natur wie kein anderer, und er ist eine Quelle der Inspiration für alle, die wieder mit der Natur in Einklang stehen wollen.

Der Heilige Franziskus zähmt den Wolf von Gubbio. Franziskus kannte das Geheimnis der Körpersprache. In seiner Liebe zu allen Kreaturen vereinte er in sich die Welt der Tiere und der Menschen.

Von entscheidender Bedeutung für unser Bewusstsein ist einer der bedeutendsten Tierfreunde aller Zeiten, Franziskus von Assisi. Leider ist die Tierliebe des heiligen Franziskus oft bis zur Sentimentalität romantisiert worden. Das volkstümlich gewordene Bild des im Wald sitzenden Heiligen, Vögel auf den Schultern und Hasen, Rehe und vielleicht einen Wolf zu seinen Füßen, ist ohne Zweifel eine romantische Übertreibung der erstaunlichen Fähigkeit des Heiligen, mit Tieren umzugehen.

In Wahrheit hat der Poverello, der »kleine Arme«, seine Begabung, sich in Tiere hineinzufühlen, vielleicht selbst nie ganz genau erklären können, aber er war sich seiner Verwandtschaft mit ihnen durchaus bewusst. Er hinterließ keine» Technik«, die uns zur Verständigung oder zum leichteren Umgang mit Tieren verhelfen könnte, aber er verstand es offenbar, den Tieren durch seine Körpersprache freundschaftliche Gesinnung mitzuteilen. Es gibt eine Art und Weise, sich einem Tier so zu nähern, die es den Eindringling als Freund und nicht als eine Bedrohung empfinden lässt. Franziskus zähmte den wilden Wolf von Gubbio vermutlich in ähnlicher Weise, wie Daniel sich mit den Insassen der Löwengrube verständigte (wenn die überlieferte Legende einen historischen Kern hat) – durch sensible Körpersprache. Diese Geschicklichkeit lässt sich nicht in Büchern beschreiben. In gewissem Sinne ist sie nicht einmal erlernbar. Man besitzt die Gabe dafür, oder man besitzt sie nicht.

Gleichwohl ist es diese Geschicklichkeit, die einen Mann wie Franziskus so herausragen ließ. Durch seine innere Einstellung vereinte er die Welt der Tiere und die des Menschen. Franziskus sah alle Geschöpfe als seine Brüder und Schwestern, und allein aus diesem Grunde ist er ein Vorbild für alle Tierhalter, Ökologen, Naturschützer, kurz für jeden, der diese Verwandtschaft mit allem Leben und das Bewusstsein der Zugehörigkeit zur Natur entwickeln möchte.

Obwohl Franziskus in der Tradition der römischen Kirche steht, sind seine empfängliche Persönlichkeit und seine Verwandtschaft mit allen Lebewesen zugleich in vollkommener Harmonie auch mit der Theologie des griechisch-orthodoxen Ostens, die keine willkürliche Trennung des Menschen von der Welt der Tiere vornimmt, sondern stets bemüht ist, die Einheit der gesamten Schöpfung zu sehen. Das Fest der Verklärung gibt diese Vorstellung deutlich wieder. Christus stieg mit drei Freunden, Petrus, Jakob und Johannes auf den Berg Tabor. Dort wurde er vor ihren Augen in strahlendem Lichterglanz verklärt, und der ganze Berg erstrahlte in diesem Licht. Christliche Denker im Osten haben dies als eine Art von Aufruf an die gesamte Schöpfung interpretiert, sich zu einer neuen Bewusstseinsebene zu erheben. Zur gleichen Zeit rief Christus jeden von uns auf, dass er sein Verhalten von Grund auf ändere, um dieser Realität unter den Umständen seines persönlichen Lebens Rechnung zu tragen.

Wenn die Beziehung zu unserem Hund zur vollen Entfaltung gelangen soll, müssen unsere Sensibilität und unser Bewusstsein gesteigert werden.

Ein christlicher Denker unserer Zeit, der die Notwendigkeit von Respekt und Mitgefühl im Umgang mit Tieren hervorhob, ist Teilhard de Chardin, der französische Jesuit und Paläontologe. Teilhard meinte, dass »die mystische Schwingung untrennbar von der wissenschaftlichen Schwingung« sei, und erwartete die Verklärung des Kosmos, wenn Menschen und Tiere den »Omega-Punkt« erreichen würden. Obschon seine Schriften sich nicht spezifisch mit Hunden oder Haustieren befassen, sind sie für den Tierfreund von Interesse, weil sie Ehrfurcht und Respekt vor der ganzen Schöpfung fordern.

Solange wir zur Hervorhebung unserer eigenen Einzigartigkeit an der unheilvollen künstlichen Trennung unserer Lebenssphäre von der natürlichen Welt der Tiere und Pflanzen festhalten, werden wir niemals in der Lage sein, die Bewusstseinsebene zu erreichen, die uns zu wahrer Liebe, Mitgefühl und Verantwortungsgefühl befähigt. Im Kontext der Beziehungen zu unseren Hunden sind in einem solchen Szenario beide Parteien die Verlierer. Aber sobald ein Mensch die Welt der Tiere und des Menschen in sich selbst vereinigt, ist er bereit, ganz an der Fülle des Lebens teilzuhaben.

Das ist ein Thema, welches in der monastischen Geschichte wieder und wieder erscheint. Wir haben einen Heiligen erwähnt, Franziskus, aber ihrer sind viele, die sich ihrer Verwandtschaft mit den Tieren bewusst waren. Vom heiligen Antonius und den Einsiedlern der Wüste wird berichtet, dass sie Löwen und Wölfe zähmten. In Russland standen der heilige Sergius, der heilige Serafin und andere auf sehr gutem Fuße mit den Bären des Waldes. Die Überlieferer der mönchischen Tradition sahen in diesen Legenden bildhafte Beispiele der mönchischen Aufgabe, an der Wiederherstellung der Ordnung mitzuwirken, die im Paradies existiert hat, in der Mensch und Tier und alle Geschöpfe in Harmonie lebten.

Wenn wir ins Buch Jesaja sehen, entdecken wir, dass die Vorstellung von Menschen und Tieren, die in Frieden zusammenleben, ein uraltes Thema ist: »Die Wölfe werden bei den Lämmern wohnen und die Parder [Leoparden] bei den Böcken liegen. Ein junger Knabe wird Kälber und junge Löwen und Mastvieh miteinander treiben (…) Man wird niemanden Schaden tun noch verderben auf meinem ganz heiligen Berg, denn das Land ist voll Erkenntnis des HERRN, wie das Wasser das Meer bedeckt.« (Jesaja 11:6,7)

Die modernen Konzepte zu Arten- und Umweltschutz, zu Tierhaltung und -training, die den Schwerpunkt auf Verantwortungsbewusstsein und Einfühlungsvermögen des Menschen legen, schließen an dieses Thema an. Der Historiker Kenneth Clark bemerkte scharfsichtig: »Was vonnöten ist, sind nicht nur Schutzgebiete für bedrohte Tierarten und ausgedehnte Zoos als letzte Rettungsstationen, sondern ein totaler Wandel unserer Einstellung. Wir müssen erkennen, dass der

Besitz der Sprache, der uns Macht über jene Mitgeschöpfe verliehen hat, die wir einst als Brüder betrachteten, ein gebührendes Maß von Verantwortung in sich tragen muss. Wir können das goldene Zeitalter niemals wiedergewinnen, aber wir können das Bewusstsein von der Einheit der gesamten Schöpfung wiedererlangen. Dies ist ein Glaube, den wir alle miteinander teilen mögen.«

Unsere bescheidenen Bemühungen bei der Ausbildung setzen voraus, dass wir unsere Hunde lieben, aber sie verlangen viel Nachdenken und Überlegung von uns. Wenn unsere Beziehung zu unserem Hund zur vollen Blüte gelangen soll, müssen unsere Sensibilität und unser Bewusstsein gesteigert werden. Die unsichtbare, nicht definierbare Strömung, die wir Leben nennen, muss Gegenstand unserer Liebe sein. Wie wir selbst daran teilhaben, so auch andere Geschöpfe. Aber wir Menschen allein können die feinen Harmonien in der Partitur ausarbeiten. Tun wir es, werden wir unsere Welt wirklich erneuern und bereichern, wenn wir auch jenes goldene Zeitalter vollkommener Harmonie vielleicht nicht wiedergewinnen können.

Danksagungen

Alle Hundeausbilder entwickeln ihre Philosophie und ihre Techniken zum größten Teil durch den Austausch mit Kollegen. Da uns im Laufe der vergangenen Jahre viele Menschen sowohl bei unserer Zucht als auch bei unserem Ausbildungsprogramm geholfen haben, möchten wir uns hier unbedingt bei ihnen bedanken.

Schon in den Anfängen unserer Arbeit mit Hunden hatten wir durch gegenseitige Empfehlungen regelmäßig Kontakt zu Tierärzten, die uns bei Problemverhalten halfen. Besonderen Dank gebührt den Drs. Joel Edwards und David Wolfe vom Shaker Veterinary Hospital, Latham, New York; den Drs. Eugene und Jean Ceglowski von der Rupert Veterinary Clinic, Rupert, Vermont, Dr. George Glanzberg, North Bennington, Vermont, Dr. Robert Sofarelli, Saratoga Springs, New York, und Dr. Charles Kruger, Seattle, Washington.

Sehr viele professionelle Trainer halfen uns mit ihrem Besuch in New Skete oder auf andere Weise; Joyce und Don Arner aus Westmoreland, New York, Jack Godsil aus Galesburg, Illinois, Fred Luby vom United States Customs Office in New York, William Lejewski vom Polizeipräsidium in Baltimore, Maryland, Sidney Mihls aus Englewood Cliffs, New Jersey, und Diane Moorefield aus Atlanta, Georgia.

Für wertvolle Quellenmaterialien, die das ganze Spektrum der Beziehung Mensch-Hund umfassen, danken wir Dr. Benjamin Hart, University of California in Davis, Evelyn Mancuso aus Natick, Massachusetts, und Lynn Levo, C.S.J. im College of St. Rose in Albany, New York. Großzügige Hilfe und Unterstützung erhielten wir außerdem von Elizabeth Ryder und Marian Finke, Helen und Jack Dougherty, Alice Riggs und Marie Leary, Eva und Ernest Seinfeld, Barbie und Bill Fleischer, Roby und Charles Kaman, Gordon Johnson, Ilse und Tony Govoni, Holly und Paul Carnazza, Roger Donald, Richard McDonough und Diane Muller von Little, Brown, Jody Milano, den Nonnen von New Skete und unseren vielen Klienten, die uns Ihre Hunde anvertraut haben; ohne sie wäre es uns nicht möglich gewesen, die Erstausgabe zu realisieren.

Seit der Veröffentlichung der Erstausgabe dieses Buchs haben uns viele neue Freunde in unserer Arbeit unterstützt. Bedanken möchten wir uns besonders bei Ruth Anderson, Donna Malce, Miriam Barkus, Teresa Van Buren, Dennis McCabe, Cathy Wagoner und Jeanne Carlson für ihre Freundschaft und ihre Bereitwilligkeit, die Erkenntnisse, die sie aus der Arbeit mit Hunden gezogen haben, mit uns zu teilen, sowie bei der überaus großzügigen Jane Hunter MacMillan. Unser Tierarzt, Tom Wolski, ist im Laufe der Jahre zu einem engen Freund geworden, dessen Wissen und Urteil wir unbedingt vertrauen. Zu großem Dank verpflichtet sind wir außerdem John Sann, der uns mit seinem fotografischen Können zu Hilfe eilte, Nicholas Hetko und den Nonnen und Brüdern von New Skete, unserer Agentin Kate Hartson für ihre Freundschaft und Professionalität und all den Leuten bei Little, Brown, die an diesem Projekt beteiligt waren, besonders Terry Adams, Chika Azuma und Steve Lamont.

Und schließlich ist da noch Helen (Scootie) Sherlock, die uns in den vielen Jahren unserer Freundschaft in jeder Lebenslage mit Rat und Tat und aufmunternden Worten zur Seite stand. Worte allein können nicht ausdrücken, wie dankbar wie ihr sind.

Index

Jürgen Christen

Musen auf vier Pfoten
Schriftsteller und ihre Hunde

Text-Bildband, 128 Seiten, 2008
ISBN 978-3-86671-032-0
Herzerwärmend anzusehen, kurzweilig zu lesen. F.A.Z.

Marjorie Garber

Dog Love
Warum Hunde uns lieben – und wir sie

Deutsch Hans Voges
400 Seiten, Hardcover, 2008
ISBN 978-3-86671-046-7
Wie wir die ›humanen‹ Werte – Treue, Heldentum, Mut, Loyalität, Verantwortung, Familiensinn – in unseren Hunden wiederfinden, scheinbar mehr als in unseren Mitmenschen.
The Philosopher's Dog

Margaret Marshall Saunders

Beautiful Joe
Der Hund, der die Menschen verändert hat

Deutsch Kerstin Winter
208 S., Hardcover, 2008
ISBN 978-3-86671-043-6
Seine Geschichte hat Millionen Menschen berührt und seither grundlegend die Einstellung zu Tieren, die unser Leben begleiten, verändert. Eine wunderbare, zeitlos schöne und wahre Geschichte.

Conrad Gesner

Von den Hunden und dem Wolff

Aus Allgemeines Thier-Buch von 1669
64 S., illustriert, Hardcover, 2008
ISBN 978-3-86671-044-3
Der Leser findet faszinierende Holzschnitte von ungewöhnlichen Hunderassen … eine lohnenswerte Ergänzung. Wolf Magazin

G. Weingarten, M. S. Williamson

Alte Hunde sind die besten Hunde

Deutsch Kerstin Winter
Text-Bildband, Hardcover, 160 S., 2009
ISBN 978-3-86671-052-8
Es gibt keine schönere Belohnung für einen Hundefreund

Gerhild Tieger (Hg.)

Literarische Hundegeschichten

160 S., Hardcover, 2009
ISBN 978-3-86671-051-1
Liebenswerte und humorvolle Geschichten zum Lesen und Verschenken